新课改·中等职业学校计算机网络技术专业教材

网络管理

王 彬 主 编

徐璟 周莉莉 史晓凤 王晓东 副主编

姜全生 主 审

清华大学出版社

北京

内容简介

本书在编写的过程中力求以突出学生的实践技能培养为核心，通过多个模块化的活动任务来完成整个项目教学过程。全书由10个独立教学项目贯穿而成，每个项目又分为若干活动任务，主要包括网络分析命令和工具、服务器性能和系统性能监控、常用网络服务管理、常见网络故障识别和排除、常见备份软件的使用、常见备份设备的安装和使用、常见数据库的备份与恢复、计算机病毒的防范、防火墙的配置、系统安全补丁管理及设备安全的配置等内容。学生通过学习并完成所有创设的项目，能够具备网络管理、网络安全维护、网络系统性能测试及常见网络故障的诊断和排除等能力。

本书适用于计算机、电子、通信等相关专业的网络管理课程教学，也可以作为非计算机网络专业的选修课程用书，还可供从事计算机网络建设、管理、维护等工作的技术人员以及准备参加计算机网络职业认证考试的专业技术人员参考。

图书在版编目(CIP)数据

网络管理/王彬主编. —北京：清华大学出版社，2011.4
(新课改·中等职业学校计算机网络技术专业教材)
ISBN 978-7-302-24644-2

Ⅰ. ①网…　Ⅱ. ①王…　Ⅲ. ①计算机网络－管理－专业学校　Ⅳ. ①TP393

中国版本图书馆CIP数据核字(2011)第014746号

责任编辑：田在儒
责任校对：刘　静
责任印制：王秀菊
出版发行：清华大学出版社　　**地　　址**：北京清华大学学研大厦A座
http://www.tup.com.cn　　**邮　　编**：100084
社　总　机：010-62770175　　**邮　　购**：010-62786544
投稿与读者服务：010-62776969，c-service@tup.tsinghua.edu.cn
质　量　反　馈：010-62772015，zhiliang@tup.tsinghua.edu.cn
印　刷　者：北京市清华园胶印厂
装　订　者：三河市溧源装订厂
经　　销：全国新华书店
开　　本：185×260　**印　张**：15.5　**字　数**：376千字
版　　次：2011年4月第1版　　**印　　次**：2011年4月第1次印刷
印　　数：1～3000
定　　价：28.00元

产品编号：035333-01

前 言

计算机技术和通信技术的紧密结合形成了当今发展最迅速、应用最广泛、技术最先进的计算机通信设施——计算机网络。毫不夸张地说，计算机网络及技术的发展应用已经对人类社会产生了巨大影响，我们的工作、学习和生活已离不开计算机网络。作为中等职业学校的计算机专业，计算机网络已经成为学生的必修课程。而计算机网络的维护和管理等方面的基本知识和技能，更是计算机专业培养目标所要求的、在实践应用中最为需要的内容。本书依据中等职业学校计算机专业的培养目标，参考国内外计算机网络技术发展的前沿和动态，瞄准社会各个行业和职业岗位对中等职业学校计算机网络专业学生的基本要求，参照教育部中等职业学校计算机网络专业教学指导方案进行编写，参编人员均为长期工作在教学第一线且具有丰富教学、实践经验的计算机教师和专业教研人员。在准确把握计算机网络技术发展脉络的前提下，力求使教材符合学生的基本需求，尽力与市场人才需要和职业岗位要求相吻合，使学生易于接受、教师便于教学。经过一段实践以后，应能胜任计算机网络技术应用的工作，能完成相应的网络管理任务。

本书编写力求体现先进的教学理念和学习理念，主要表现在以下几个方面。

(1) 本书采用项目设计，创建一定的模拟工作环境，在设计上力求贴近工作实际，让学生转换角色，置身于网络管理的情境之中，改变学生的学习方式，引导学生自主探究学习，培养学生解决实际问题的能力。

本书特别设计了“职业情景描述”模块，主要描述项目的情境，同时提出整个项目的任务。

(2) 每一个项目由若干个活动任务组成，每个活动任务一般包括以下几个模块(不同项目根据教学需要，模块有所删减)。

任务背景：描述活动的情境，提出本次活动的任务。

任务分析：收集相关信息，从学习情况出发，引导学生提出并讨论完成任务的方案，总结出完成本次活动任务的方法与过程。

任务实施：给出完成本次活动任务的具体方法和详细步骤。

归纳提高：系统地归纳本次活动任务所涉及的信息技术及技能，并拓展了相关深层次技术的知识。

自主创新：运用本次活动学过的知识与技能自主解决新情境下的问题。

评估：以表格的形式对本次活动任务的知识掌握及任务完成情况进行评价。

提示与技巧：在活动任务完成的过程中，及时提示所涉及的知识技能、方法、技巧及注意事项。

(3) 综合活动任务与评估：根据各项目教学实际需要，加设综合活动任务与评估，用于拓展并综合知识应用的能力，突破本项目情境，通过前面学习到的内容来完成新的综合项目的设计，要求包含任务背景、任务分析、任务实施（要有分组情况）、任务评估（要求以表格方式形成）这几个方面的模块。

(4) 项目评估：通过对每部分内容基本要求、特色与合作方面的评估打分，完成学习评估表。

本书共96个学时（含实践学时），建议教师在教学过程中采用模块化活动任务的项目教学模式，除了要完成书中的项目外，还应结合学生及专业的特点，精心设计相应模块化活动任务，以给学生提供更多的实践机会

本书由青岛市教育局职教教研室姜全生主审，由莱西市职业教育中心王彬担任主编，青岛商务学校徐璟和莱西市职业教育中心周莉莉、史晓凤及王晓东担任副主编，另外，还有莱西市广电局张康峰，莱西市教体局会计核算中心刘雪松、技术中心张庆贤，莱西市职业教育中心吕正萍、魏延静、陈圣芝、董凤云、赵静、高丰涛、李爱萍、张军哲、姜旭东、黄艳霞、闫涛、吴丽珍、张彩虹、王晓东、韩玉英、沈言海，莱西市职业中专徐志友，即墨市二职专程木江等老师参加了本书的编写及验证工作。

由于作者水平有限，书中难免存在缺点和不足，恳请读者提出宝贵意见。

编　者

2011年1月

目录

CONTENTS

初识网络管理

职业情景描述

随着网络应用的普及与发展,网络管理的重要性已经日趋明显,网络管理包括多方面的内容,例如网络的配置、网络的运行状态、故障诊断、安全管理、流量控制等,都属于网络管理的范畴,本项目将着重介绍网络管理的主要内容。

通过本项目,学生将学习到以下内容。

- 网络管理的概念和网络管理的协议
- 网络管理的功能
- 熟悉网络管理平台、网络管理系统、网络管理系统的选购、开发网络管理系统面临的问题
- 网络管理的常用方法

活动任务一　初识网络管理的功能

任务背景

网络的雏形是伴随着1969年世界上第一个计算机网络美国国防部高级研究计划署网——阿帕网(Arpanet)的产生而产生的。20世纪80年代初期,人们提出了多种网络管理方案,包括HLEMS、SGMP、CMIS/CMIP、NetView、LAN Manager等。到1987年年底,因特网结构委员会(IAB)选择适合于TCP/IP协议的网络管理方案,即采用SGMP作为短期的Internet管理解决方案,并在适当的时候转向CMIS/CMIP,而于1990年公布的SNMP则得到了长足的发展。网络管理是对网络的运行状态进行监测和控制,使其能够有效、可靠、安全而经济地提供服务。随着网络的快速发展,网络管理变得越来越重要。

任务分析

网络管理的根本目标就是满足运营者及用户对网络有效性、可靠性、开放性、综合性、安

全性和经济性的要求。网络管理包括对网络硬件资源和软件资源的管理，而网络管理的功能是故障管理、配置管理、计费管理、性能管理、安全管理。下面将详细介绍网络管理的功能。

任务实施

1. 故障管理

故障管理的功能是检测、定位和排除网络软、硬件故障，是最基本的功能之一。具体功能包括以下内容。

(1) 维护并检查错误日志。

(2) 接受错误检测报告并作出响应。

(3) 跟踪、辨认错误。

(4) 执行诊断测试。

(5) 纠正错误。

2. 配置管理

配置管理也是最基本的网络管理功能之一，主要功能包括：资源清单管理、资源开通及业务开通，它建立并维护 MIB 供其他功能应用，初始化网络并配置网络，提供网络服务。

3. 性能管理

性能管理包括监视和调整两大功能。通过监视跟踪网络活动，通过调整设置改善网络性能，减少网络拥挤和不通行现象。一些典型功能如下。

(1) 收集、统计信息。

(2) 维护并检查系统状态日志。

(3) 确定自然和人工状态下系统的性能。

(4) 改变系统操作模式以进行系统性能管理的操作。

4. 安全管理

安全管理是按照一定的策略控制对网络资源的访问。一般安全管理系统包括以下基本功能。

(1) 风险分析功能。

(2) 安全服务功能。

(3) 告警、日志和报告功能。

(4) 网络管理系统保护功能。

5. 计费管理

计费管理系统包括以下基本功能。

(1) 计算网络建设和运营成本。

(2) 统计网络及其所包含的资源的利用率。

(3) 联机收集计费数据。

(4) 计算用户应支付的网络服务费用。

(5) 账单管理。

归纳提高

1. 网络管理的基本概念

网络管理的概念可以分为狭义与广义两种，从狭义上讲，网络管理是专门针对网络中节点的通信量进行管理；而从广义上来讲则是指对整个网络系统的管理，包括的范围十分广泛，例如网络设备的配置与管理、网络运行状态的管理、安全策略的制定与管理、故障检测管理及计费管理等。

2. 网络管理功能

(1) 故障管理的内容有告警、测试、诊断、业务恢复、故障设备更换等，具体实现时要参考配置管理资源清单识别网络元素，正确定义并设置设备组件故障门限与优先级。具体功能为实时收集故障信息并报警；预防性日常维护及故障预测。具体实施时往往遵循先修复后分析的原则。

(2) 配置管理主要包括以下内容。

① 设置开放系统中有关路由操作的参数。

② 被管对象和被管对象组名字的管理。

③ 初始化或关闭被管对象。

④ 根据要求收集系统当前状态的有关信息。

⑤ 获取系统重要变化的信息。

⑥ 更改系统的配置。

(3) 安全管理具体包括以下内容。

① 标识重要的网络资源并确定其与用户集之间的映射关系。

② 监视与记录对重要资源的访问。

③ 信息加密管理。

3. 网络管理的协议

网络中各个节点在相互通信之前都要有统一的规定，网络管理实际上是网络通信的一种，只不过各种节点之间的通信内容是管理信息而已，因此同其他的通信一样，网络管理也需要通信协议。

1) CMIP/CMIS

CMIP为两个设备之间提供了管理信息交换的平台，并且使用了比较简单的“请求/应答”交换方式；而CMIS作为CMIP的载体，它承载了网络管理中的控制语言，只有被公共管理信息协议机(CMIPM)转换为CMIP操作命令后，才能对网络进行管理。

2) SNMP

SNMP(Simple Network Management Protocol)即简单网络管理协议，由于该协议比较容易实现，因此受到了很多厂商的青睐，使得SNMP被广泛使用，目前已经发展到第三个版本SNMPv3，它的安全性和管理功能都更加完善。如图1.1所示为SNMP的工作原理。

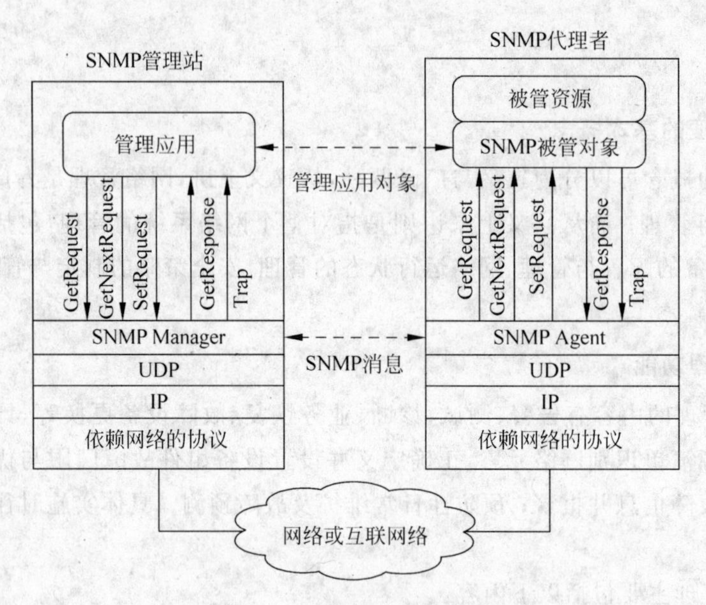

图 1.1 SNMP 的工作原理

自主创新

网络管理系统是保障网络安全、可靠、高效和稳定运行的必要手段，它已成为整个网络系统不可缺少的重要部分。网络管理是控制一个复杂的数据网络，以获得最大效益和生产率的过程。请调查身边的网络，看其在网络功能上都实现了哪些。

评　估

活动任务一的具体评估内容如表 1.1 所示。

表 1.1　活动任务一评估表

	活动任务一评估细则	自　评	教　师　评
1	理解网络管理的基本概念		
2	了解网络管理的基本功能		
3	了解网络管理的协议		
4	会分析网络管理的基本任务及功能		
任务综合评估			

活动任务二　接触网络管理系统

任务背景

计算机网络是一个开放式系统，每个网络都可以与遵循同一体系结构的不同软、硬件设备连接。但以下几个原因使得简单地进行人工网络检测和管理变得很困难：网络的规模不断扩大；网络复杂性增大；网络应用的多样化。因此，就要求网络管理系统一是要遵守被管理网络的体系结构；二是要能够管理不同厂商的软、硬件计算机产品。

任务分析

SiteView 采用的是非代理、集中式的监测模式，可以安装在服务器上，也可以安装在 PC 上，在被监控服务器上无须安装任何代理软件。安装成功后，使用前须先将系统中 SiteView_Schedule 和 SiteView 两项服务的用户权限由 Local system 改为 Administrator。下面详细介绍网络管理系统软件 SiteView 的使用方法。

任务实施

具体操作步骤如下。

(1) 启动 SiteView 系统，SiteView 的主界面如图 1.2 所示。

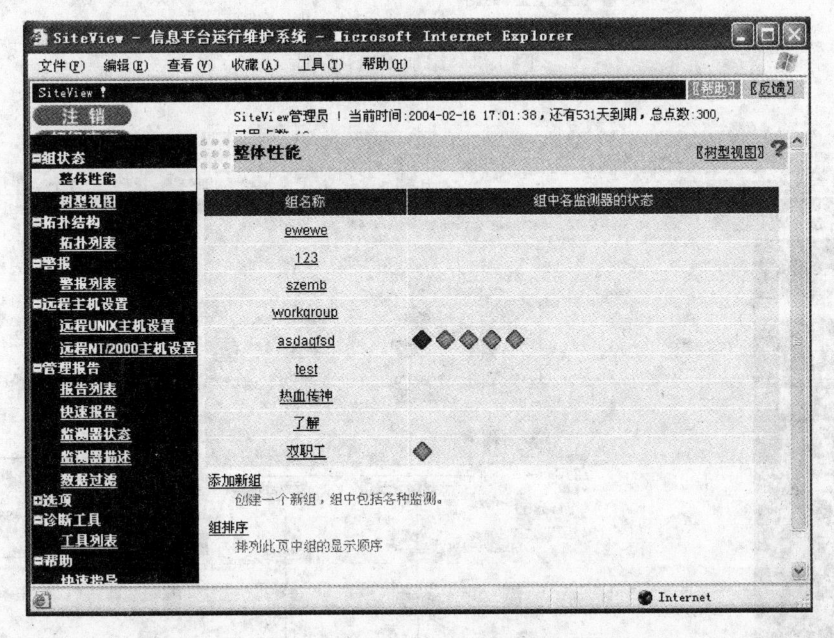

图 1.2　SiteView 的主界面

(2) 选择“整体性能”选项，如图 1.3 所示，在右边窗格中单击“添加新组”链接，在组详细列表页中，选择“添加新监测”选项，单击 CPU 链接，进入到添加 CPU 监测的详细定义页面。

(3) 通过 IP 区间主机搜索、Subnet 子网内网络设备搜索、全局自动网络拓扑图搜索可发现交换机、路由器、网桥、集线器等网络设备，并根据网络连接方式显示出网络拓扑结构图。如图 1.4 所示是 SiteView 的网络拓扑显示效果。

(4) 添加远程主机。如需监测远程主机的有关情况，必须将该远程主机添加到系统中。选择左侧菜单中的“远程 UNIX 主机设置”或“远程 NT/2000 主机设置”选项，可以添加远程主机。

(5) SiteView 能实时浏览、查询、设置网络代理的管理信息库；对网络连接情况进行显

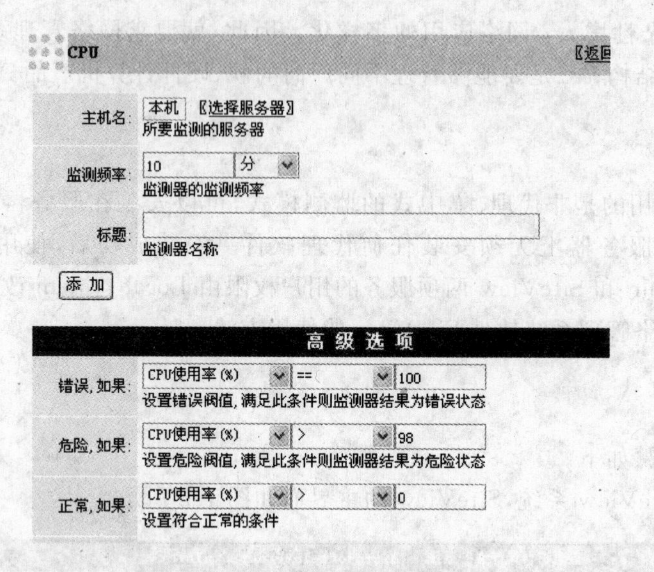

图 1.3　添加 CPU 监测

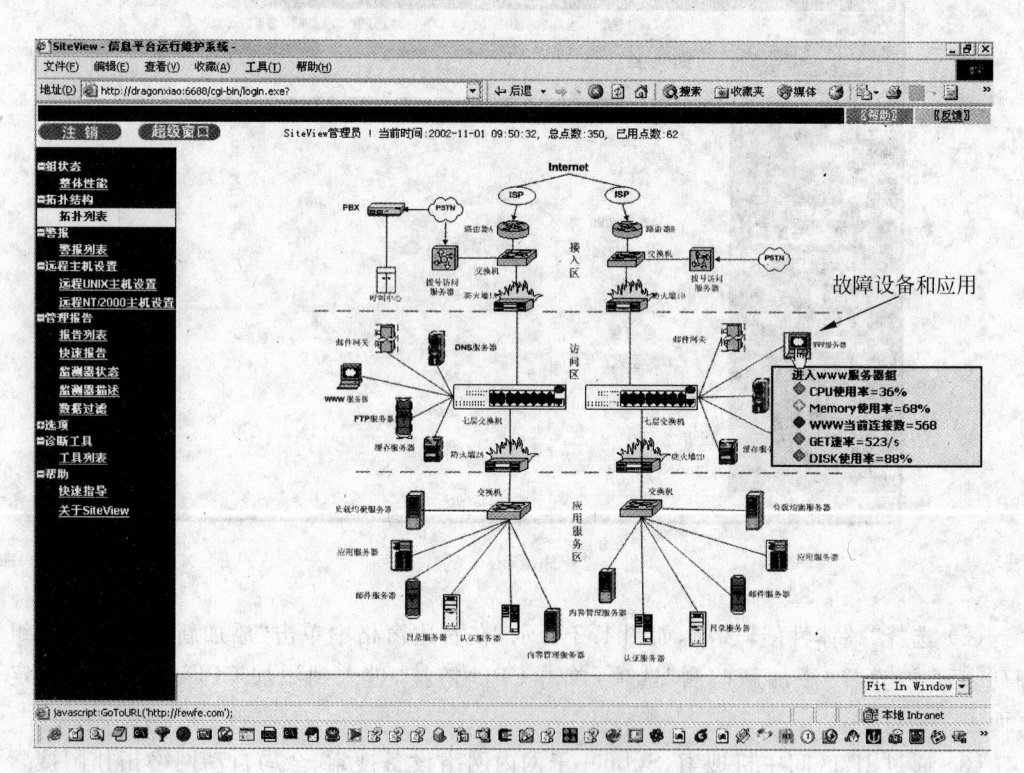

图 1.4　SiteView 的网络拓扑管理

示并可以通过操作显示的图标进行性能管理；还可以对网络性能参数(包括 IP 数据报、传输差错率、流量特性等)进行动态图形显示和分析,其网络运行情况报表如图 1.5 所示。

(6) 故障管理。如图 1.6 所示为 SiteView 故障确认监测功能部分的界面,系统能发现故障并提出解决方案。

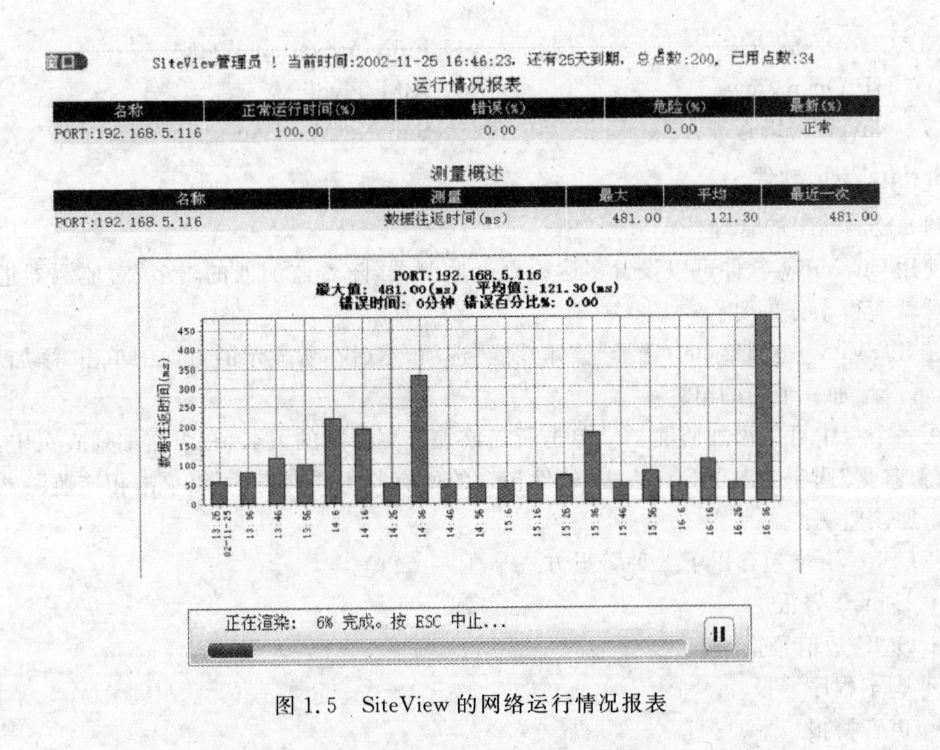

图 1.5　SiteView 的网络运行情况报表

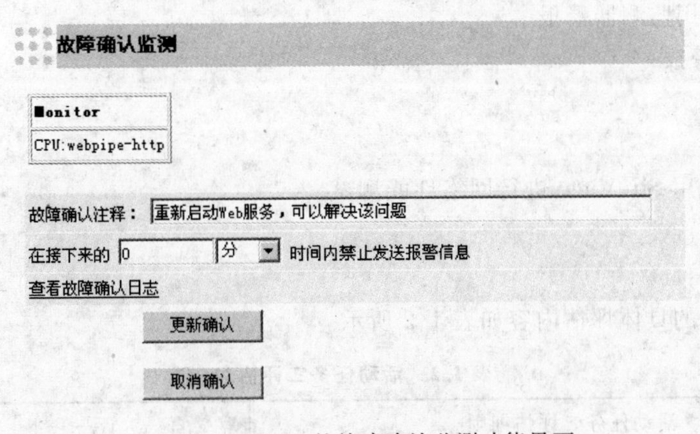

图 1.6　SiteView 的故障确认监测功能界面

归纳提高

1. 网络管理系统的组成

一个网络管理系统从逻辑上包括管理对象、管理进程、管理信息库和管理协议 4 部分。管理对象是网络中具体可以操作的数据。管理进程是用于对网络中的设备和设施进行全面管理和控制的软件。管理信息库用于记录网络中管理对象的信息。管理协议用于在管理系统和管理对象之间传输操作命令，负责解释管理操作命令。

2. 常用的网络管理系统

(1) CA Unicener TNG　　　　(2) Cabletron NetSight

(3) Cisco 网管方案　　(4) Fujitsu System Walker
(5) HP OpenView　　(6) IBM Tivoli
(7) Novell 网络管理方案　　(8) Sun NetManager

3. SiteView 软件

(1) 监测器组的管理

使用 SiteView 软件可以设置多达数百个监测器,随着监测器的增多,对监测器进行分组管理就变得十分重要。

在 SiteView 左侧菜单中选择"整体性能"选项,然后在所显示的页面中单击"添加新组"链接,可以增加一个新的组。

在一个组中可以添加监测器。单击所需添加监测器组的组名,在组详细列表页中,选择"添加新监测"选项会出现 SiteView 软件包含的所有监测器列表,可以单击相应监测器的名字以添加该监测。

(2) SiteView 包含以下 6 种警报方式

- E-mail 警报
- SMS 短信警报
- 脚本程序警报
- 声音警报
- 启用/禁用监测器警报
- POST 警报

自主创新

试安装并利用 SiteView 进行网络性能测试。

活动任务二的具体评估内容如表 1.2 所示。

表 1.2　活动任务二评估表

活动任务二评估细则		自　评	教　师　评
1	了解常用的网络管理系统软件		
2	了解网络管理系统的内容		
3	会安装网络管理系统 SiteView		
4	会使用网络管理系统 SiteView		
任务综合评估			

综合活动任务　掌握网络管理的常用方法

Windows Server 2003 是一款成熟的操作系统,内置了许多管理工具,例如计算机管

理、磁盘管理、任务计划和服务等。同时微软公司又提供了 Windows Resource Kits 工具包和 Windows Support Tools 工具包，其中也包括多个系统管理工具，例如 Netdiag。这些工具可以帮助网络管理员管理和维护所使用的操作系统，诊断网络发生的故障。Windows 操作系统提供了两种类型的管理模式，分别为图形模式和命令行模式。在 Windows XP、Windows Server 2003 和 Windows Vista 操作系统中支持微软新一代的命令行解析器 MSH。图形管理模式的代表平台是 MMC，命令行管理模式的代表平台是 DOS，下面介绍 MMC 管理模式的使用方法。

任务分析

MMC 不执行管理功能，但集成管理工具。可以添加到控制台的主要工具类型称为管理单元，使用 MMC 工具（管理单元）可以集中有效地管理网络、计算机、服务、应用程序和其他系统组件。在 Windows 2000、Windows XP 及 Windows Server 2003 中的一些管理工具，例如 Active Directory 用户和计算机、Internet 信息服务管理器等，都是 MMC 使用的一部分。可以使用 MMC 管理本地或远程计算机。

目前 Windows XP SP2 和 Windows Server 2003 R2 中的 MMC 为 2.0 版，微软公司以系统补丁的形式提供了最新的 3.0 版，编号 KB907265，分为 Windows XP 32-Bit、Windows XP 64-Bit 和 Windows Server 2003 共 3 个版本，其中 Windows XP 64-Bit 版只有英文版本。

任务实施

1. 认识管理单元

所有的 MMC 管理控制台都分成 4 部分（如图 1.7 所示），即菜单栏、工具栏、左侧任务窗格和右侧任务窗格。在菜单栏中，有一些 MMC 的常用操作和上下文关联操作的按钮。这些都是 Microsoft 的一贯风格，此处不再赘述。

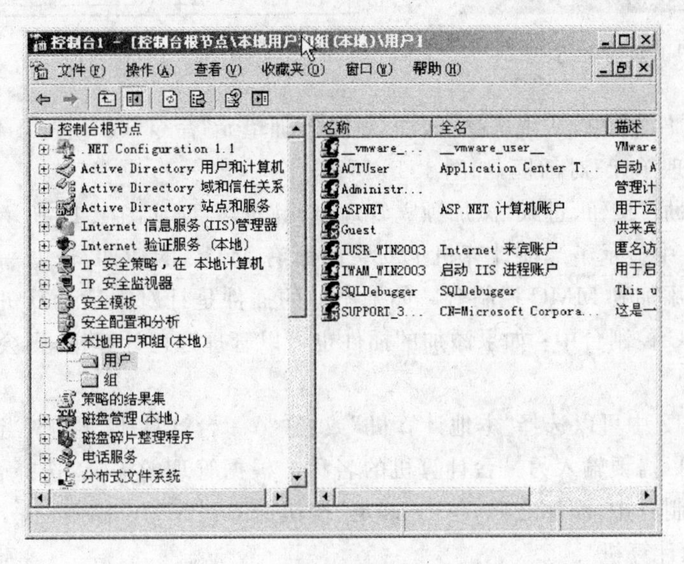

图 1.7　MMC 管理控制台窗口

2. 掌握MMC控制台的应用

使用MMC控制台管理本地或远程计算机时，需要有管理相应服务的权限。另外，使用MMC的插件管理远程计算机时，就像管理本地计算机一样方便。使用MMC插件并不能管理远程计算机上的所有服务，有些服务只能在本地计算机上进行管理。

1）集成管理工具

使用MMC控制台可以管理本地或远程计算机的一些服务或应用，这些与安装在要管理的计算机上的程序相关，例如想管理一台安装有Exchange服务器的计算机，就可以使用MMC控制台中的Exchange插件进行管理；如果远程计算机上没有安装Exchange服务器，使用MMC的Exchange插件是没有意义的。

使用MMC控制台进行管理的时候，需要添加相应的管理插件，方法及步骤如下。

（1）执行“开始”→“运行”命令，进入“运行”对话框，如图1.8所示。

（2）在“打开”文本框中输入“mmc”，单击“确定”按钮，进入MMC管理控制台，如图1.9所示。

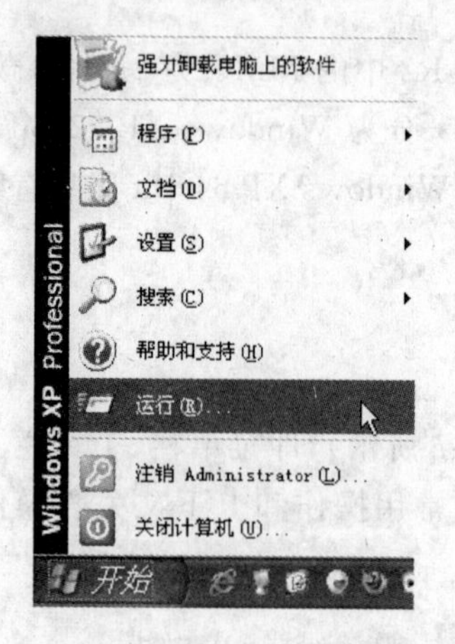

图1.8 “运行”选项

图1.9 “运行”对话框

（3）打开“文件”菜单，从中选择“添加/删除管理单元”命令，或者按Ctrl＋M组合键，进入“添加/删除管理单元”对话框，如图1.10所示。

（4）单击“添加”按钮，进入“添加独立管理单元”对话框，如图1.11所示。

（5）图1.11中显示了当前计算机上安装的所有MMC的插件，选中一个插件后，单击“添加”按钮将其添加到MMC控制台。如果添加的插件是针对本地计算机的，管理插件会自动添加到MMC控制台中；如果添加的插件也可以管理远程计算机，则会弹出“计算机管理”对话框。

（6）从图1.12中可以选择“本地计算机”或者“另一台计算机”选项，当选中“另一台计算机”单选按钮时，需要输入另一台计算机的名称。根据管理的需要，选择合适的管理插件添加到MMC控制台中，添加之后，单击“确定”按钮返回到MMC控制台。

2）管理本地计算机

使用MMC可以简化本地计算机的管理，例如，如果管理DHCP服务器，需要从“管理工具”窗口中运行DHCP；如果管理DNS服务器，就需要运行DNS；如果管理证书服务，就需要运行证书服务。在管理多个服务时，会频繁地执行"开始"→"程序"→"管理工具"→"服务"命令运行多个服务。使用 MMC，可以将常用的管理服务添加到一个 MMC 管理界面中，也可以把本地计算机上的所有管理都添加到一个管理界面中。

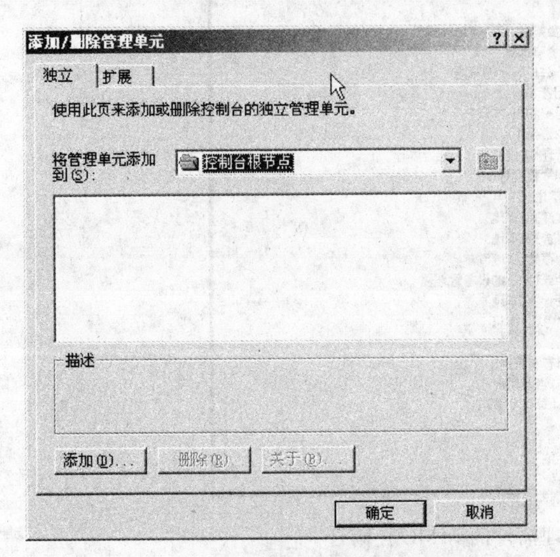

图 1.10　"添加/删除管理单元"对话框

图 1.11　"添加独立管理单元"对话框

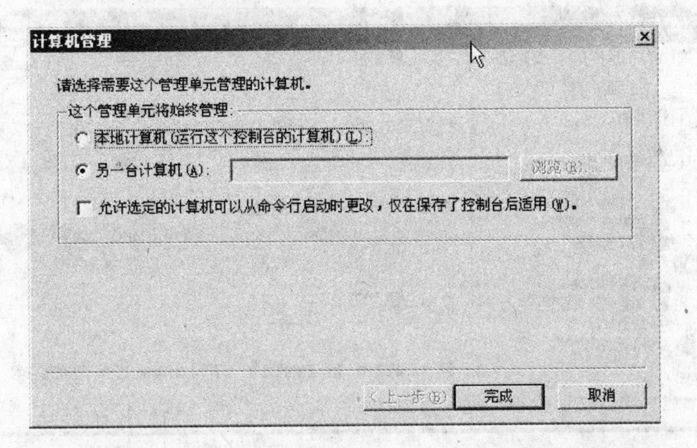

图 1.12　选择合适的管理插件添加到 MMC 控制台中

(1) 运行 MMC，将本地计算机上的所有 MMC 插件都添加到一个 MMC 控制台中，如图 1.13 所示。

(2) 打开"文件"菜单，选择"保存"命令，在"保存为"对话框中，输入"本地计算机服务"，然后单击"保存"按钮。

(3) 以后就可以直接从"管理工具"菜单中打开"本地计算机服务.msc"文件来管理所有的本地服务了。如图 1.14 所示是一个调用磁盘碎片整理程序的截图，从图中可以看出能管理本地计算机上的所有服务。

3) 管理远程计算机

(1) 在本地计算机上运行 MMC，打开 MMC 控制台，按 Ctrl+M 组合键，在"添加/删除管理单元"对话框中单击"添加"按钮，进入"添加独立管理单元"对话框，如图 1.11 所示。

(2) 选择"计算机管理"选项，单击"添加"按钮。

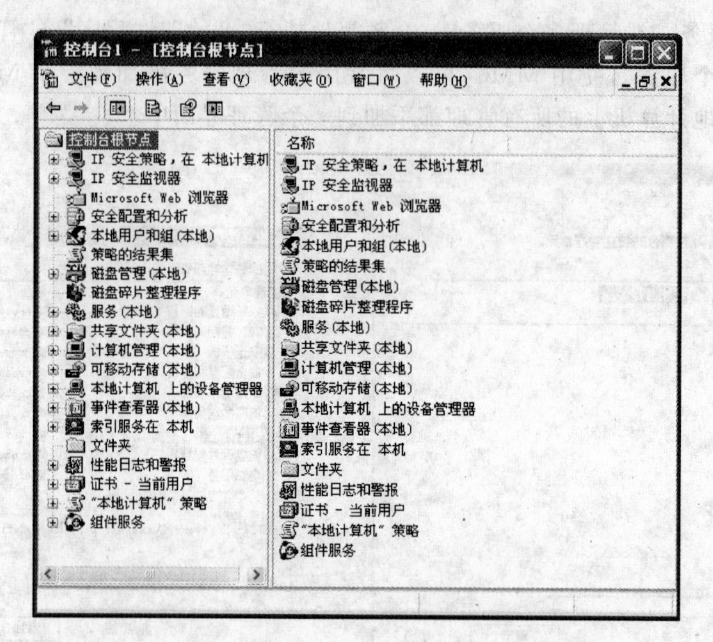

图 1.13 添加完管理插件的 MMC 控制台

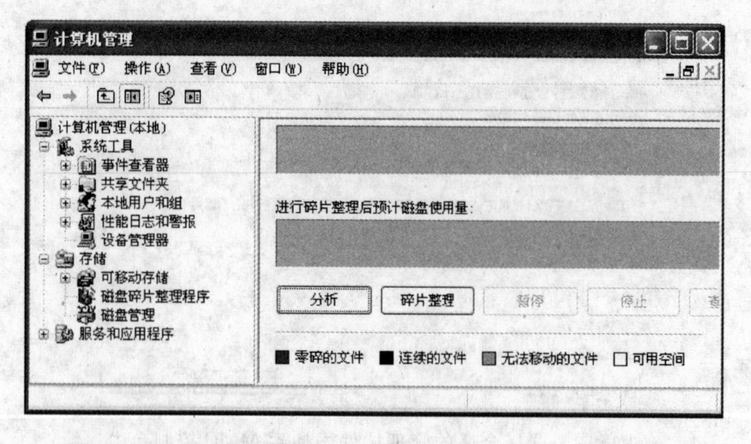

图 1.14 利用磁盘碎片整理程序管理本地计算机上的所有服务

(3) 在"请选择需要这个管理单元管理的计算机"选项区域中，选中"另一台计算机"单选按钮，并在后面的文本框中输入要管理的计算机 IP 地址，如图 1.15 所示。然后单击"完成"按钮。

(4) 双击"磁盘管理"图标，在"磁盘管理"对话框中选中"以下计算机"单选按钮并在文本框中输入要管理的计算机 IP 地址，如图 1.16 所示。

(5) 单击"完成"按钮，单击"关闭"按钮，然后单击"确定"按钮返回到 MMC 控制台，此时就可以像管理本地计算机一样管理远程的计算机了。

(6) 在管理远程计算机时，可能出现拒绝访问或没有访问远程计算机的权利的"磁盘管理"消息框，如图 1.17 所示。当出现这种问题时，说明是当前登录的账号没有管理远程计算机的权限。

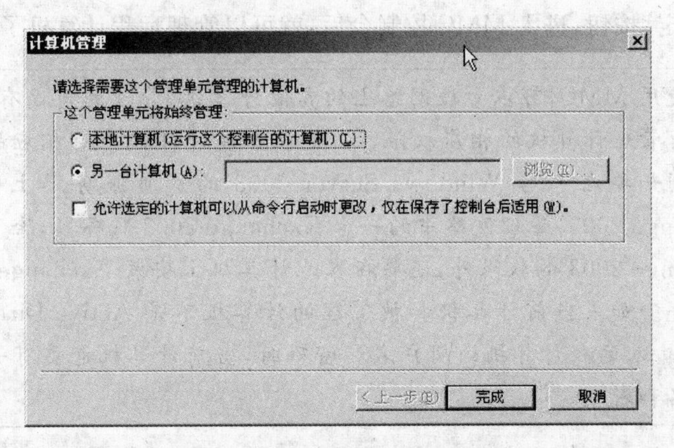

图 1.15　“计算机管理”对话框

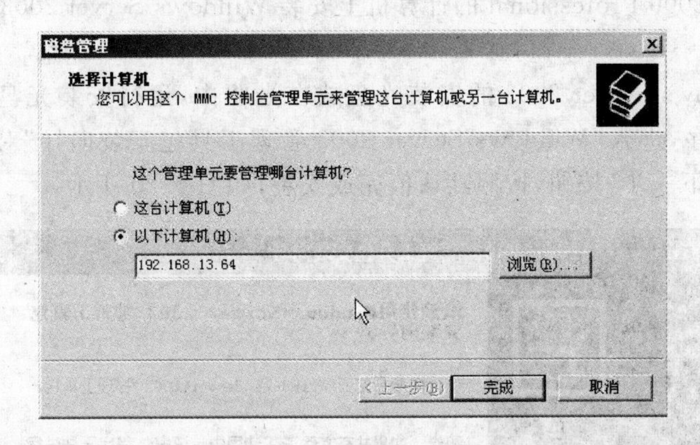

图 1.16　“磁盘管理”对话框

(7) 当这种情况出现时，可以保存当前的控制台为“远程计算机管理”，关闭 MMC 控制台。从“管理工具”子菜单中，选择“远程计算机管理”选项，右击，从弹出的快捷菜单中选择“运行方式”命令。

(8) 在弹出的“运行身份”对话框中选中“下列用户”单选按钮，输入有权管理远程计算机的用户名及密码，如图 1.18 所示。

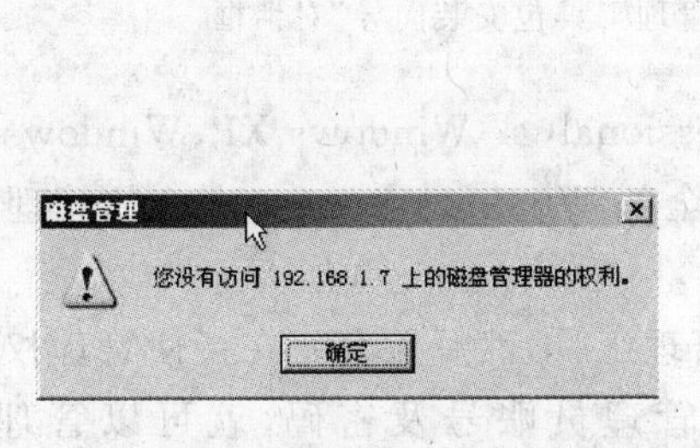

图 1.17　“磁盘管理”消息框

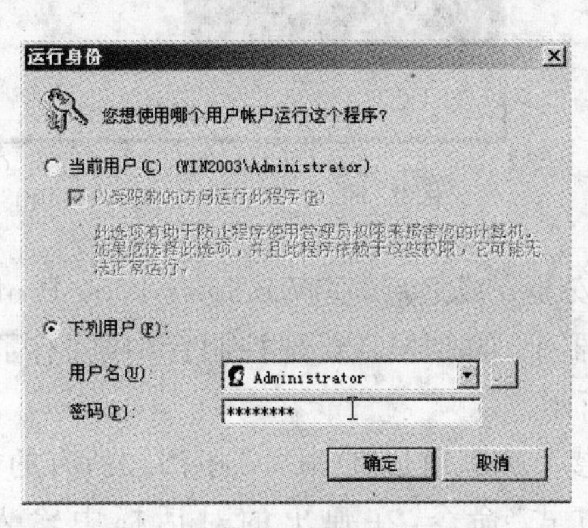

图 1.18　“运行身份”对话框

(9) 单击“确定”按钮，进入 MMC 控制台后，就可以管理远程计算机了。

> **提示技巧**
>
> 使用 MMC，可以管理网络上的其他计算机，管理的前提有两点，一是要拥有管理计算机的相应权限；二是在本地计算机上有相应的 MMC 插件。例如要在一台 Windows Server 2003 的成员服务器上(没有安装 Exchange 2003)管理网络中的一台 Exchange 2003 服务器，除了要有管理 Exchange 2003 的权限外，还要在本地计算机上安装 Exchange 2003 的管理插件。如果当前计算机和被管理的计算机不是 Active Directory 的成员，在输入远程计算机的用户名和密码时，当前计算机也要有一个相同的用户名和密码。

4) 管理远程网络服务器

在 Windows 2000 Professional 的计算机上安装 Windows Server 2003 管理工具的方法如下。

(1) 将 Windows Server 2003 的安装光盘放在光驱中，运行安装光盘 ki386 目录下的 adminpak.msi 程序，进入“Windows Server 2003 管理工具包安装向导”对话框，如图 1.19 所示。然后单击“下一步”按钮，按照默认值完成安装，如图 1.20 所示。

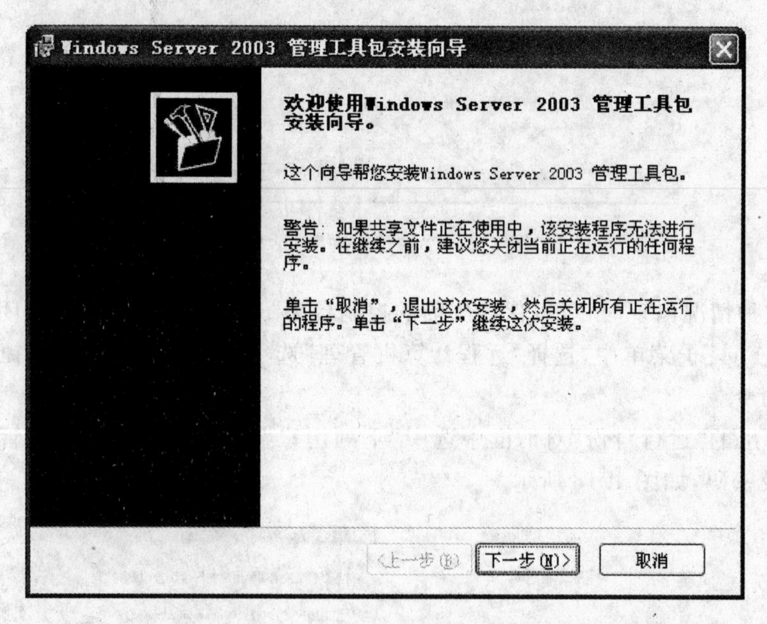

图 1.19 “Windows Server 2003 管理工具包安装向导”对话框

(2) 安装完成之后，在 Windows 2000 Professional(或 Windows XP、Windows 2003 的成员服务器上)的 MMC 管理控制台中，就有了全部 Windows Server 2003 的管理工具，如图 1.21 所示。

(3) 接下来就可以在 MMC 中添加所有的管理工具，然后保存。在行使管理权限时，选择“运行方式”命令，在弹出的对话框中输入管理员账号及密码，就可以管理远程的 Windows Server 2003 了。

图 1.20　完成安装

图 1.21　MMC 管理控制台中的管理工具

提示技巧

如果想使用本地计算机管理远程计算机上的相关服务，当本地计算机没有相关的组件，或者本地计算机与远程计算机不是同种系统时，可以在本地计算机上安装相关的 MMC 管理组件，有如下两种情况。

(1) 当前计算机没有安装相应的服务，如果用 Active Directory 中的一台成员服务器，管理网络中的一台 Exchange 服务器，可以在管理机上安装 Exchange 的管理组件。

(2) 如果使用 Windows 2000 Professional 或 Windows XP 系统管理 Windows 2000 或 Windows Server 2003 的 Active Directory 用户和计算机，就需要在 Windows 2000 或 Windows XP 的计算机上安装计算机管理组件。

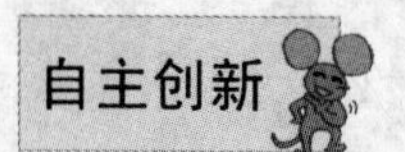

现在的流氓软件、病毒和木马越来越多地将程序本身做成服务的方式，随操作系统的启动而启动，对不是 Windows 本身的系统服务监控可以使用第三方工具或者服务控制面板的方式监控。

1. 非系统服务监控

使用 HijackThis 工具监控计算机的系统服务，该工具使用简单，可以在 Internet 上免费下载。具体使用步骤如下。

(1) 运行 HijackThis 工具。

(2) 单击“扫描系统并保存日志”按钮，工具开始对系统进行扫描。

(3) HijackThis 扫描完成后，在扫描日志中，一般会把非 Windows 系统的服务以 023 的方式列表显示。

2. 删除服务

对于流氓软件、病毒和木马，需要删除相关的 exe 文件，使它不能再运行，或者直接删除服务本身，使计算机在重启的时候，流氓软件、病毒、木马不会再启动，以达到清除的目的。

这里介绍删除服务的两种方法。

1) 注册表删除法

下面以删除冰点还原系统服务为例说明使用注册表的方法删除服务。

(1) 打开“服务”窗口，找到名称为 DF5Serv 的冰点还原系统服务，打开属性窗口，查看服务对应的应用程序的位置以及服务的显示名称。

(2) 执行“开始”→“运行”命令，系统显示“运行”对话框，在“打开”文本框中输入 regedit，单击“确定”按钮，系统显示“注册表编辑器”窗口。

(3) 依次展开注册表左栏的列表 HKEY_LOCAL_MACHINE\SYSTEM\CurrentControlSet\Services，在显示的服务列表中，找到冰点还原服务的名称 DF5Serv。

(4) 右击 DF5Serv 名称，在弹出的快捷菜单中选择“删除”命令，系统显示“确认项删除”属性对话框。

(5) 单击“是”按钮，完成键值的删除，重新启动计算机系统，即可完成服务的删除。

2) SC 命令删除法

下面仍然以删除冰点还原系统服务为例说明如何使用 SC 命令的方法删除服务。

(1) 确认冰点服务的名称为 DF5Serv。

(2) 执行“开始”→“运行”命令，系统显示“运行”对话框，在“打开”文本框中输入 cmd，单击“确定”按钮，系统显示 Msdos 命令行窗口。

(3) 在命令行模式下，输入 sc delete DF5Serv，按 Enter 键，系统显示命令行运行结果。

(4) 打开“服务”窗口，可看到冰点服务已经被成功删除。

(5) 打开注册表查看 DF5Serv 键值，可以发现此键值已经被删除，也表明服务删除成功。

3. 任务计划管理

使用任务计划，可以设定计算机定期运行或在系统空闲的时候自动运行网络管理员所设定的程序，例如网络管理员可以设置服务器在整点的时候自动执行文件备份任务，或者更新病毒库，而不需要网络管理员手动来完成这些枯燥的工作。

1）创建计划

(1) 执行“开始”→“控制面板”命令，显示“控制面板”窗口，双击“任务计划”图标，显示“任务计划”窗口。

(2) 双击“添加任务计划”图标，显示“任务计划向导”对话框。

(3) 单击“下一步”按钮，显示对话框，在“应用程序”列表中，选择需要执行的应用，例如执行 Windows 补丁更新。

(4) 单击“下一步”按钮，显示“任务名称”对话框，输入创建任务的名称。在“执行这个任务”时间列表中，选择任务的执行计划，本例选择“每天”选项。

(5) 单击“下一步”按钮，显示设置任务运行的起始时间和日期。

(6) 单击“下一步”按钮，显示设置执行此任务的用户名密码。

(7) 单击“下一步”按钮，选中“在单击‘完成’时，打开此任务的高级属性”复选框。

(8) 单击“完成”按钮，完成任务的创建，同时打开任务的高级属性对话框。

(9) 单击“计划”标签，显示“计划”选项卡。

(10) 单击“高级”按钮，显示“高级计划选项”属性对话框，选中“重要任务”复选框，设置计划执行的时间间隔以及时间单位。单击两次“确定”按钮，完成计划的设置。

2）删除任务计划

如果要停止任务计划的执行，删除即可，具体操作步骤如下。

(1) 单击“开始”按钮，选择“控制面板”命令，打开“控制面板”窗口。

(2) 双击“任务计划”图标，打开“任务计划”窗口。

(3) 右击需要删除的任务计划，在弹出的快捷菜单中选择“删除”命令，弹出“确认程序删除”对话框，单击“是”按钮即可将该任务计划删除。

评　估

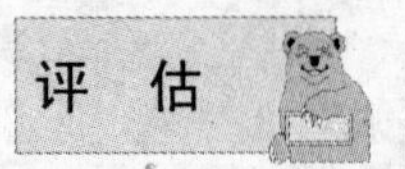

根据学习的网络具体情况和常见管理方法的使用及学习情况，完成如表 1.3 所示的评估表。

表 1.3　综合活动任务评估表

项　目	标准描述	评定分值						得分
基本要求 60 分	认识 MMC 控制台主界面	10	8	6	4	2	0	
	会集成管理工具	10	8	6	4	2	0	
	会管理本地计算机	10	8	6	4	2	0	
	会管理远程计算机	10	8	6	4	2	0	
	会管理远程网络服务器	10	8	6	4	2	0	
	能够使用“运行”方式	10	8	6	4	2	0	
特色 30 分	会非系统服务监控	20	16	12	8	2	0	
	会任务计划管理	10	8	6	4	2	0	
合作 10 分	能与其他同学合作、沟通，共同完成任务	10	8	6	4	2	0	
主观评价							总分	

项目评估

项目一的具体评估内容如表 1.4 所示。

表 1.4　项目一评估表

项　目	标准描述	评定分值						得分
基本要求 60 分	了解网络管理的基本概念、基本功能	10	8	6	4	2	0	
	会分析网络管理的基本任务及功能	10	8	6	4	2	0	
	熟悉常用的网络管理系统软件	10	8	6	4	2	0	
	了解网络管理系统的内容	10	8	6	4	2	0	
	会使用网络管理系统 SiteView	10	8	6	4	2	0	
	会用 MMC 控制台管理计算机	10	8	6	4	2	0	
特色 30 分	能够自主创新、综合应用非系统服务监控	20	16	12	8	2	0	
	会使用任务计划管理	10	8	6	4	2	0	
合作 10 分	能与其他同学合作、沟通，共同完成任务	10	8	6	4	2	0	
主观评价							总分	
项目综合评价							总分	

项目二

分析网络状况

职业情景描述

前面是利用图形用户界面分析网络状况进行计算机管理，而对于熟练的网络管理员来说，却是利用网络分析命令和工具来分析网络状况，尤其是当遇到网络性能下降的时候，网络中的硬件瑕疵、系统 Bug、错误操作都可能导致网络服务系统中断，如果没有优秀的工具和丰富的经验，普通用户很难解决。一个好的网管若想在故障发生前敏锐地捕捉到蛛丝马迹，在错误发生后迅速判断故障的位置，搞清导致故障的原因，就必须借助系统诊断、侦错和分析工具。它们就像是听诊器、CT 机和病历记录，是“药到病除”的前提和基础。本项目将着重介绍利用诊断工具来分析网络状况的主要内容。

通过本项目，学生将学习到以下内容。

- 查看计算机的网络属性——IPConfig 命令
- 使用命令行对网络计算机进行配置——Net 命令
- 查看计算机的硬件地址——ARP 命令
- 跟踪网络寻址——Traert 命令
- 查看并配置主机路由——Route 命令
- 测试 DNS 服务器的可用性——Nslookup 命令
- 显示当前活动的网络连接——Netstat 命令
- 查看使用 NetBIOS 的 TP/IP 连接——Nbtstat 命令

活动任务一　查看计算机的网络属性——IPConfig 命令

任务背景

生产厂家在制作网卡时已经在每一块网卡上烧录了世界上唯一的 ID 号，这就是 MAC 地址，它的特殊性保证了每一台安装网卡的计算机身份的唯一性。通过为每一台计算机分配一个 IP 地址，从而人为地将一般计算机的身份特殊化。在规模较大的网络环境中，客户端较多,准确记住每一台计算机的IP地址显然是不太可能的,尤其是在拥有DHCP服务器的网络中,客户端每次被分配的IP地址可能都是不同的,就更没有规律可循了。下面就来介绍查看IP地址的实用工具。

任务分析

IPConfig内置于Windows的TCP/IP应用程序中,用于显示本地计算机网络适配器的物理地址和IP地址等配置信息,这些信息一般用来检验手动配置的TCP/IP设置是否正确。当在网络中使用DHCP服务时,IPConfig可以检测计算机中分配到了什么IP地址,是否配置正确,并且可以释放、重新获取IP地址。这些信息对于网络测试和故障排除有重要作用。下面就详细介绍使用IPConfig命令查看本地计算机的详细网络配置信息的方法。

任务实施

具体操作步骤如下。

(1) 在命令提示符窗口中输入ipconfig /all(大小写不限)并执行。

(2) 窗口中将显示包括所有适配器的IP地址、子网掩码和默认网关,还包括主机的相关配置信息,例如主机名、DNS服务器、节点类型、网络适配器的物理地址等,如图2.1所示。

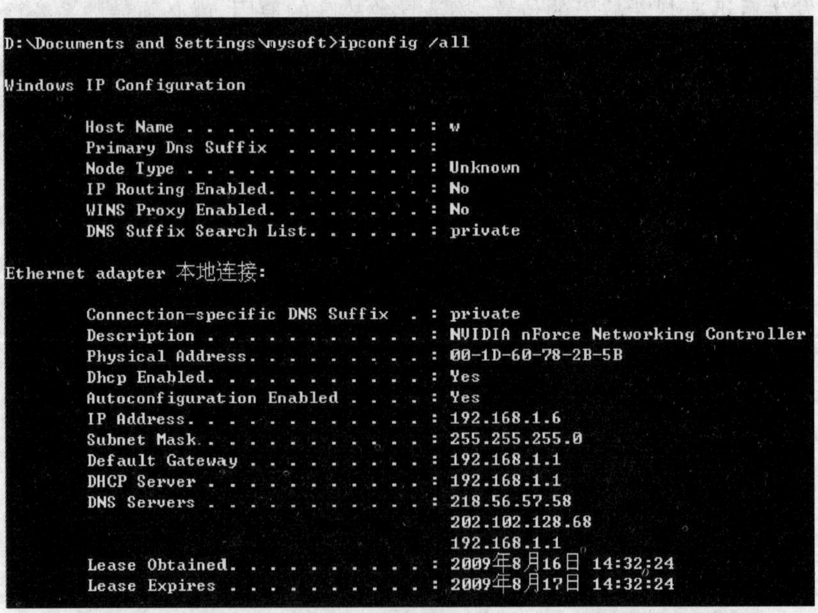

```
D:\Documents and Settings\mysoft>ipconfig /all

Windows IP Configuration

        Host Name . . . . . . . . . . . . : w
        Primary Dns Suffix  . . . . . . . :
        Node Type . . . . . . . . . . . . : Unknown
        IP Routing Enabled. . . . . . . . : No
        WINS Proxy Enabled. . . . . . . . : No
        DNS Suffix Search List. . . . . . : private

Ethernet adapter 本地连接:

        Connection-specific DNS Suffix  . : private
        Description . . . . . . . . . . . : NVIDIA nForce Networking Controller
        Physical Address. . . . . . . . . : 00-1D-60-78-2B-5B
        Dhcp Enabled. . . . . . . . . . . : Yes
        Autoconfiguration Enabled . . . . : Yes
        IP Address. . . . . . . . . . . . : 192.168.1.6
        Subnet Mask . . . . . . . . . . . : 255.255.255.0
        Default Gateway . . . . . . . . . : 192.168.1.1
        DHCP Server . . . . . . . . . . . : 192.168.1.1
        DNS Servers . . . . . . . . . . . : 218.56.57.58
                                            202.102.128.68
                                            192.168.1.1
        Lease Obtained. . . . . . . . . . : 2009年8月16日 14:32:24
        Lease Expires . . . . . . . . . . : 2009年8月17日 14:32:24
```

图2.1 使用IPConfig命令查看本地计算机的详细网络配置信息

> **提示技巧** 在命令提示符窗口中将显示所有当前的TCP/IP网络配置值,刷新动态主机配置协议(DHCP)和域名系统(DNS)设置。使用不带参数的IPConfig可以显示所有适配器的IPv6地址或IPv4地址、子网掩码和默认网关。

归纳提高

1. IP 地址的概念

IP 地址是因特网上为每一台主机分配的由 32 位二进制数组成的唯一标识符。

IP 协议提供了一种通用的地址格式，用以屏蔽各种物理网络的地址差异。IP 协议规定的地址叫做 IP 地址。

2. IP 地址的分类

TCP/IP 协议规定，每个 IP 地址的长度为 32 位，包括网络地址和主机地址两部分。网络地址用来标识一个物理网络；主机地址用来标识这个网络中的一台主机。根据每个 IP 地址中网络地址和主机地址的位数来划分，IP 地址分为 A、B、C、D、E 5 类。IP 地址前 5 位用来标识 IP 地址的类别。A 类地址第 1 位为“0”，B 类地址的前 2 位为“10”，C 类地址的前 3 位为“110”，D 类地址的前 4 位为“1110”，E 类地址的前 5 位为“11110”。其中 A 类、B 类、C 类为基本的 IP 地址，如图 2.2 所示。

A 类 IP 地址：网络地址长度为 7 位，主机地址长度为 24 位，适用于有大量主机的大型网络。

B 类 IP 地址：网络地址长度为 14 位，主机地址长度为 16 位，适用于一些国际性大公司与政府机构。

C 类 IP 地址：网络地址长度为 21 位，主机地址长度为 8 位，适用于一些小型公司与普通的研究机构。

D 类 IP 地址：不用于标识网络，用于组播地址。

E 类 IP 地址：暂时保留，用于将来扩展。

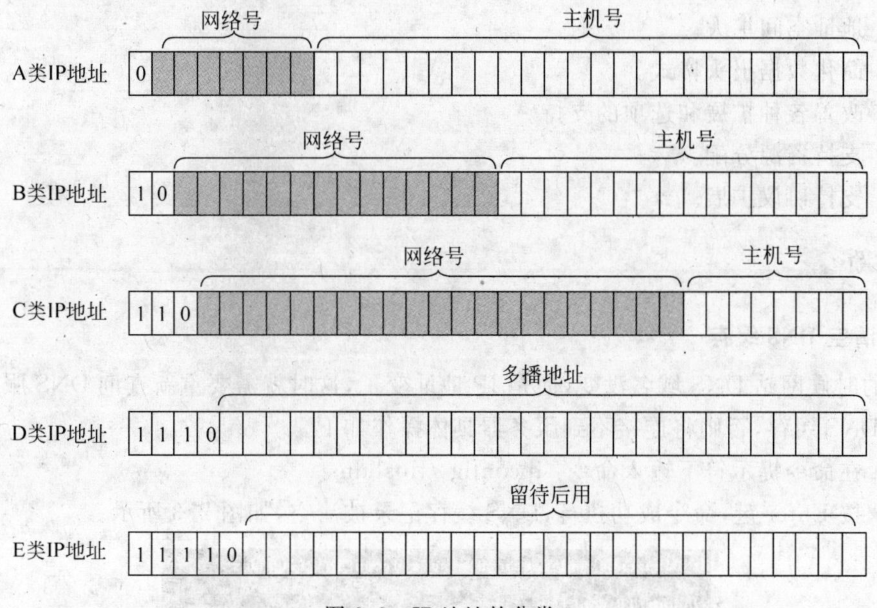

图 2.2　IP 地址的分类

3. IP 地址的表示

IP 地址采用点分十进制标记法，将 32 位的二进制数转换成 4 个十进制数值，每个数值小于或等于 255，各个数值之间用“.”进行分隔，表示成 W.X.Y.Z。

A 类 IP 地址的范围：1.0.0.0～127.255.255.255。

B 类 IP 地址的范围：128.0.0.0～191.255.255.255。

C 类 IP 地址的范围：192.0.0.0～223.255.255.255。

D 类 IP 地址的范围：224.0.0.0～239.255.255.255。

E 类 IP 地址的范围：240.0.0.0～255.255.255.255。

4. 特殊的 IP 地址

1) 网络地址

由一个有效的网络号和一个全 0 的主机号构成。

2) 广播地址

IP 广播地址有两种形式：直接广播和有限广播。

(1) 直接广播。包含一个有效的网络号和一个全 1 的主机号。

(2) 有限广播。IP 地址 32 位全为 1(255.255.255.255)，用于本地广播。

3) 回送地址

A 类网络地址 127.0.0.0 是一个保留地址，用于网络软件测试以及本地计算机进程间的通信，这个地址叫回送地址。

5. 下一代 IP 地址——IPv6

IPv6 采用 128 位地址，一般采用“冒号十六进制”表示。与 IPv4 相比主要有以下不同之处。

(1) 地址空间扩大。

(2) 简化数据报头格式。

(3) 改善各种扩展和选项的支持。

(4) 支持资源分配。

(5) 支持协议扩展。

自主创新

1. 清空 DNS 缓存

有的时候网站 DNS 域名没变，但是 IP 地址变了，这时就需要重新查询 DNS 服务器，重新建立 DNS 缓存，否则将连接不到服务器具体操作如下。

(1) 在命令提示符下输入命令：ipconfig /flushdns。

(2) 按 Enter 键，命令成功执行，DNS 缓存记录被清空，如图 2.3 所示。

```
D:\Documents and Settings\mysoft>ipconfig /flushdns

Windows IP Configuration

Successfully flushed the DNS Resolver Cache.
```

图 2.3 清空 DNS 缓存

此命令的作用等同于在 Windows 操作界面下，右击托盘区域的“本地连接”图标，在打开的“本地连接 状态”对话框中选择“支持”选项卡，然后单击“修复”按钮，如图 2.4 所示。

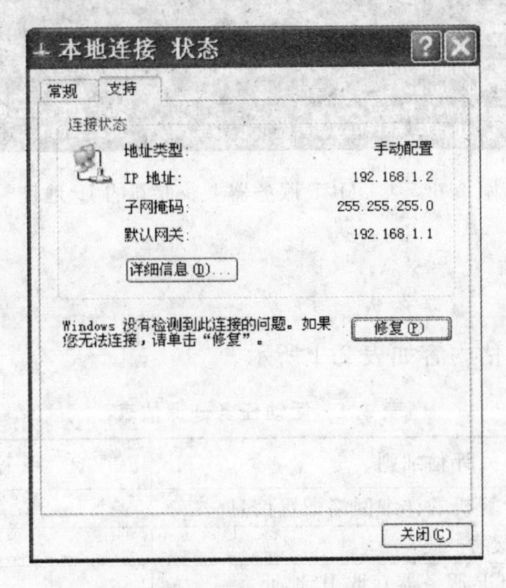

图 2.4　“本地连接 状态”对话框

> **提示技巧**　IPConfig 还有一个等价命令——winipcfg，不过 winipcfg 只能应用于 Windows Me、Windows 98 和 Windows 95 系统，并且将以图形界面的方式显示输入结果，同样可以查看到 TCP/IP 配置的详细信息。

2. 重新从 DHCP 服务器获取 IP 地址

由于 IP 地址的租约到期或是手动设置了不正确的 IP 地址而导致计算机无法上网，这时只需让此计算机重新从 DHCP 服务器获取一下 IP 地址就行了。具体操作如下。

(1) 在命令提示符下输入命令：ipconfig /release。

(2) 按 Enter 键执行，释放所有适配器或特定适配器的当前 DHCP 配置并清除 IP 地址配置，如图 2.5 所示。

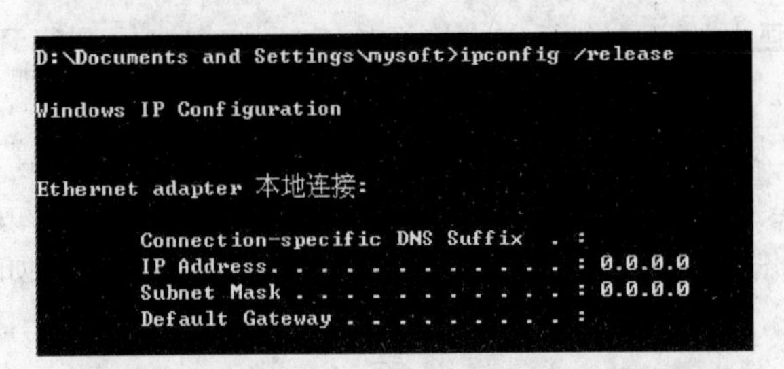

图 2.5　释放所有适配器的当前 DHCP 配置

(3) 在命令提示符下输入命令：ipconfig /renew。

(4) 按 Enter 键执行，重新从 DHCP 服务器上获取新的 IP 地址，如图 2.6 所示。

```
D:\Documents and Settings\mysoft>ipconfig /renew

Windows IP Configuration


Ethernet adapter 本地连接:

        Connection-specific DNS Suffix  . : private
        IP Address. . . . . . . . . . . . : 192.168.1.6
        Subnet Mask . . . . . . . . . . . : 255.255.255.0
        Default Gateway . . . . . . . . . : 192.168.1.1
```

图 2.6　从 DHCP 服务器上获取新的 IP 地址

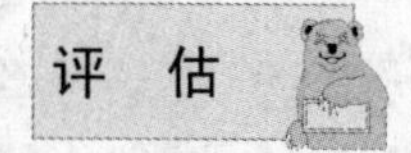

活动任务一的具体评估内容如表 2.1 所示。

表 2.1　活动任务一评估表

活动任务一评估细则		自　评	教　师　评
1	查看本地计算机的详细网络配置信息		
2	清空 DNS 缓存		
3	重新从 DHCP 服务器获取 IP 地址		
4	会使用 IPConfig 命令解决问题		
任务综合评估			

活动任务二　使用命令行对网络计算机进行配置——Net 命令

任务背景

网络的主要功能是共享资源，而查找不同网络共享资源是管理网络计算机的主要手段之一，将找到的网络共享资源映射到本地计算机进行管理是对网络计算机资源管理常用的方法。除了用工具的方法实现搜索外，也可以用 Net 命令实现其功能。

任务分析

Net 命令是功能强大的以命令行方式执行的工具，它包含了网络环境、服务、用户、登录等 Windows 98/NT/2000 中大部分重要的管理功能。使用它可以轻松地管理本地或者远程计算机的网络环境，以及各种服务程序的运行和配置，或者进行用户管理和登录管理等。而 Net Use 命令的功能是实现计算机与共享资源之间的连接或断开，或显示计算机的连接信息，该命令也控制永久网络连接(如果需要，必须提供用户 ID 或口令)。例如“net use 本地盘符 目标计算机共享点”命令，是把远程主机的某个共享资源映射为本地盘符，图形界面方便使用。

任务实施

具体操作步骤如下。

(1) 先查找共享资源。可以用“net view IP 地址”命令，查看目标服务器上的共享点名字。任何局域网里的用户都可以发出此命令，而且不需要提供用户 ID 或口令。unc 名字总是以“\\”开头，后面跟随目标计算机的名字。例如，net view \\192.168.0.5 就是查看主机 IP 地址为 192.168.0.5 的计算机上的共享点，如图 2.7 所示。

图 2.7　查看目标计算机上的共享点

(2) 建立映射。命令格式为 net use z：\\192.168.0.5\magic。

> **提示技巧**
>
> 上面的命令格式表示把 IP 地址为 192.168.0.5 的计算机上共享名为 magic 的目录映射为本地的 Z 盘。今后直接访问 Z 盘就可以访问\\192.168.0.5\magic 共享点，这和右击“我的电脑”图标选择映射网络驱动器功能类似。

(3) 和 192.168.0.5 建立 IPC$ 连接。命令格式为 net use \\192.168.0.5\IPC$ "password" /user："name"。

> **提示技巧**
>
> 建立了 IPC$ 连接后，就可以上传文件了。copy nc.exe \\192.168.0.5\admin$ 表示把本地目录下的 nc.exe 文件传到远程主机，结合后面要介绍的其他 DOS 命令就可以实现入侵了。而要禁止空连接可修改注册表项，展开列表 HKEY_LOCAL_MACHINE\SYSTEM\CurrentControlSet\Control\Lsa，把 Restrictanonymous 这个值改成“1”即可。

归纳提高

1. Net 命令注意事项

(1) Net 命令是一个命令行命令。

(2) 它用于管理网络环境、服务、用户、登录等本地信息。

(3) Windows 系统都内置了 Net 命令。

(4) 获得 Net 命令相关帮助的方法有以下两种。

① 在 NT 下可以用图形的方式，执行“开始”→“帮助”→“索引”命令，然后在索引文本框中输入 NET 获得帮助。

② 在 COMMAND 下可以用字符方式，NET /? 或 NET 或 NET HELP 得到一些方法，相应的方法的帮助 NETCOMMAND /HELP 或 NET HELP COMMAND 或 NET COMMAND /?。

(5) 强制参数所有 NET 命令接受选项/yes 和/no(可缩写为/y 和/n)，简单地说就是预先给系统的提问一个答案。

(6) 有一些命令是马上产生作用并永久保存的，使用的时候要慎重。

(7) 对于 Net 命令的功能都可以找到相应图形工具的解决方案。

(8) 命令的组成为“命令 参数 选项/参数 选项/参数……”。

(9) Net 命令中有一些参数只有在 Windows Server 环境中才能使用。

2. Net 命令的基本用法

1) Net View

作用：显示域列表、计算机列表或指定计算机的共享资源列表。

命令格式：net view [\computername | /domain[:domainname]]

参数介绍如下。

(1) 输入不带参数的 net view 用于显示当前域的计算机列表。

(2) \computername 指定要查看共享资源的计算机。

(3) /domain[:domainname]指定要查看的可用计算机的域。

举两个简单事例如下。

(1) net view \YFANG 用于查看 YFANG 的共享资源列表。

(2) net view /domain：LOVE 用于查看 LOVE 域中的机器列表。

2) Net User

作用：添加或更改用户账号或显示用户账号信息。该命令也可以写为 net users。

命令格式：net user [username [password | *] [options]][/domain]

参数介绍如下。

(1) 输入不带参数的 net user 用于查看计算机上的用户账号列表。

(2) username 用于添加、删除、更改或查看用户账号名。

(3) password 为用户账号分配或更改密码。

(4) “*”提示输入密码。

(5) /domain 在计算机主域的主域控制器中执行操作。

举一个简单事例如下。

net user yfang 用于查看用户 YFANG 的信息。

3) Net Use

作用：实现计算机与共享资源的连接或断开，或显示计算机的连接信息。

命令格式：net use [devicename | *] [\computername\sharename[\volume]] [password | *]] [/user:[domainname\]username] [[/delete] | [/persistent:{yes | no}]]

参数介绍如下。

(1) 输入不带参数的 net use 用于列出网络连接。

(2) devicename 指定要连接到的资源名称或要断开的设备名称。

(3) \computername\sharename 表示服务器及共享资源的名称。

(4) password 表示访问共享资源的密码。

(5) “*”提示键入密码。

(6) /user 指定进行连接的另外一个用户。

(7) domainname 指定另一个域。

(8) username 指定登录的用户名。

(9) /home 用于将用户连接到其宿主目录。

(10) /delete 用于取消指定网络连接。

(11) /persistent 用于控制永久网络连接的使用。

举两个简单事例如下。

(1) net use e：\WANG\TEMP 用于将\WANG\TEMP 目录建立与 E 盘的连接。

(2) net use e：\WANG\TEMP /delete 用于断开连接。

4) Net Time

作用：使计算机的时钟与另一台计算机或域的时钟同步。

命令格式：net time [\computername | /domain[：name]] [/set]

参数介绍如下。

(1) \computername 表示要检查或同步的服务器名。

(2) /domain[：name]指定要与其时间同步的域。

(3) /set 用于使本计算机时钟与指定计算机或域的时钟同步。

5) Net Start

作用：启动服务，或显示已启动服务的列表。

命令格式：net start service

6) Net Pause

作用：暂停正在运行的服务。

命令格式：net pause service

7) Net Continue

作用：重新激活挂起的服务。

命令格式：net continue service

8) Net Stop

作用：停止 Windows NT 网络服务。

命令格式：net stop service

9) Net Config

(1) 输入不带参数的 net config 将显示可配置服务的列表。

(2) service 通过 net config 命令进行配置的服务(服务器或工作站)。

(3) options 是服务的特定选项，完整语法可以参阅 net config server 或 net config workstation。

10) Net Config Server

作用：运行服务时显示或更改服务器的服务设置。

命令格式：net config server [/autodisconnect：time] [/srvcomment："text "] [/hidden：{yes | no}]

参数介绍如下。

(1) 输入不带参数的 net config server，将显示服务器服务的当前配置。

(2) /autodisconnect：time 设置断开前用户会话闲置的最大时间值。可以指定为－1，表示永不断开连接。允许范围是－1～65 535min，默认值是 15min。

(3) /srvcomment："text "为服务器添加注释，可以通过 Net View 命令在屏幕上显示所加注释。注释最多可达 48 个字符,文字要用引号引住。

(4) /hidden:{yes | no}指定服务器的计算机名是否出现在服务器列表中。注意,隐含某个服务器并不改变该服务器的权限,默认值为 no。

11) Net Config Workstation

作用:服务运行时,显示或更改工作站各项服务的设置。

命令格式:net config workstation [/charcount:bytes] [/chartime:msec] [/charwait:sec]

参数介绍如下。

(1) 输入不带参数的 net config workstation 将显示本地计算机的当前配置。

(2) /charcount:bytes 指定 Windows NT 在将数据发送到通信设备之前收集的数据量。如果同时设置 /chartime:msec 参数,Windows NT 按首先满足条件的选项运行。允许范围是 0~65 535 字节,默认值是 16 字节。

(3) /chartime:msec 指定 Windows NT 在将数据发送到通信设备之前收集数据的时间。如果同时设置 /charcount:bytes 参数,Windows NT 按首先满足条件的选项运行。允许范围是 0~65 535 000ms,默认值是 250ms。

(4) /charwait:sec 设置 Windows NT 等待通信设备变为可用的时间。允许的范围是 0~65 535s,默认值是 3600s。

3. ARP 命令

ARP 命令用于显示和修改 IP 地址与物理地址之间的转换表。

命令格式有如下几种。

- ARP -s inet_addr eth_addr [if_addr]
- ARP -d inet_addr [if_addr]
- ARP -a [inet_addr] [-N if_addr]

下面介绍具体参数的含义。

(1) -a:显示当前的 ARP 信息,可以指定网络地址。

(2) -d:删除由 inet_addr 指定的主机。可以使用"*"来删除所有主机。

(3) -s:添加主机,并将网络地址与物理地址相对应,这一项是永久生效的。

(4) eth_addr:物理地址。

(5) if_addr:用于指定某个 IP 地址,如果未指定此参数,则系统会默认使用第一个 IP 地址。

4. FTP 命令

1) 命令介绍

FTP 命令即文件传输命令,该命令只有在安装了 TCP/IP 协议之后才可用。FTP 是一种服务,一旦启动,将创建可以使用 FTP 命令的子环境,通过输入 quit 子命令可以从子环境返回到 Windows 2000 命令提示符。当 FTP 子环境运行时,它由 FTP 命令提示符代表。

命令格式:ftp [-v] [-n] [-i] [-d] [-g] [-s: filename] [-a] [-w: windowsize] [computer]

参数介绍如下。

(1) -v:禁止显示远程服务器响应。

(2) -n：禁止自动登录到初始连接。

(3) -i：多个文件传送时关闭交互提示。

(4) -d：启用调试、显示在客户端和服务器之间传递的所有 FTP 命令。

(5) -g：禁用文件名组，它允许在本地文件和路径名中使用通配符字符(* 和 ?)。可以参阅联机"命令参考"选项中的 glob 命令。

(6) -s：filename 指定包含 FTP 命令的文本文件；当 FTP 启动后，这些命令将自动运行。该参数中不允许有空格。

(7) -a：在捆绑数据连接时使用任何本地接口。

(8) -w：windowsize 替代默认大小为 4096 的传送缓冲区。

(9) computer：指定要连接到远程计算机的计算机名或 IP 地址。如果指定，计算机必须是行的最后一个参数。

下面是一些常用命令的介绍。

(1) !：从 FTP 子系统退出到系统外壳。

(2) ?：显示 FTP 说明，功能与 Help 类似。

(3) append：添加文件，命令格式为 append 本地文件[远程文件]。

(4) cd：更换远程目录。

(5) lcd：更换本地目录，若无参数，将显示当前目录。

(6) open：与指定的 ftp 服务器连接，命令格式为 open computer [port]。

(7) close：结束与远程服务器的 FTP 会话并返回命令解释程序。

(8) bye：结束与远程计算机的 FTP 会话并退出 FTP。

(9) dir：显示远程目录。

(10) get 和 recv：使用当前文件转换类型将远程文件复制到本地计算机，命令格式为 get remote-file [local-file]。

(11) send 和 put：上传文件，命令格式为 send local-file [remote-file]。

其他命令可以参考帮助文件。

2）举例说明

```
C:\> ftp
ftp> open ftp.zju.edu.cn
Connected to alpha800.zju.edu.cn.
220 ProFTPD 1.2.0pre9 Server (浙江大学自由软件服务器) [alpha800.zju.edu.cn]
User (alpha800.zju.edu.cn:(none)): anonymous
331 Anonymous login ok, send your complete e-mail address as password.
Password:
230 Anonymous access granted, restrictions apply.
ftp> dir          //查看本目录下的内容
…
ftp> cd pub       //切换目录
250 CWD command successful.
ftp> dir
200 PORT command successful.
150 Opening ASCII mode data connection for file list.
…
```

```
ftp> cd microsoft
250 CWD command successful.
ftp> dir
200 PORT command successful.
150 Opening ASCII mode data connection for file list.
   1 ftp       ftp          288632 Dec  8  1999 chargeni.exe
226 Transfer complete.
ftp: 69 bytes received in 0.01Seconds 6.90Kbytes/sec.
ftp> lcd e:\             //本地目录切换
Local directory now E:\.
ftp> get chargeni.exe  //下载文件
200 PORT command successful.
150 Opening ASCII mode data connection for chargeni.exe (288632 bytes).
226 Transfer complete.
ftp: 289739 bytes received in 0.36Seconds 802.60Kbytes/sec.
ftp> bye                 //离开
221 Goodbye.
```

5. Nbtstat 命令

1）命令介绍

该诊断命令使用 NBT(TCP/IP 上的 NetBIOS)显示协议统计和当前 TCP/IP 连接。该命令只有在安装了 TCP/IP 协议之后才可用。

命令格式：nbtstat [-a remotename] [-A IP address] [-c] [-n] [-R] [-r] [-S] [-s] [interval]

参数介绍如下。

(1) -a remotename：使用远程计算机的名称列出其名称表。

(2) -A IP address：使用远程计算机的 IP 地址并列出名称表。

(3) -c：给定每个名称的 IP 地址并列出 NetBIOS 名称缓存的内容。

(4) -n：列出本地 NetBIOS 名称。"已注册"表明该名称已被广播（Bnode）或者 WINS（其他节点类型)注册。

(5) -R：清除 NetBIOS 名称缓存中的所有名称后，重新装入 Lmhosts 文件。

(6) -r：列出 Windows 网络名称解析的名称解析统计。在配置使用 WINS 的 Windows 2000 计算机上，此选项返回要通过广播或 WINS 来解析和注册的名称数。

(7) -S：显示客户端和服务器会话，只通过 IP 地址列出远程计算机。

(8) -s：显示客户端和服务器会话。尝试将远程计算机 IP 地址转换成使用主机文件的名称。

(9) interval：重新显示选中的统计，在每个显示之间暂停 interval 秒。按 Ctrl+C 组合键停止重新显示统计信息。如果省略该参数，Nbtstat 打印一次当前的配置信息。

2）举例说明

```
C:\>nbtstat -A 周围主机的 IP 地址
C:\>nbtstat -c
C:\>nbtstat -n
C:\>nbtstat -S
```

```
本地连接:
Node IpAddress: [10.111.142.71] Scope Id: []
NetBIOS Connection Table
Local Name              State     In/Out   Remote Host            Input    Output
JJY            <03>   Listening
```

另外可以加上间隔时间,以秒为单位。

6. Netstat 命令

1) 命令介绍

该命令显示协议统计和当前的 TCP/IP 网络连接。该命令只有在安装了 TCP/IP 协议后才可以使用。

命令格式：netstat [-a] [-e] [-n] [-s] [-p protocol] [-r] [interval]

参数介绍如下。

(1) -a：显示所有连接和侦听端口。服务器连接通常不显示。

(2) -e：显示以太网统计。该参数可以与 -s 选项结合使用。

(3) -n：以数字格式显示地址和端口号(而不是尝试查找名称)。

(4) -s：显示每个协议的统计。默认情况下,显示 TCP、UDP、ICMP 和 IP 的统计。-p 选项可以用来指定默认的子集。

(5) -p protocol：显示由 protocol 指定的协议的连接；protocol 可以是 TCP 或 UDP。如果与 -s 选项一同使用显示每个协议的统计,protocol 可以是 TCP、UDP、ICMP 或 IP。

(6) -r：显示路由表的内容。

(7) interval：重新显示所选的统计,在每次显示之间暂停 interval 秒。按 Ctrl+B 组合键停止重新显示统计。如果省略该参数,Netstat 将打印一次当前的配置信息。

2) 举例说明

```
C:\> netstat -as
IP Statistics
  Packets Received                       = 256325
  …
ICMP Statistics
                              Received     Sent
  Messages                    16           68
  …
TCP Statistics
…
  Segments Received                      = 41828
UDP Statistics
  Datagrams Received       = 82401
…
```

7. Ping 命令

1) 命令介绍

该命令用于验证与远程计算机的连接。该命令只有在安装了 TCP/IP 协议后才可以使用。

命令格式：ping [-t] [-a] [-n count] [-l length] [-f] [-i ttl] [-v tos] [-r count] [-s count] [[-j computer-list] | [-k computer-list]] [-w timeout] destination-list

参数介绍如下。

(1) -t Ping：指定的计算机直到中断。

(2) -a：将地址解析为计算机名。

(3) -n count：发送 count 指定的 ECHO 数据包数，默认值为 4。

(4) -l length：发送包含由 length 指定的数据量的 ECHO 数据包，默认为 32 字节，最大值是 65 527。

(5) -f：在数据包中发送"不要分段"标志。数据包就不会被路由上的网关分段。

(6) -i ttl：将"生存时间"字段设置为 ttl 指定的值。

(7) -v tos：将"服务类型"字段设置为 tos 指定的值。

(8) -r count：在"记录路由"字段中记录传出和返回数据包的路由。count 可以指定最少 1 台，最多 9 台计算机。

(9) -s count：指定 count 指定的跃点数的时间戳。

(10) -j computer-list：利用 computer-list 指定的计算机列表路由数据包。连续计算机可以被中间网关分隔(路由稀疏源)，IP 允许的最大数量为 9。

(11) -k computer-list：利用 computer-list 指定的计算机列表路由数据包。连续计算机不能被中间网关分隔(路由严格源)，IP 允许的最大数量为 9。

(12) -w timeout：指定超时间隔，单位为毫秒。

(13) destination-list：指定要 ping 的远程计算机。

较一般的用法是 ping -t www. zju. edu. cn。

2) 举例说明

```
C:\> ping www.zju.edu.cn
Pinging zjuwww.zju.edu.cn [10.10.2.21] with 32 bytes of data:
Reply from 10.10.2.21: bytes = 32 time = 10ms TTL = 253
Reply from 10.10.2.21: bytes = 32 time < 10ms TTL = 253
Reply from 10.10.2.21: bytes = 32 time < 10ms TTL = 253
Reply from 10.10.2.21: bytes = 32 time < 10ms TTL = 253
Ping statistics for 10.10.2.21:
    Packets: Sent = 4, Received = 4, Lost = 0 (0% loss),
Approximate round trip times in milli - seconds:
    Minimum = 0ms, Maximum =  10ms, Average =  2ms
```

8. Route 命令

该命令用于控制网络路由表。该命令只有在安装了 TCP/IP 协议后才可以使用。

命令格式：route [-f] [-p] [command [destination] [mask subnetmask] [gateway] [metric costmetric]]

参数介绍如下。

(1) -f：清除所有网关入口的路由表。如果该参数与某个命令组合使用，路由表将在运行命令前清除。

（2）-p：该参数与 add 命令一起使用时，将使路由在系统引导程序之间持久存在。默认情况下，系统重新启动时不保留路由。与 print 命令一起使用时，显示已注册的持久路由列表。忽略其他所有总是影响相应持久路由的命令。

（3）command：指定下列的一个命令。

- print：打印路由
- add：添加路由
- delete：删除路由
- change：更改现存路由

（4）destination：指定发送 command 的计算机。

（5）mask subnetmask：指定与该路由条目关联的子网掩码。如果没有指定，将使用 255.255.255.255。

（6）gateway：指定网关。

（7）metric costmetric：指派整数跃点数（1～9999）在计算最快速、最可靠和（或）最便宜的路由时使用。

9. Telnet 命令

1）虚拟终端命令

在命令行输入 telnet，将进入 telnet 模式。输入 help，可以看到一些常用命令。

```
Microsoft Telnet > help
```

指令可能缩写了。支持的指令如下。

（1）close：关闭当前链接。

（2）display：显示操作参数。

（3）open：连接到一个站点。

（4）quit：退出 telnet。

（5）set：设置选项（若需要列表，请输入“set ?”）。

（6）status：打印状态信息。

（7）unset：解除设置选项（若需要列表，请输入“unset ?”）。

（8）?/help：打印帮助信息。

2）举例说明

可以输入 display 命令来查看当前配置。

```
C:\telnet
Microsoft Telnet > display
Escape 字符为 'CTRL + ]'
WILL AUTH            //NTLM 身份验证
关闭 LOCAL_ECHO
发送 CR 和 LF
WILL TERM TYPE
```

优选的类型为 ANSI；协商的规则类型为 ANSI。

可以使用 set 命令来设置环境变量，举例如下。

```
Microsoft Telnet > set local_echo on
NTLM         //打开 NTLM 身份验证
LOCAL_ECHO   //打开 LOCAL_ECHO
TERM x       //x 表示 ANSI、VT100、VT52 或 VTNT
CODESET x    //x 表示 Shift JIS、Japanese EUC、JIS Kanji、JIS Kanji(78)、DEC Kanji 或 NEC Kanji
CRLF         //发送 CR 和 LF
```

10. Tracert 命令

该诊断实用程序将包含不同生存时间（TTL）值的 Internet 控制消息协议（ICMP）回显数据包发送到目标，以决定到达目标采用的路由。要在转发数据包上的 TTL 之前至少递减 1，必需路径上的每个路由器，所以 TTL 是有效的跃点计数。数据包上的 TTL 到达 0 时，路由器应该将 ICMP 已超时的消息发送回源系统。Tracert 先发送 TTL 为 1 的回显数据包，并在随后的每次发送过程将 TTL 递增 1，直到目标响应或 TTL 达到最大值，从而确定路由。路由通过检查中级路由器发送回的 ICMP 已超时的消息来确定路由。不过需要注意的是，有些路由器悄悄地下载包含过期 TTL 值的数据包，而 Tracert 看不到。

命令格式：tracert [-d] [-h maximum_hops] [-j computer-list] [-w timeout] target_name

参数介绍如下。

(1) -d：指定不将地址解析为计算机名。

(2) -h maximum_hops：指定搜索目标的最大跃点数。

(3) -j computer-list：指定沿 computer-list 的稀疏源路由。

(4) -w timeout：每次应答等待 timeout 指定的微秒数。

(5) target_name：目标计算机的名称。

自主创新

请体验以下命令。

(1) net use \\ip\ipc$ “密码” /user:“用户名”用于建立 IPC 非空链接。

(2) net use h：\\ipc$ “密码” /user:“用户名”用于直接登录后映射对方 C 盘到本地为 H 盘。

(3) net use h：\\ipc$用于登录后映射对方 C 盘到本地为 H 盘。

(4) net use \\ip\ipc$ /del 用于删除 IPC 链接。

(5) net use h：/del 用于删除映射对方到本地为 H 盘的映射。

(6) net user “用户名”“密码”/add 用于建立用户。

(7) net user guest /active:yes 用于激活 guest 用户。

(8) net user 查看有哪些用户：用于查看账户的属性。

(9) net localgroup administrators 用户名 /add 用于把“用户”添加到管理员中使其具有管理员权限，注意，administrator 后加 s，用复数。

(10) 在网络邻居上隐藏计算机，其命令为 net config server /hidden:yes，net config server /hidden:no 则为开启。

(11) net stop messenger 用于停止信使服务，也可以在“控制面板”窗口中的“服务”一项中进行修改。

（12）net start messenger 用于开始信使服务。

评　估

活动任务二的具体评估内容如表 2.2 所示。

表 2.2　活动任务二评估表

活动任务二评估细则		自　评	教师评
1	会用 Net View 命令		
2	会用 Net Use 命令		
3	会用 Net User 命令		
4	会用 Net 命令进行配置		
任务综合评估			

活动任务三　使用常用的网络工具进行分析

任务背景

如果想了解局域网计算机的详细情况，例如计算机名、IP 地址、MAC 地址、操作系统信息，甚至 CPU 速度/数量、日期和时间、计算机运行时间、用户名、域名等，除了用命令行外，也可以使用 NEWT Professional 软件，这是一款专门用来扫描局域网计算机信息的软件，扫描结果非常详细，可使管理员对自己所管理的网络了解得一清二楚。

任务分析

NEWT Professional 是一款免费软件，不具有任何限制，下载后安装即可使用。推荐下载地址为 NEWT Professional 的官方网站（http://www.komododigital.com/），可在 Windows 9x/Me/2000/XP 等操作系统之下运行。

任务实施

1. 扫描网络中的计算机

（1）运行 NEWT Professional 后，显示如图 2.8 所示的窗口，其中大部分操作都可以通过工具栏上的几个按钮来实现，扫描出的结果将显示在该窗口的列表框中。

（2）单击工具栏上的 Scan 按钮，首先会显示如图 2.9 所示的窗口，在 IP Range 选项卡中可设置 IP 地址范围，可以只扫描一个工作组内的计算机，也可以添加其他多个网段的 IP 地址范围。

（3）选择好要扫描的 IP 地址范围后，单击 Scan 按钮，NEWT Professional 便开始扫描网络中的计算机，并将扫描结果显示在该列表框中，如图 2.10 所示。

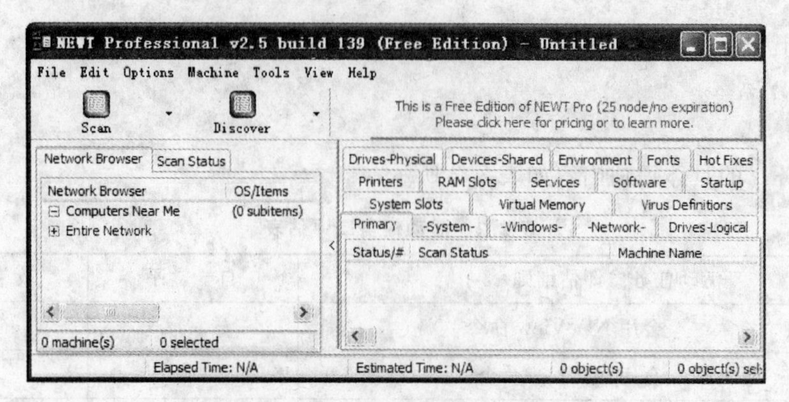

图 2.8　NEWT Professional 窗口

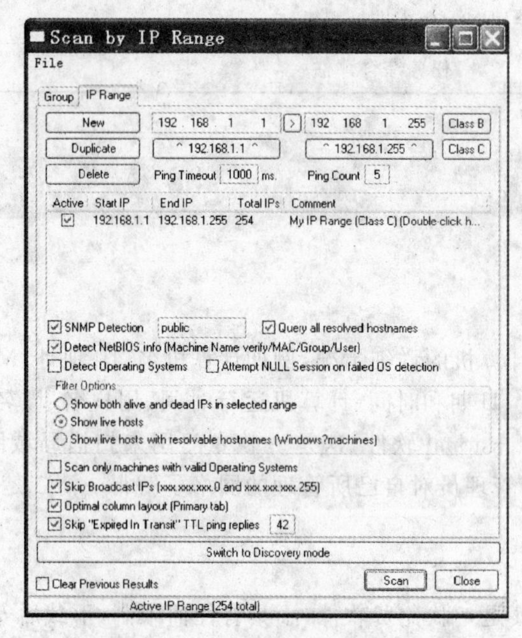

图 2.9　Scan by IP Range 窗口

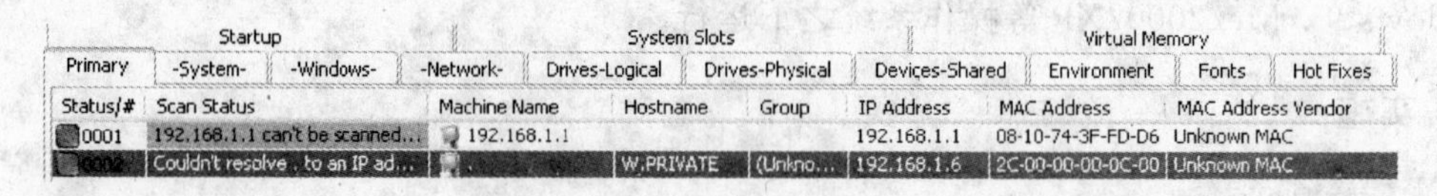

图 2.10　扫描结果

提示技巧

NEWT Professional 扫描的信息非常详细，包括计算机名(Machine Name)、所在工作组(Group)、IP 地址(IP Address)、网卡 MAC 地址(MAC Address)、使用的操作系统(Operating System)、操作系统类型(OS Type)、Service Pack 版本、可用物理内存(Phys Mem)、CPU 数量(CPUs)、CPU 类型(CPU Type)、CPU 速度(MHz)、使用 Ping 命令的时间、用户名(User)以及计算机正常运行时间(Uptime)等。通过这些信息，管理员可以详细地了解网络内各计算机的信息。

(4) 扫描的信息可以保存起来，便于管理员日后查看分析。选择要保存的计算机，然后选择 File→Export→Export Selected Data 命令，显示“保存”对话框，在“保存类型”选项中可以选择保存成 csv、htm 或 txt 文件。

2. 扫描设置

(1) 在 NEWT Professional 窗口中单击工具栏上的 Scan Properties 按钮，显示 Scan Properties 窗口，在此可以设置要扫描的项目，如图 2.11 所示。

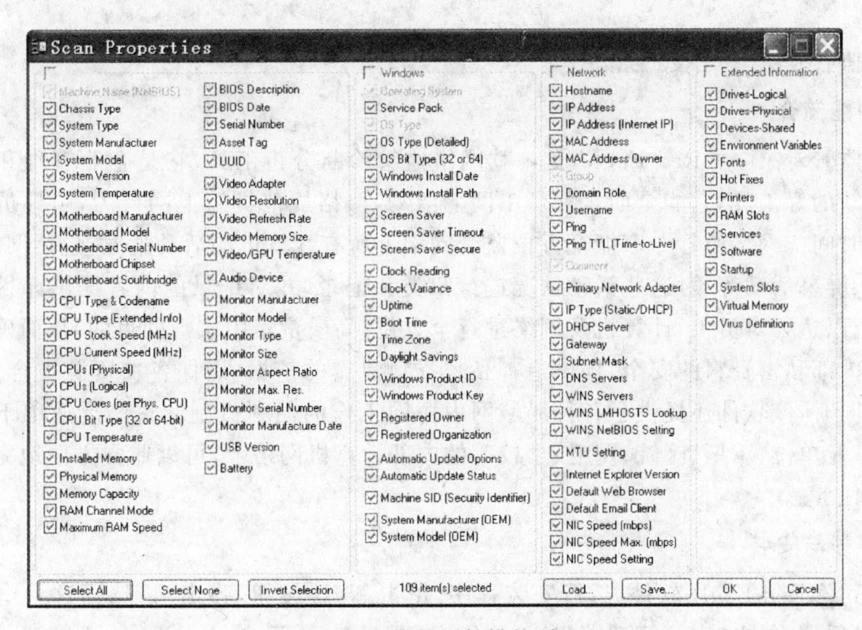

图 2.11　设置要扫描的项目

(2) 单击工具栏上的 Preferences 按钮，显示如图 2.12 所示的窗口，在此可以设置 NEWT Professional 的各种参数。

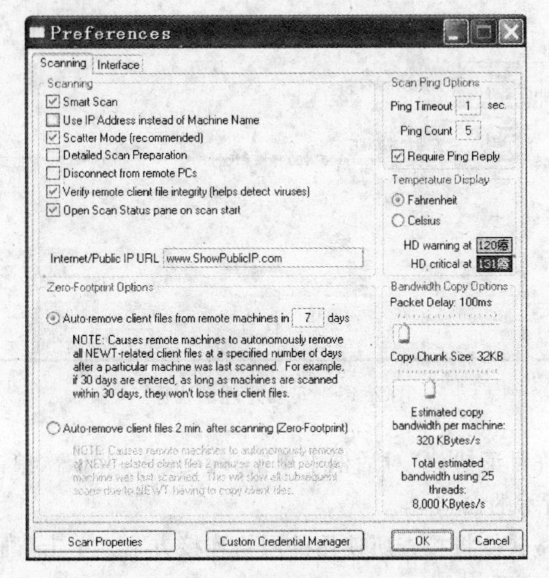

图 2.12　Properties 窗口

> **提示技巧** 默认状态下，NEWT Professional 会扫描所有的项目，但如果网络中计算机数量比较多，则会造成扫描时间过长。通过取消一些扫描项目，可以提高扫描速度。

归纳提高

网络监管专家——Red Eagle。

1. 功能简介

网络监管专家——Red Eagle，是一款网络监管诊断分析工具，它是企业管理和网络管理不可或缺的好工具，它能全面掌握员工网上活动，严格规范员工上网行为，引导员工合理利用工作时间。网络监管专家能全方位监管网络上所有计算机的活动情况，包括网络活动、系统活动、屏幕活动等，对这些活动情况进行归类和记录，并对记录的内容提供详尽的查询分析工具，以达到对员工、计算机及网络进行全方位、高质量集中监管的目的，从而确保计算机网络及内部私密资料的安全，提供追查私密资料泄露的依据，确保各种资源被合理、高效地使用。同时，该软件还提供了各种局域网内协同工作的便利机制。它广泛适用于各政府机构、企事业单位、工厂、医院、网吧、学校等的内部计算机网络上，可以非常方便地完成集中监控管理任务。

2. 下载与安装

(1) 下载 Red Eagle 软件，运行安装程序，单击 Next 按钮，弹出"请选择这台电脑的安装角色"对话框，单击"安装管理端程序"按钮，如图 2.13 所示。

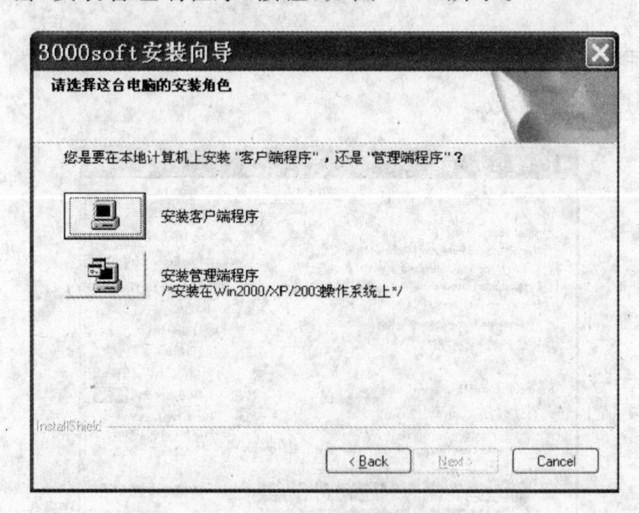

图 2.13　安装管理端程序

(2) 在"最终用户许可证协议"对话框中单击 Yes 按钮，并依次单击 Next 按钮。安装完成后，显示如图 2.14 所示的窗口。

(3) 第一次运行时，软件将检查所使用的网络连接方案。单击"确定"按钮，即可显示软件的主界面，如图 2.15 所示。

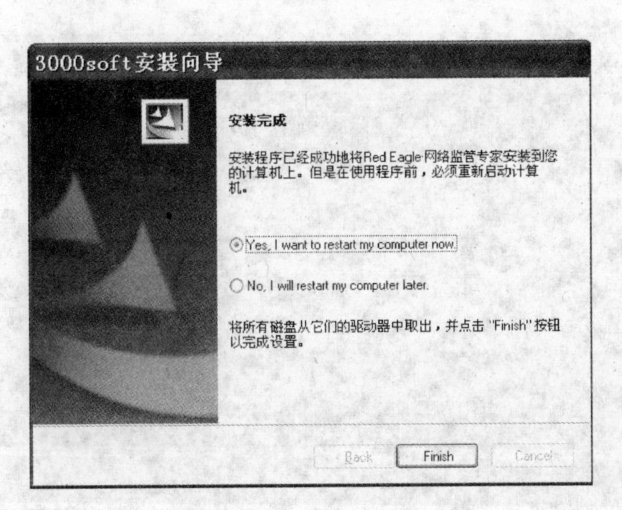

图 2.14 结束安装

图 2.15 软件主界面

3. 使用工具

本软件的基本功能有配置客户机名单、数据库的备份与恢复、网络通信的过滤和封堵、网络活动和系统活动的集中监管、屏幕活动的集中监管和查询分析等。

1）客户机名单

客户机名单包括对所有客户机进行名单编辑、名单分组、自动搜索在线计算机、位置安排等操作。利用分组功能，用户可以建立符合内部组织结构的名单，以便更加直观、人性化地进行管理。管理者可以将监管的计算机及人员的资料保存在客户机名单中，方便管理核对。单击工具栏中的“工具”按钮，在弹出的快捷菜单中选择“客户机名单”命令，在弹出的“客户机名单”对话框中单击“查找”按钮，系统即开始搜索网络上所有联网的计算机，搜索完成后，搜索结果会自动显示在客户机名单中，如图 2.16 所示。

图 2.16 搜索完成

2）对网络活动和系统活动的集中监管

全面掌握局域网的所有网上活动，包括对网站访问、电子邮件接收和发送、文件传输、MSN 联机聊天等行为的记录和监管，以达到合理利用网络资源、确保内部私密资料安全和追查资料泄露、掌握员工工作情况、引导员工合理利用工作时间等诸多目的。开放的插件式开发框架，可以随时随地扩展监管功能，也可以自由选择功能模块的组合。

例如单击工具栏上“网络活动”按钮，在窗口左侧展开的计算机名中找到要监管的对象右击，在弹出的快捷菜单中选择“查询网络活动”级联菜单下的“文件传输”命令，在弹出的“查询窗口：文件传输”对话框中填写查询条件，单击“查询”按钮，查询结果如图 2.17 所示。

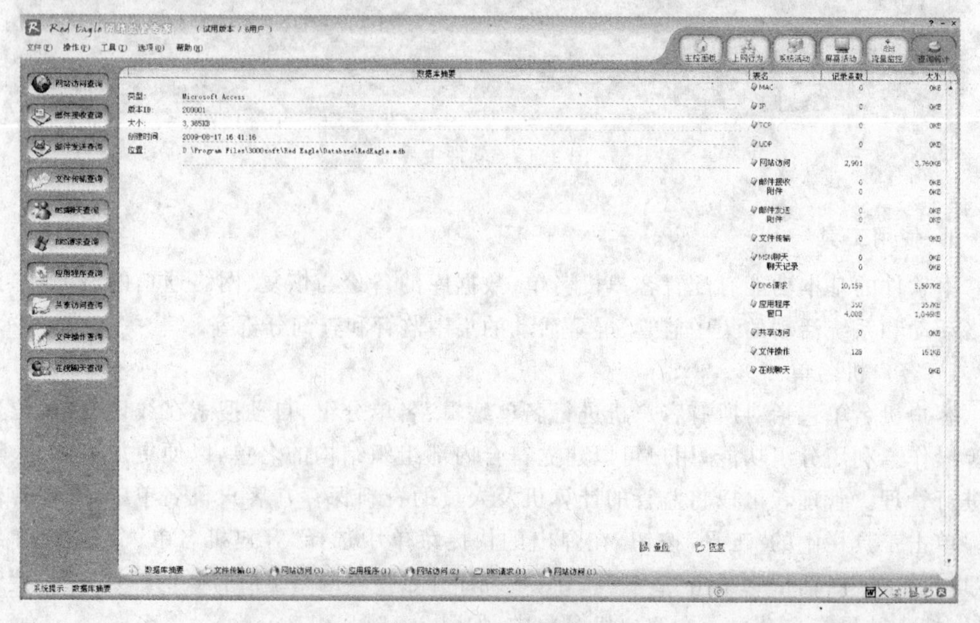

图 2.17 查询结果

3）对屏幕活动的集中监管

用户坐在自己的计算机前，就可以看到其他计算机上正在操作的屏幕界面，实现直观的监视和管理。同时，还可以实现后台屏幕快照、实时录影、回放等功能，经过三五天，甚至半年、一年之后，还可以随时重现当日的计算机屏幕界面。

4）查询分析工具

查询分析工具可自定义的查询、统计和分析功能，自定义的查询条件也可以自动保存。图形化的网络流量分析图表是提供分析和诊断网络性能的实用工具。

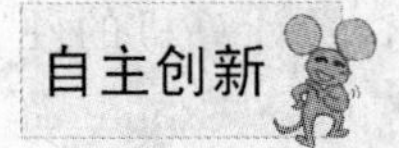

自主创新

客户端信息搜集工具 LANView 是一个局域网管理软件，它能快速搜集网内所有计算机的信息，包括 IP 地址、MAC 地址、共享资源、计算机名、用户和群等，也可方便地对网络内的数据包进行捕获和分析。另外，也可用于检测本地主机并获取 IP 统计、IP 流量、网络连接、Winsock 等信息。

LANView 的当前最新版本为 V2.9 版，适用于 Windows 9x/2000/XP/Vista 等操作系统，可从官方网站下载(http://www.jxdev.com)，安装后可直接使用。

评　估

活动任务三的具体评估内容如表 2.3 所示。

表 2.3　活动任务三评估表

活动任务三评估细则		自　评	教　师　评
1	会用 NEWT Professional 扫描分析网内计算机		
2	会用 NEWT Professional 管理分析网络状况		
3	会用 Red Eagle 工具		
4	会用 LANView 工具		
任务综合评估			

综合活动任务　维护网吧网络

任务背景

网吧是公众上网游戏的地方，时间长了，难免会出现各种各样的故障。作为网管，能迅速判断故障所在并不费周折地去解决是必需的要求。网吧是以赢利为目的的地方，一旦出现什么问题，解决问题的经验很重要，所以平时要养成总结管理经验的习惯。例如哪台计算机经常出什么问题，一般是由什么原因引起的；如果有一组计算机同时上不了网，可能是哪台交换机的问题等，时间长了这些都要做到心中有数。所以建议每个网管都应该有一个记录管理维护日志的本子，把每台计算机曾经出现的问题，是怎么解决的；每天都有哪些计算机更新过哪些游戏，更换过哪些硬件等信息记录下来作为存档，以后要是再出现类似问题，一翻日志就知道大概是什么地方出了故障。还有一个好处就是，如果不做网管了，和新管理员交接任务的时候，把管理日志交给他，可以让新的管理员迅速掌握网吧计算机和网络的基本情况。网吧的常见问题分为3大部分：软件、硬件、网络。

对于软件与硬件问题，网管通过重新做系统或替换硬件可以解决，而网络问题如果找不到，就不是前面几种方法能够解决问题的，这时候需要用工具软件或命令行来分析网络状况，而网络命令使用的熟练程度决定了网络管理员的技术水平。

任务分析

下面的网络命令是网络管理员，尤其是网吧管理员常用的命令。例如查看计算机的硬件地址——ARP命令、跟踪网络寻址——Traert命令、查看并配置主机路由——Route命令、测试DNS服务器的可用性——Nslookup命令、显示当前活动的网络连接——Netstat命令、查看使用NetBIOS的TP/IP连接——Nbtstat命令等，下面来具体介绍它们的使用方法。

任务实施

1. 查看计算机的硬件地址——ARP命令

在命令行提示符窗口中输入arp -a，按Enter键，将显示当前所有的表项。

显示内容如下。

```
Interface: 10.111.142.71 on Interface 0x1000003
  Internet Address      Physical Address       Type
  10.111.142.1          00-01-f4-0c-8e-3b      dynamic //物理地址一般为48位，即6个字节
  10.111.142.112        52-54-ab-21-6a-0e      dynamic
  10.111.142.253        52-54-ab-1b-6b-0a      dynamic
```

2. 跟踪网络寻址——Traert命令

在命令行提示符窗口中输入tracert www.ahut.edu.cn，按Enter键，将显示如下内容。

```
Tracing route to zjuwww.zju.edu.cn [10.10.2.21]
over a maximum of 30 hops:
  1   <10 ms   <10 ms   <10 ms   10.111.136.1
  2   <10 ms   <10 ms   <10 ms   10.0.0.10
  3   <10 ms   <10 ms   <10 ms   10.10.2.21
Trace complete.
```

3. 查看并配置主机路由——Route命令

本机IP为172.23.18.61，默认网关是172.23.18.1，假设此网段上另有一网关172.23.17.254，现在想添加一项路由，使得当访问172.23.17.0子网络时通过这个网关，那么可以加入如下命令。

(1) C:\>route add 10.13.0.0 mask 255.255.255.0 172.23.18.1

(2) C:\>route print（输入此命令查看路由表，看是否已经添加了路由）

(3) C:\>route delete 10.13.0.0

(4) C:\>route print（此时可以看见添加的项已被删除）

4. 测试DNS服务器的可用性——Nslookup命令

在命令行提示符窗口中输入nslookup -type=ns www.qdedu.net命令，按Enter键，可

以查看 www. qdedu. net 域名的 DNS 服务器的可用性，如图 2.18 所示。

```
D:\Documents and Settings\mysoft>nslookup  -type=ns www.qdedu.net
DNS request timed out.
    timeout was 2 seconds.
*** Can't find server name for address 218.58.74.50: Timed out
Server:  UnKnown
Address:  218.58.74.50

DNS request timed out.
    timeout was 2 seconds.
*** Request to UnKnown timed-out
```

图 2.18　测试域名服务器

5. 显示当前活动的网络连接——Netstat 命令

在命令行提示符窗口中输入 netstat -as，按 Enter 键，可以显示如图 2.19 所示的内容。

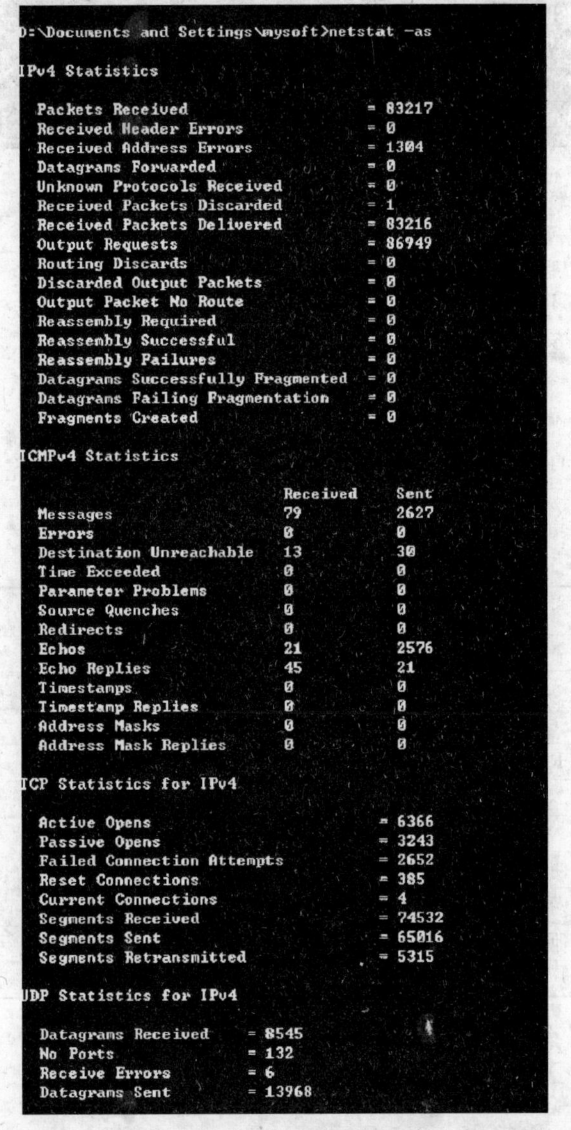

图 2.19　测试域名服务器

6. 查看使用 NetBIOS 的 TP/IP 连接——Nbtstat 命令

在命令行提示符窗口中输入 Nbtstat -a 192.168.1.2，按 Enter 键，可以查看远程主机 IP 地址为 192.168.1.2 的网络资源，如图 2.20 所示。

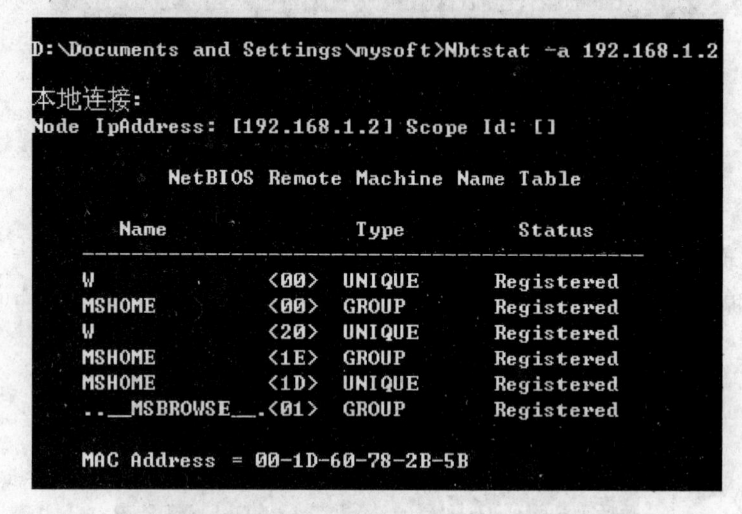
D:\Documents and Settings\mysoft>Nbtstat -a 192.168.1.2
本地连接:
Node IpAddress: [192.168.1.2] Scope Id: []
NetBIOS Remote Machine Name Table
Name Type Status

W <00> UNIQUE Registered
MSHOME <00> GROUP Registered
W <20> UNIQUE Registered
MSHOME <1E> GROUP Registered
MSHOME <1D> UNIQUE Registered
..__MSBROWSE__.<01> GROUP Registered
MAC Address = 00-1D-60-78-2B-5B

图 2.20　查看远程计算机的 NetBIOS 名称表

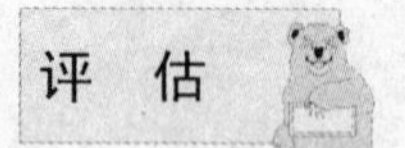
自主创新

试尝试使用以上 6 条命令，具体可以用“命令/?”格式来查询。

评　估

根据学习的网络具体情况和常见管理方法的使用及学习情况，完成如表 2.4 所示的评估表。

表 2.4　综合活动任务评估表

项　目	标准描述	评定分值						得分
基本要求 60 分	会使用命令行 CMD	10	8	6	4	2	0	
	会使用 ARP 命令	10	8	6	4	2	0	
	会使用 Traert 命令	10	8	6	4	2	0	
	会使用 Route 命令	10	8	6	4	2	0	
	会使用 Nslookup 命令	10	8	6	4	2	0	
	会使用 Netstat 命令和 Nbtstat 命令	10	8	6	4	2	0	
特色 30 分	会综合使用命令来分析网络状况	20	16	12	8	2	0	
	能确定网络路由及 MAC 等内容	10	8	6	4	2	0	
合作 10 分	能与其他同学合作、沟通，共同完成任务	10	8	6	4	2	0	
主观评价							总分	

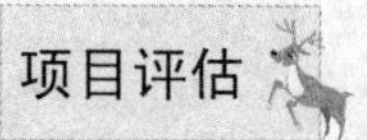
项目评估

项目二的具体评估内容如表 2.5 所示。

表 2.5　项目二评估表

项　目	标准描述	评定分值						得分
基本要求 60 分	了解网络命令行的使用方法	10	8	6	4	2	0	
	会使用 IPConfig 命令解决问题	10	8	6	4	2	0	
	会使用 Net 命令	10	8	6	4	2	0	
	会使用常见网络命令	10	8	6	4	2	0	
	会用 NEWT Professional 软件扫描分析网内计算机	10	8	6	4	2	0	
	会用 Red Eagle 软件	10	8	6	4	2	0	
特色 30 分	会用 LANView 软件	20	16	12	8	2	0	
	会用 NEWT Professional 软件管理分析网络状况	10	8	6	4	2	0	
合作 10 分	能与其他同学合作、沟通，共同完成任务	10	8	6	4	2	0	
主观评价							总分	
项目综合评价							总分	

测试服务器性能和系统性能

职业情景描述

网络服务的水平和质量取决于网络带宽和网络性能。其中，网络带宽是指网络所能提供的最大潜在传输速率；网络性能是指网络所能实现的传输速率。由此可见，网络性能对网络而言更为重要，因为网络性能最终决定着网络服务的质量。事实上，优化网络性能是网络布线系统和网络设备系统所追求的最终目标，所有网络规划、设计、配置都是围绕着网络性能优化而展开的。网络性能的具体测试内容是对服务器性能和系统性能的测试。本项目将着重介绍性能测试的主要内容。

通过本项目，学生将学习到以下内容。

- 使用系统性能测试软件测试系统性能
- 使用系统性能测试软件测试服务器性能

活动任务一　使用系统性能测试软件测试系统性能

任务背景

服务器是整个网络系统和计算机平台的核心，许多重要的数据都保存在服务器上，很多网络服务都在服务器上运行，因此服务器性能的好坏决定了整个应用系统的性能。现在市面上不同品牌、不同种类的服务器有很多种，用户在选购时，怎样从纷繁的型号中选择出所需要的、适合于自己的服务器产品，这仅仅从配置上判别是不够的，最好能够通过实际测试来筛选。而各种评测软件有很多种，应该选择哪个软件进行测试，也是要认真考虑的问题。下面就介绍一些较典型的测试工具。

任务分析

一个服务器系统的性能可以按照处理器、内存、存储、网络几部分来划分，而针对不同的应用，可能会对某些部分性能的要求高一些。

任务实施

1. Iometer(www.iometer.org):存储子系统读写性能测试

(1) 启动 Iometer 软件,如图 3.1 所示。

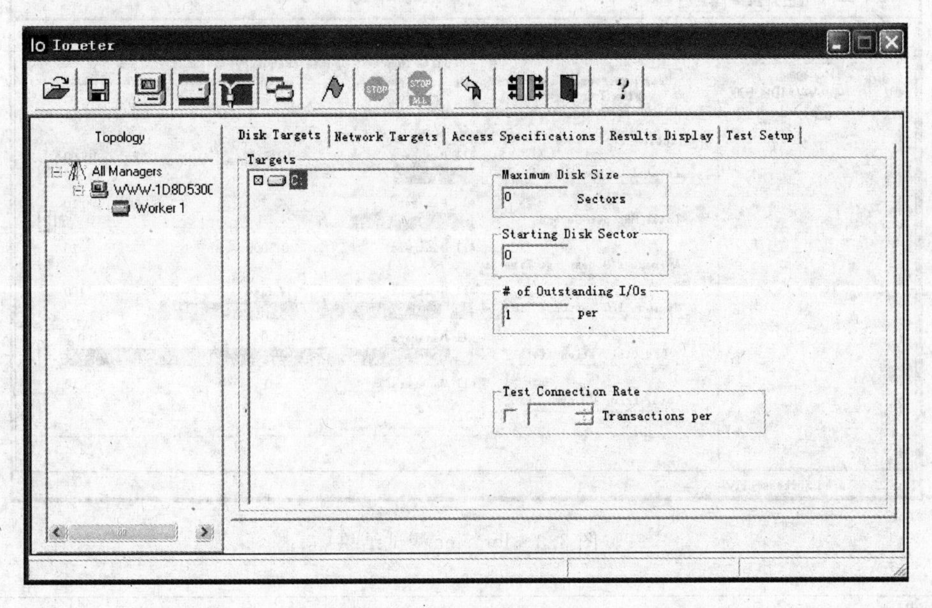

图 3.1　Iometer 主界面

(2) 打开 Iometer 软件的配置界面,如图 3.2 所示。

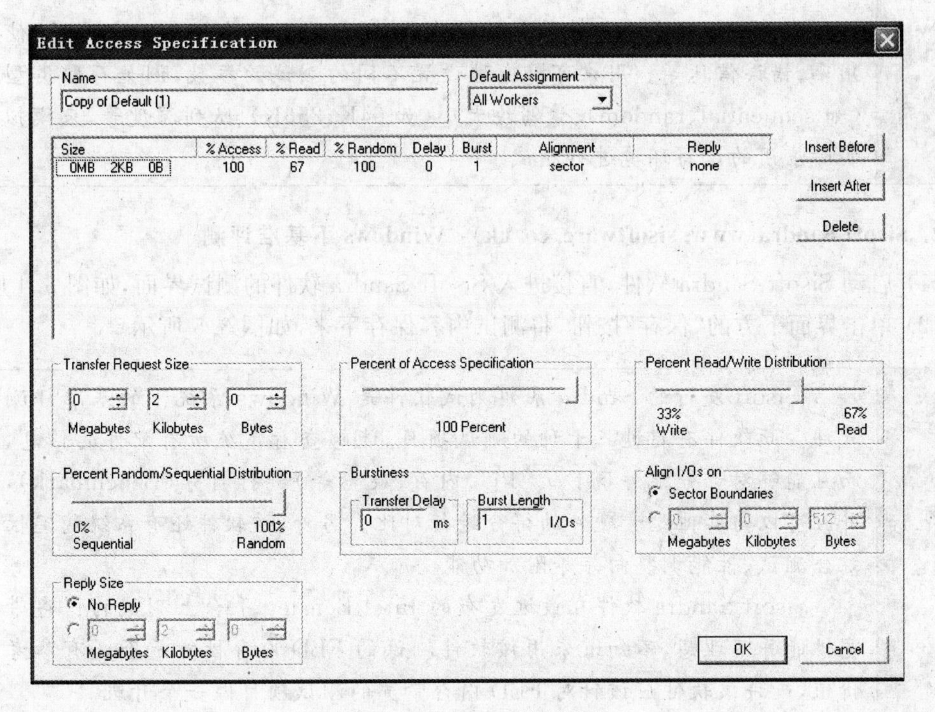

图 3.2　Iometer 配置界面

(3) 测试存储子系统读写性能。设置完毕后，单击 OK 按钮进入测试，Iometer 测试结果如图 3.3 所示。

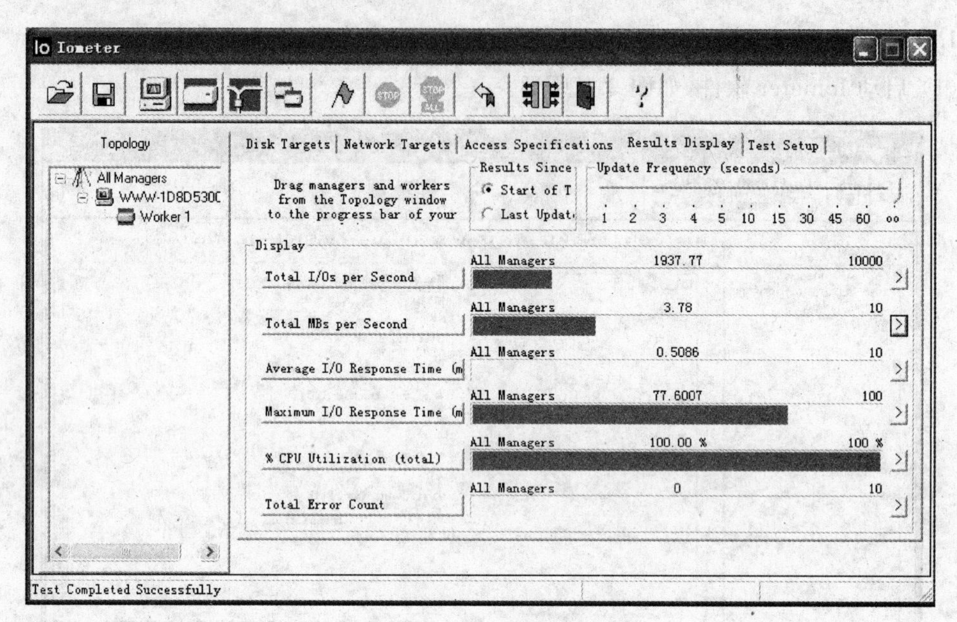

图 3.3 Iometer 测试结果

> **提示技巧**
>
> Iometer 软件操作简单，可以录制测试脚本，可以准确有效地反映存储系统的读写性能，为各大服务器和存储厂商所广泛采用。
>
> Iometer 是 Windows 系统下对存储子系统的读写性能进行测试的软件。可以显示磁盘系统的最大 I/O 能力、磁盘系统的最大吞吐量、CPU 使用率、错误信息等。用户可以通过设置不同的测试的参数，例如存取类型(如 sequential、random)、读写块大小(如 64K、256K)、队列深度等，来模拟实际应用的读写环境进行测试。

2. Sisoft Sandra(www.sisoftware.co.uk)：Windows 下基准评测

(1) 启动 Sisoft Sandra 软件，直接进入 Sisoft Sandra 软件的测试界面，如图 3.4 所示。

(2) 单击界面下方的“保存”按钮，将测试内容保存下来，如图 3.5 所示。

> **提示技巧**
>
> Sisoft 发行的 Sandra 系列测试软件是 Windows 系统下的基准评测软件。此软件有超过三十种的测试项目，能够查看系统所有配件的信息，而且能够对部分配件(例如 CPU、内存、硬盘等)进行打分(Benchmark)，并且可以与其他型号硬件的得分进行对比。另外，该软件还有系统稳定性综合测试、性能调整向导等附加功能。
>
> Sisoft Sandra 软件在最近发布的 Intel Bensley 平台上测试的内存带宽性能并不理想，不知道采用该软件测试的 FBD 内存性能是否还有参考价值，或许该软件应该针对 FBD 内存带宽的测试项目做一个升级。

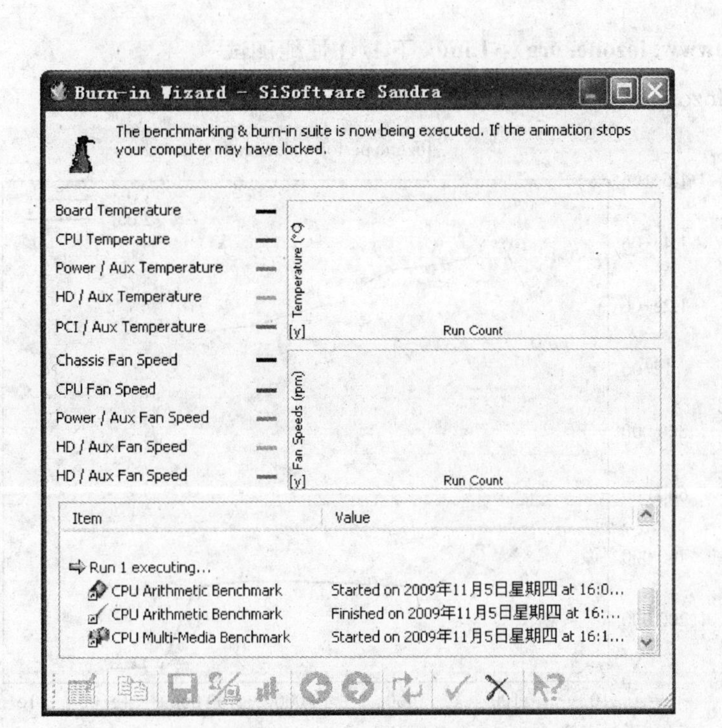

图 3.4　Sisoft Sandra 软件测试界面

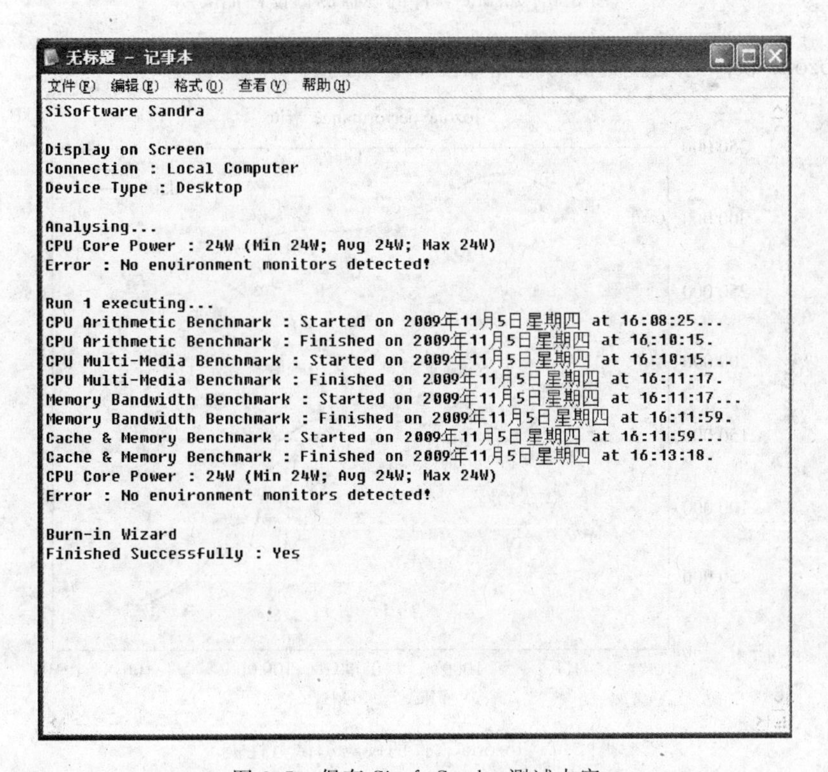
无标题 - 记事本

文件(F)　编辑(E)　格式(O)　查看(V)　帮助(H)

```
SiSoftware Sandra

Display on Screen
Connection : Local Computer
Device Type : Desktop

Analysing...
CPU Core Power : 24W (Min 24W; Avg 24W; Max 24W)
Error : No environment monitors detected!

Run 1 executing...
CPU Arithmetic Benchmark : Started on 2009年11月5日星期四 at 16:08:25...
CPU Arithmetic Benchmark : Finished on 2009年11月5日星期四 at 16:10:15.
CPU Multi-Media Benchmark : Started on 2009年11月5日星期四 at 16:10:15...
CPU Multi-Media Benchmark : Finished on 2009年11月5日星期四 at 16:11:17.
Memory Bandwidth Benchmark : Started on 2009年11月5日星期四 at 16:11:17...
Memory Bandwidth Benchmark : Finished on 2009年11月5日星期四 at 16:11:59.
Cache & Memory Benchmark : Started on 2009年11月5日星期四 at 16:11:59...
Cache & Memory Benchmark : Finished on 2009年11月5日星期四 at 16:13:18.
CPU Core Power : 24W (Min 24W; Avg 24W; Max 24W)
Error : No environment monitors detected!

Burn-in Wizard
Finished Successfully : Yes
```

图 3.5　保存 Sisoft Sandra 测试内容

3. Iozone(www. iozone. org)：Linux 下 I/O 性能测试

(1) 启动 Iozone 软件,Iozone 软件的硬盘测试读性能如图 3.6 所示。

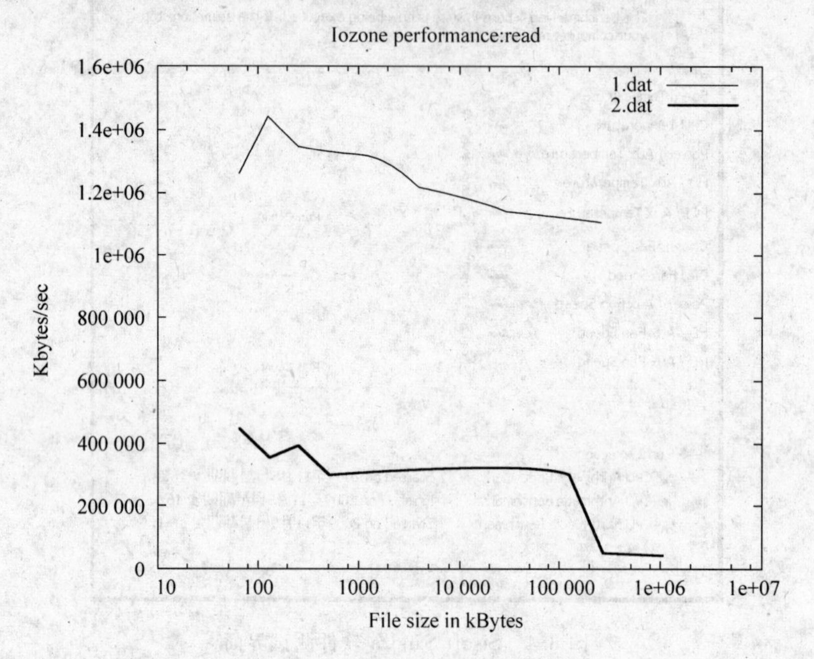

图 3.6　Iozone 软件的硬盘测试读性能

(2) Iozone 软件的硬盘测试写性能如图 3.7 所示。

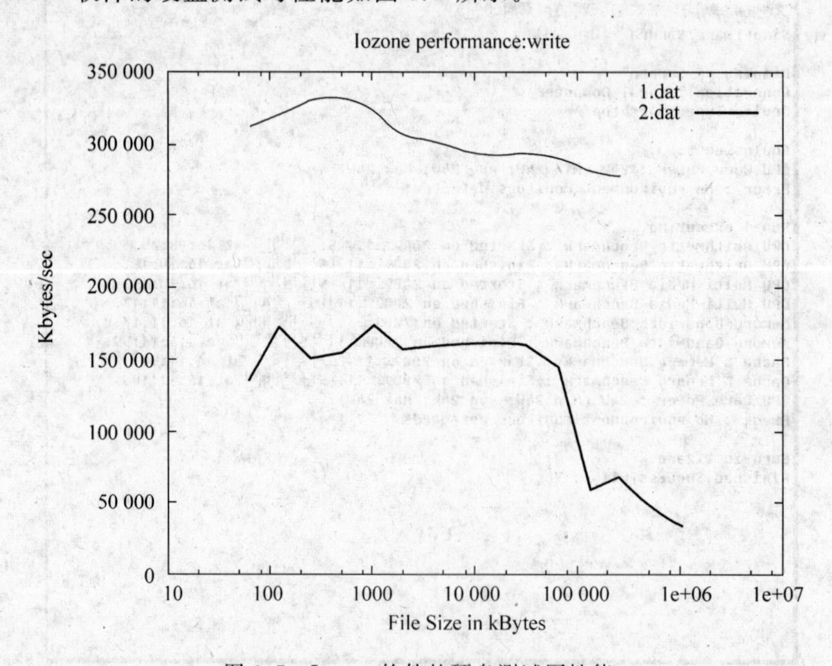

图 3.7　Iozone 软件的硬盘测试写性能

(3) 将测试内容保存成 Excel 文件。

> **提示技巧**
>
> 现在有很多服务器系统都是采用 linux 操作系统，在 linux 平台下测试 I/O 性能可以采用 Iozone 工具。
>
> Iozone 是一个文件系统的 Benchmark 工具，可以测试不同操作系统中文件系统的读写性能。可以测试 read、write、re-read、re-write、read backwards、read strided、fread、fwrite、random read、pread、mmap、aio_read、aio_write 等不同的模式下硬盘的性能。测试所有这些方面，生成 Excel 文件，另外，Iozone 还附带了用 Gnuplot 画图的脚本。
>
> 该软件用在大规模机群系统上测试 NFS 的性能，更加具有说服力。

4. Netperf(www.netperf.org)：网络性能测试

(1) 选择 Netperf 软件的测试模式。

常见的网络流量类型是应用在 Client/Server 结构中的。在每次交易(Transaction)中，Client 向 Server 发出小的查询分组，Server 接收到请求，经处理后返回大的结果数据，如图 3.8 所示。

(2) 测试 TCP 批量(Bulk)网络流量的性能。

根据使用传输协议的不同，批量数据传输又分为批量传输和 UDP 批量传输。输入以下命令：

```
/tools/netperf-2.4.1/bin/netperf -H 192.168.0.108 -l 60 [-t TCP_STREAM]
TCP STREAM TEST from 0.0.0.0 (0.0.0.0) port 0 AF_INET to 192.168.0.108 (192.168.0.108) port 0
AF_INET
/tools/netperf-2.4.1/bin/netperf -H 192.168.0.108 -l 60 [-t TCP_STREAM]
TCP STREAM TEST from 0.0.0.0 (0.0.0.0) port 0 AF_INET to 192.168.0.108 (192.168.0.108) port 0
AF_INET
```

最终测试输出结果如图 3.9 所示。

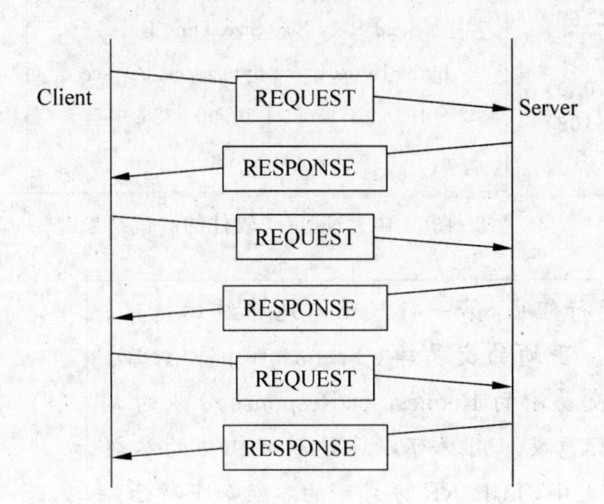

图 3.8　Netperf 软件的请求/应答(Request/Response)模式

```
Recv Send Send
Socket Socket Message Elapsed
Size Size Size Time Throughput
bytes bytes bytes secs. 10^6bits/sec
87380 16384 16384 60.01 88.91
```

图 3.9　测试 TCP 批量(Bulk)网络流量的性能

提示技巧

从 Netperf 的结果输出中，可以知道以下的一些信息。

(1) 远端系统（即 Server）使用大小为 87 380B 的 Socket 接收缓冲。

(2) 本地系统（即 Client）使用大小为 16 384B 的 Socket 发送缓冲。

(3) 向远端系统发送的测试分组大小为 16 384B。

(4) 测试经历的时间为 60.01s。

(5) 吞吐量的测试结果为 88.91Mbits/s。

在默认情况下，Netperf 向发送的测试分组大小设置为本地系统所使用的 Socket 发送缓冲大小。

TCP_STREAM 方式下与测试相关的局部参数如下所示。

-s size：设置本地系统的 Socket 发送与接收缓冲的大小。

-S size：设置远端系统的 Socket 发送与接收缓冲的大小。

-m size：设置本地系统发送测试分组的大小。

-M size：设置远端系统接收测试分组的大小。

-D：对本地与远端系统的 Socket 设置 TCP_NODELAY 选项。

通过修改以上参数，并观察结果的变化，可以确定是什么因素影响了连接的吞吐量。例如，如果怀疑由于路由器缺乏足够的缓冲区空间，使得转发大的分组时存在问题，就可以增加测试分组(-m)的大小，以观察吞吐量的变化。

(3) 测试请求/应答(Request/Response)网络 TCP_RR 流量的性能。

TCP_RR 方式的测试对象是多次 TCP Request 和 Response 的交易过程，但是它们发生在同一个 TCP 连接中，这种模式常常出现在数据库应用中。输入以下命令：

```
/tools/netperf - 2.4.1/bin/netperf - H 192.168.
0.108 - t TCP_RR
TCP REQUEST/RESPONSE TEST from 0.0.0.0 (0.0.0.0)
port 0 AF_INET to 192.168.0.108 (192.168.0.108)
port 0 AF_INET。
```

测试输出结果如图 3.10 所示。

```
Local/Remote
Socket Size Request Resp. Elapsed Trans.
Send Recv Size Size Time Rate
bytes Bytes bytes bytes secs. per sec
16384 87380 1 1 10.00 3328.91
16384 87380
```

图 3.10　Netperf 软件的测试结果

提示技巧

Netperf 输出的结果也是由两行组成，第一行显示本地系统的情况；第二行显示的是远端系统的信息。平均的交易率（Transaction Rate）为 3328.91 次/秒。注意到这里每次交易中的 Request 和 Response 分组的大小都为 1 个字节，不具有多大的实际意义。用户可以通过测试相关的参数来改变 Request 和 Response 分组的大小，TCP_RR 方式下的参数如下所示。

-r req，resp：设置 Request 和 Reponse 分组的大小。

-s size：设置本地系统的 Socket 发送与接收缓冲的大小。

提示技巧

-S size：设置远端系统的 Socket 发送与接收缓冲的大小。

-D：对本地与远端系统的 Socket 设置 TCP_NODELAY 选项。

通过使用-r 参数，可以进行更有实际意义的测试，输入的命令与输入结果如下所示。

```
/tools/netperf-2.4.1/bin/netperf -H 192.168.0.108 -t TCP_RR — -r 32,1024
    TCP REQUEST/RESPONSE TEST from 0.0.0.0 (0.0.0.0) port 0 AF_INET to
192.168.0.108 (192.168.0.108) port 0 AF_INET
    Local /Remote
    Socket Size Request Resp. Elapsed Trans.
    Send Recv Size Size Time Rate
    bytes Bytes bytes bytes secs. per sec
    16384 87380 32 1024 10.00 1108.21
    16384 87380
```

归纳提高

随着 Web 应用的增多，服务器应用解决方案中以 Web 为核心的应用也越来越多，很多公司各种应用的架构都以 Web 应用为主。一般的 Web 测试和以往应用程序测试的侧重点不完全相同，它在基本功能通过测试后，就要进行重要的系统性能测试了。系统的性能是一个很大的概念，覆盖面非常广泛，对一个软件系统而言，包括执行效率、资源占用率、稳定性、安全性、兼容性、可靠性等。下面重点从负载压力方面来介绍服务器系统性能的测试。系统的负载压力测试需要采用负载测试工具进行，通过虚拟一定数量的用户来测试系统的表现，看是否满足预期的设计指标要求。负载测试的目标是当负载逐渐增加时，测试系统组成部分的相应输出项（如通过量、响应时间、CPU 负载、内存使用等）如何决定系统的性能，例如稳定性和响应时间等。

负载测试一般使用工具完成，常用工具有 LoadRunner、Webload、QALoad 等，主要的内容都是编写出测试脚本，脚本中一般包括用户常用的功能，然后运行脚本，得出报告。

使用压力测试工具对 Web 服务器进行压力测试，可以帮助找到一些大的问题，例如死机、崩损、内存泄露等，因为有些存在内存泄露问题的程序，在运行一两次时可能不会出现问题，但是如果运行了成千上万次，内存泄露得越来越多，就会导致系统崩溃。

1. LoadRunner：预测系统行为和性能的负载测试工具

目前，业界中有不少能够做性能和压力测试的工具，Mercury（美科利）Interactive 公司的 LoadRunner 是其中的佼佼者，已经成为行业的规范，目前最新的版本为 8.1。

(1) LoadRunner 是一种预测系统行为和性能的负载测试工具，通过模拟上千万用户实施并发负载及实时性能监测的方式来确认和查找问题。LoadRunner 能够对整个企业架构进行测试，它适用于各种体系架构，能支持广泛的协议和技术（如 Web、FTP、Database 等），能预测系统行为并优化系统性能。它通过模拟实际用户的操作行为和实行实时性能监测，来帮助用户更快地查找和发现问题。LoadRunner 是一个强大的压力测试工具，它的脚本可以录制生成，自动关联。测试场景面向指标，实现了多方监控，而且测试结果采用图表显示，可以自由拆分组合，如图 3.11 所示为 LoadRunner 的测试窗口。

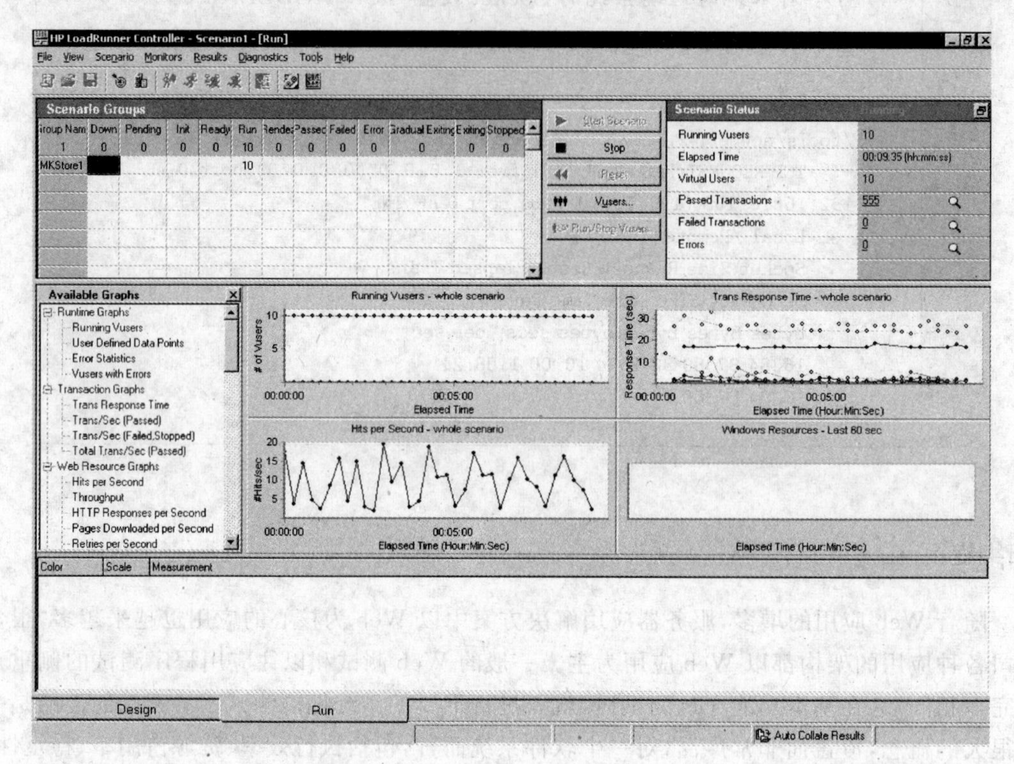

图 3.11 LoadRunner 测试窗口

(2) 通过 LoadRunner 的测试结果图表对比，可以找出系统产生性能瓶颈的原因，一般来说可以按照服务器硬件、网络、应用程序、操作系统、中间件的顺序进行分析，如图 3.12 所示。

2. WebLOAD：Web 性能压力测试

WebLOAD 是 RadView 公司推出的一个性能测试和分析工具，它让 Web 应用程序开发者自动执行压力测试。WebLOAD 通过模拟真实用户的操作，生成压力负载来测试 Web 的性能。

(1) 用户创建的是基于 JavaScript 的测试脚本，称为议程(Agenda)，用它来模拟客户的行为，通过执行该脚本来衡量 Web 应用程序在真实环境下的性能，当前最高版本是 6.0。WebLOAD 提供巡航控制器(Cruise Control)功能，利用巡航控制器，可以预定义 Web 应用程序应该满足的性能指标，然后测试系统是否满足这些需求指标。Cruise Control 能够自动把负载加载到 Web 应用程序，并将在此负荷下能够访问程序的客户数量生成报告。

(2) WebLOAD 能够在测试会话执行期间对监测的系统性能生成实时的报告，这些测试结果通过一个易读的图形界面显示出来，并可以导出到 Excel 和其他文件里，如图 3.13 所示。

LoadRunner 和 WedLOAD 这两个软件的功能虽然强大，并且可以自动生成测试报告，但其终究是一个工具，如果想真正定位服务器性能的好坏和性能的瓶颈所在，要求使用工具的人对于测试软件的每一方面都有了解，例如软件体系构架、网络拓扑、服务器硬件等知识。

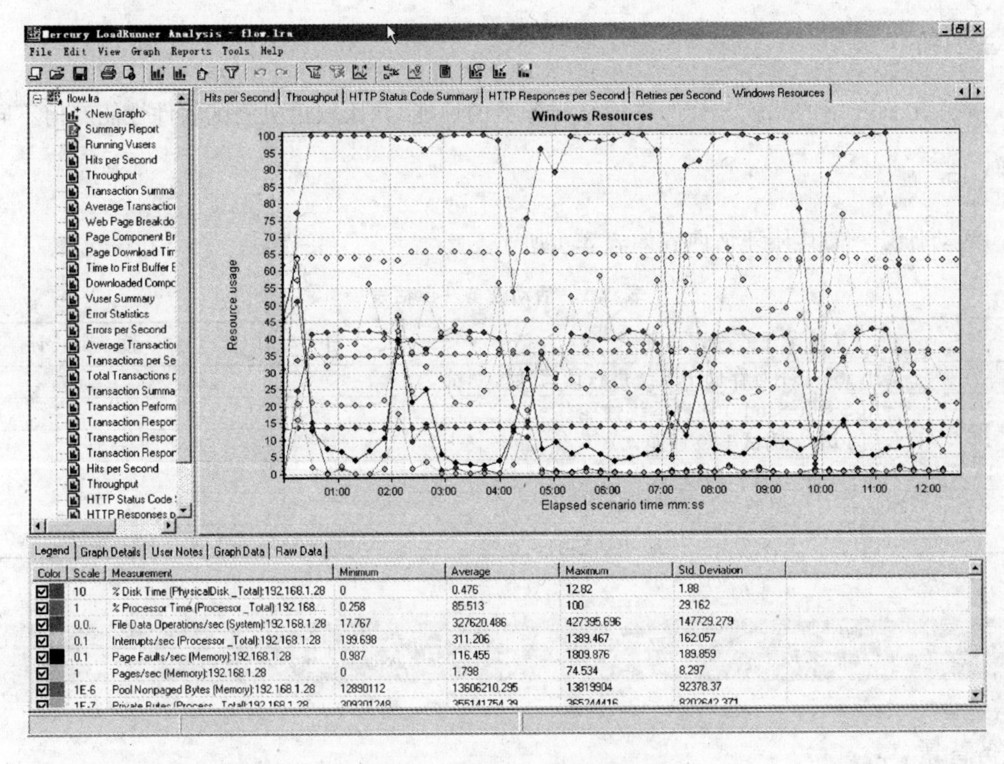

图 3.12　LoadRunner 分析窗口

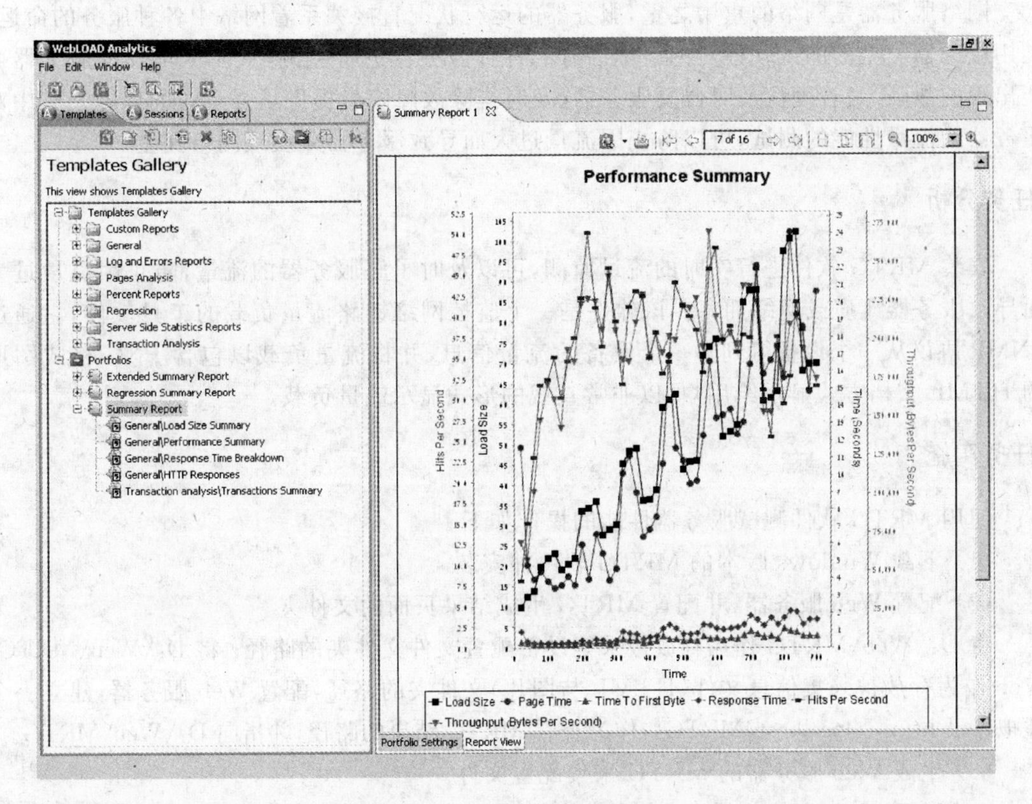

图 3.13　WebLOAD 报告界面

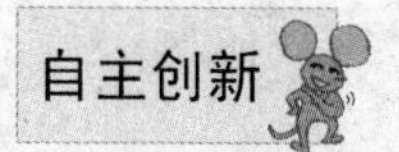

自主创新

试用上面介绍的几款软件测试网络服务器的性能，并比较单机测试软件性能有何不同。

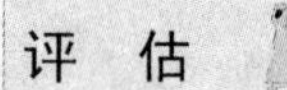

评　估

活动任务一的具体评估内容如表 3.1 所示。

表 3.1　活动任务一评估表

活动任务一评估细则		自　评	教　师　评
1	会用 Iometer 对存储子系统进行读写性能测试		
2	会用 Sisoft Sandra 评测系统性能		
3	会用 Iozone 测试 I/O 性能		
4	会用 Netperf 测试网络性能		
5	掌握针对应用的测试工具		
任务综合评估			

活动任务二　使用系统性能测试软件测试服务器性能

任务背景

网络服务器是网络的重中之重，服务器的运行状况直接关系着网络中各种服务的命运。利用服务器类型的测试软件对网络中已有的各种服务器进行监测，从而尽早发现服务器可能出现的故障，为管理员及时修复服务器、及时排除故障隐患提供了强有力的保障。其中对服务器的流量性能的测试，可以防止因流量过大而导致服务器瘫痪或网络拥塞。

任务分析

安装 MRTG 软件进行实时的流量监测，可以及时了解服务器的流量，防止因流量过大而导致服务器瘫痪或网络拥塞。该软件是一个监控网络链路流量负载的工具软件，它通过 SNMP 协议从一个设备得到另一个设备的流量信息，并将流量负载以包含 PNG 格式图形的 HTML 文档方式显示给用户，以非常直观的形式显示流量负载。

任务实施

使用 MRTG 软件测试服务器性能的操作如下。

(1) 下载 Windows 版本的 MRTG 软件并安装。

(2) 配置 Web 服务器，并配置 MRTG 生成结果页面的文件夹。

将 D:\Web\MRTG 作为存放被采集设备配置文件文件夹的路径；将 D:\Web\MRTG\Web 作为存放被采集信息文件(HTML 与图片)文件夹的路径，配置 Web 服务器，建立一个虚拟目录 http://localhost/MRTG/，作为查看 MRTG 结果的路径，并指向 D:\Web\MRTG。

(3) 生成 Web 服务器的 MRTG 采集配置文件。

在 MS-DOS 窗口中输入以下命令并运行。

```
C:\MRTG\bin\&gt;Perl  cfgmaker  -global  "WorkDir:D:\web\MRTG\Web"—output "D:\web\MRTG\
web.cfg" public@192.168.0.1
```

(4) 修改 Web 服务器的 MRTG 采集配置文件。

使用文本编辑器打开 D:\web\MRTG\web.cfg 文件进行编辑，在其中加入以下语句。

```
RunAsDaemon:yes
```

表示允许程序及配置文件在后台运行。

```
Options [_]:growright,bits
```

表示采集的流量信息使用 bits 进行表示，也可以使用 bytes 进行表示。

```
Languagd:GB2312
```

表示使用中文生成 MRTG 结果信息文件。

(5) 运行 MRTG 流量采集程序。

在 MS-DOS 窗口中输入以下命令并运行。

```
C:\MRTG\bin\>  start  /D  C:/MRTG\bin  wPerl  MRTG  - logging = eventlog D:\web\MRTG\web.cfg
```

如果运行正常将会在 D:\web\MRTG\Web 目录中生成 index.html 页面，通过 Web 浏览器查看，地址为 http://localhost/MRTG/web/index.html。服务器性能信息如图 3.14 所示，服务器流量信息如图 3.15 所示。

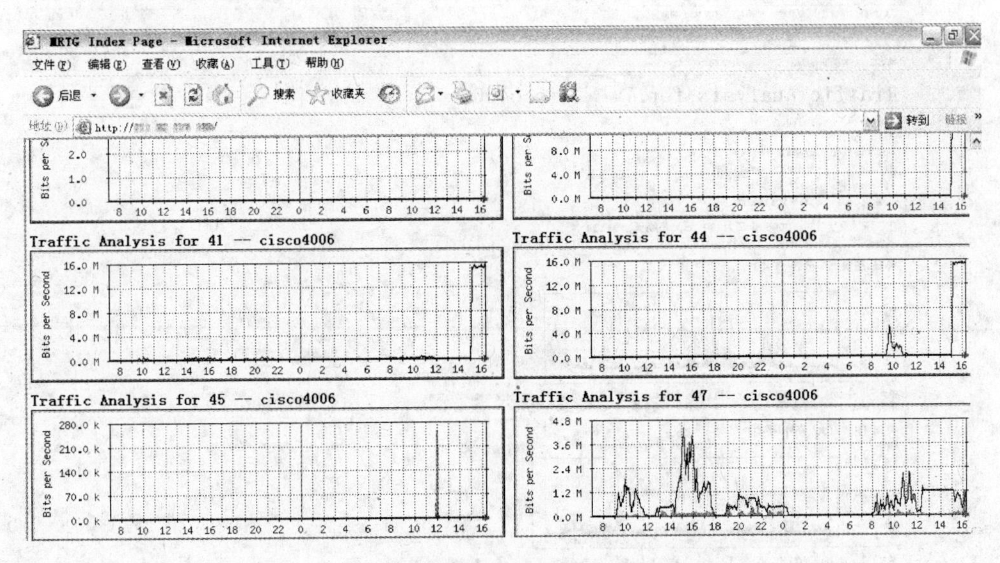

图 3.14　服务器性能信息

(6) 当要监视的设备为交换机时，可以通过修改.cfg 文件中每个端口的 Title、PageTop 信息来指定每个端口流量信息页面的标题，也可以修改.cfg 文件中其他一些信息，或者修改 index.html 文件来改变页面的显示。网络设备流量监控如图 3.16 所示。

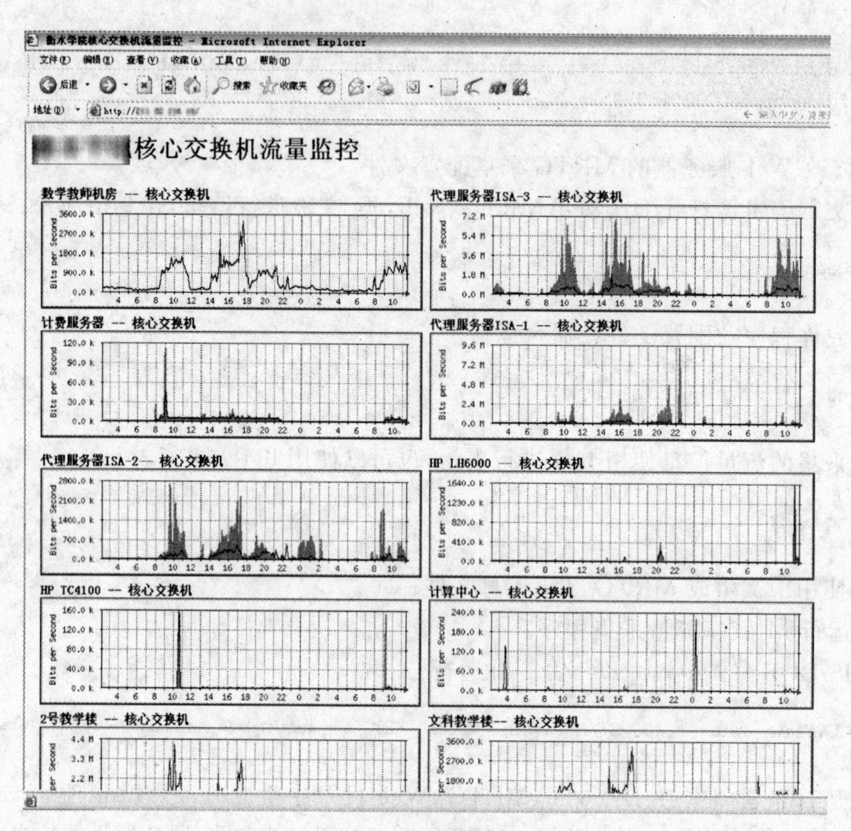

图 3.15　服务器流量信息

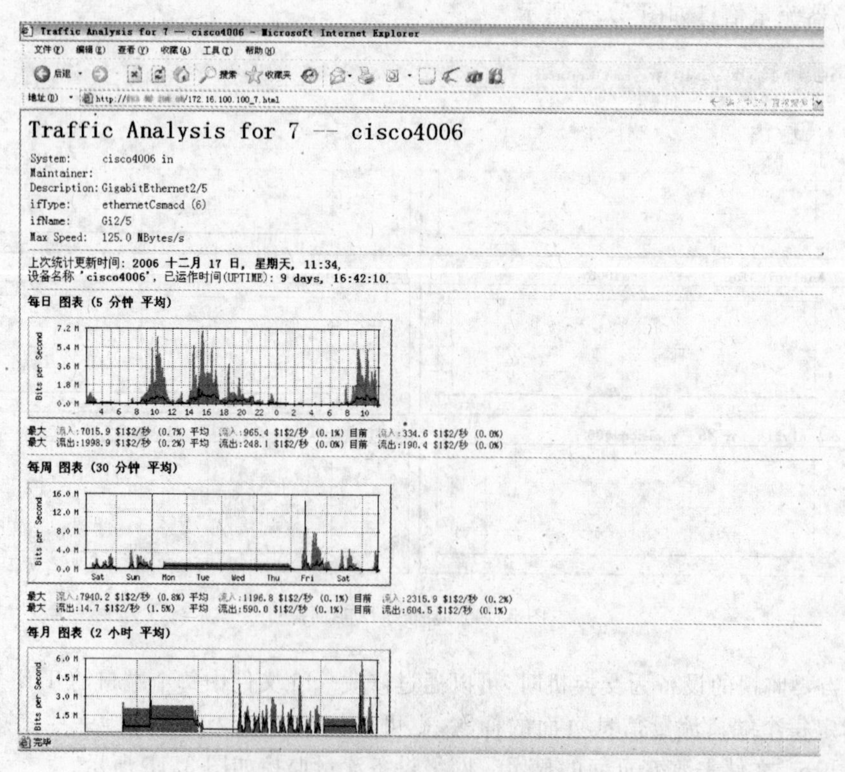

图 3.16　网络设备流量监控

归纳提高

1. 监视服务器性能

1）性能数据类型

要监视简单服务器配置的性能，需要收集某个时间段内 3 种不同类型的性能数据。

（1）常规性能数据

该信息可帮助识别短期趋势(如内存泄露)。经过一两个月的数据收集后，可以求出结果的平均值并用更紧凑的格式保存这些结果。这种存档数据可帮助用户在业务增长时作出容量规划，并有助于日后评估上述规划的结果。

（2）比较基准的性能数据

该信息可帮助用户发现缓慢、经历长时间发生的变化。通过将系统的当前状态与历史记录数据进行比较，可以排除系统问题并调整系统。由于该信息只是定期收集的，所以不必对其进行压缩存储。

（3）服务水平报告数据

该信息可帮助用户确保系统能满足一定的服务或性能水平，也可以将该信息提供给并不是性能分析人员的决策者。收集和维护该数据的频率取决于特定的业务需要。

2）使用步骤提示

（1）打开“性能”窗口，展开窗口左侧控制台树，选择“性能日志和警报”→“计数器日志”命令，任何现有的计数器日志都将在右侧详细信息窗格中列出。绿色图标表明日志正在运行；红色图标表明日志已停止运行。

（2）右击详细信息窗格中的空白区域，在弹出的快捷菜单中选择“新建日志设置”命令，显示“新建日志设置”对话框。

（3）在“名称”文本框中输入计数器日志的名称，然后单击“确定”按钮。

（4）在“常规”选项卡上，单击“添加对象”按钮并选择要添加的性能对象，或者单击“添加计数器”按钮选择要记录的单个计数器。

（5）单击“添加对象”按钮，显示“添加对象”对话框。选择“使用本地计算机计数器对象”选项，并在“性能对象”列表框中选择要记录的对象。若不太清楚所选择的性能对象，可单击“说明”按钮，系统将弹出对话框显示详细说明。单击“添加”按钮，将该对象添加至日志记录。

（6）单击“添加计数器”按钮，显示“添加计数器”对话框。选择“使用本地计算机计数器”选项，在“性能对象”下拉列表框中选择要记录的对象，并选择“从列表中选择计数器”选项，然后在列表框中选择要添加的计数器。若不太清楚所选择的性能对象，可单击“说明”按钮，系统将弹出对话框显示详细说明。单击“添加”按钮，将该计数器添加至日志记录。

（7）单击“关闭”按钮，返回日志对话框，添加的对象和计数器将显示在“计数器”列表框中。

3）需要注意的问题

（1）若要保存计数器日志、跟踪日志或警报的设置，应右击详细信息窗格中的日志或警报，在弹出的快捷菜单中选择“将设置为另存为”命令，随后可以指定要用来保存该设置的 .htm 文件。

(2) 若要将保存的设置重新用于新日志或警报,可右击详细信息窗格,在弹出的快捷菜单中选择“新的日志设置来自”或“新的警报设置来自”命令。这是从日志或警报配置中生成新设置的简便方法。也可在 Microsoft Internet Explorer 中打开 HTML 文件以显示“系统监视器”图形。

(3) 若要制定计算机记录对象而不考虑运行服务的位置,可选择“从计算机选择计数器对象”选项并制定要监视的计算机的通用命名约定(UNC)名称,例如\\MyLogServer。

(4) 某些对象类型有多个实例。例如,如果系统有多个处理器,则 Processor 对象类型将有多个实例;如果系统有两个磁盘,则 Physical Disk 对象类型有两个实例。一些对象类型,例如 Memory 和 Server 只有一个实例。如果对象类型有多个实例,则可以针对每个实例将计数器添加到跟踪统计中,在许多情况下,可一次针对所有实例将计数器添加到跟踪统计中。默认情况下,计数器以实例名和实例索引显示。

2. 服务器比较测试

服务器比较测试除了要考虑定量的性能指标之外,还要将可扩展性、可用性、可管理性等功能配置指标以及价格考虑在内,以全面考量服务器的整体性能。要实现这个目标,除了使用传统的性能测试方法之外,还可以使用一些新的测试方法,例如文件测试、数据库性能测试与 Web 性能测试。其中,文件性能与数据库性能测试可以采用美国 Quest 软件公司(www. quest. com)的 Benchmark Factory 软件,它能提供负载测试和容量规划,Web 性能测试则可以选用 Spirent 公司提供的 Caw WebAvalanche 测试仪。

1) 性能测试(文件性能测试方法)

著名的 Quest 服务器性能测试软件 Benchmark Factory 是一种高扩展性的强化测试、容量规划和性能优化工具,可以模拟数千个用户访问应用系统中的数据库、文件、Internet 及消息服务器,从而更加方便地确定系统容量,找出系统瓶颈,隔离出用户的分布式计算环境中与系统强度有关的问题。无论对于服务器,还是服务器集群,Benchmark Factory 都是一种成熟、可靠、高扩展性和易于使用的测试工具。它具有以下几个特点。

2) 数据库性能测试方法

数据库性能测试同样使用了 Benchmark Factory 软件,测试环境如同文件性能测试。测试时,在被测服务器上安装 SQL Server 2000 系统,如果被测服务器是双路 Tualatin 服务器则使用中文标准版;若是至强服务器,则使用企业版。首先在被测服务器上创建新的数据库,通过使用 Benchmark Factory 预定义的 Database Spec 项目在数据库中创建表,加载数据。在服务器端创建以 CPU 计算为主的存储过程,通过 29 台客户机模拟用户,按照 40 个虚拟用户的步长递增到 400 个用户,执行该存储过程。结果是以获得的每秒事务数(TPS)衡量服务器的数据库事务处理能力。整个测试分为 3 次,每次测试之后重新启动被测服务器,最终取 3 次平均值作为评价结果。

3) Web 性能测试

Web 性能测试工具是由 Spirent 公司提供的 Caw WebAvalanche 测试仪。WebAvalanche 模拟实际的用户发出 HTTP 请求,并根据回应给出详细的测试结果。它的特点有:能够模拟成百上千的客户端对服务器发出请求;能够模拟真实的网络应用情况,例如网站在高峰期的访问量应该是动态的,因为既有新客户端的加入,同时也有原客户端的离去,访问量不是固定不变的;可以产生 20 000 个连接/秒请求量,足以满足测试的需要;测试项目丰富,有访问请求的成功数和失败数、URL 和页面的响应时间、网络流量数，还有 HTTP 和 TCP 协议的具体情况。

自主创新

试安装并利用 MRTG 软件进行服务器性能测试。

评　估

活动任务二的具体评估内容如表 3.2 所示。

表 3.2　活动任务二评估表

活动任务二评估细则		自　评	教　师　评
1	会用 MRTG 软件		
2	了解监视服务器性能		
3	会监视服务器性能		
4	会进行服务器比较测试		
任务综合评估			

综合活动任务　用软件测试系统和服务器性能

任务背景

通过对服务器主要性能参数(例如处理器利用情况、硬盘 I/O 传输率、内存利用率和页面文件活动)的检测，利用软件对系统性能和网络性能进行测试，可以及时采取相应的措施，有效避免由于负荷过重而导致系统瘫痪或响应时间过长等问题。下面利用网络执法官进行系统和服务器性能测试。

任务分析

网络执法官是一款功能强大的局域网控制软件。它只需在一台计算机上运行，就可以实现对局域网内主机的实时监控，并记录整个局域网用户的上线情况。它可限制各用户上线时所用的 IP 时段，并可阻止非法用户连接到局域网。

任务实施

利用网络执法官测试系统和服务器性能的操作步骤如下。

(1) 网络执法官开始运行时，必须首先设置监控参数。网络执法官会根据网卡的配置自动设置最大可监控的 IP 范围，一般可以不对这个范围进行修改，如图 3.17 所示。

(2) 网络执法官程序分为“本机状态”、“用户列表”、“记录查询”3 个板块。在“监控参数选择”对话框中单击“确定”按钮后，进入网络执法官程序主界面的“用户列表”板块。网络执法官自动扫描局域网设置范围内计算机的 MAC 地址、IP 地址、域名、上线时间、网卡注释等信息，如图 3.18 所示。

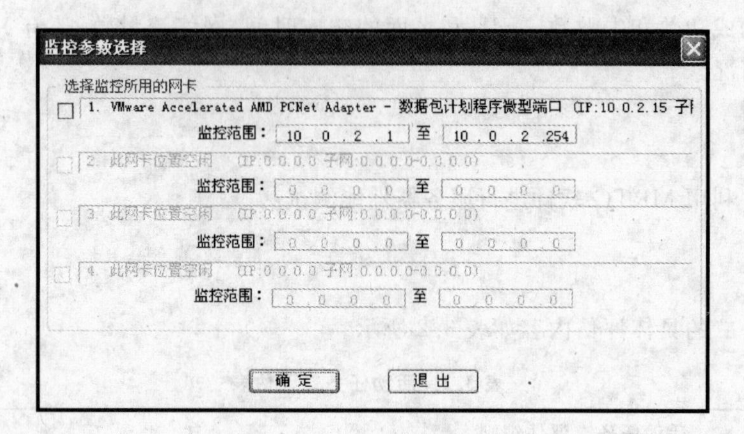

图 3.17 设置监控参数

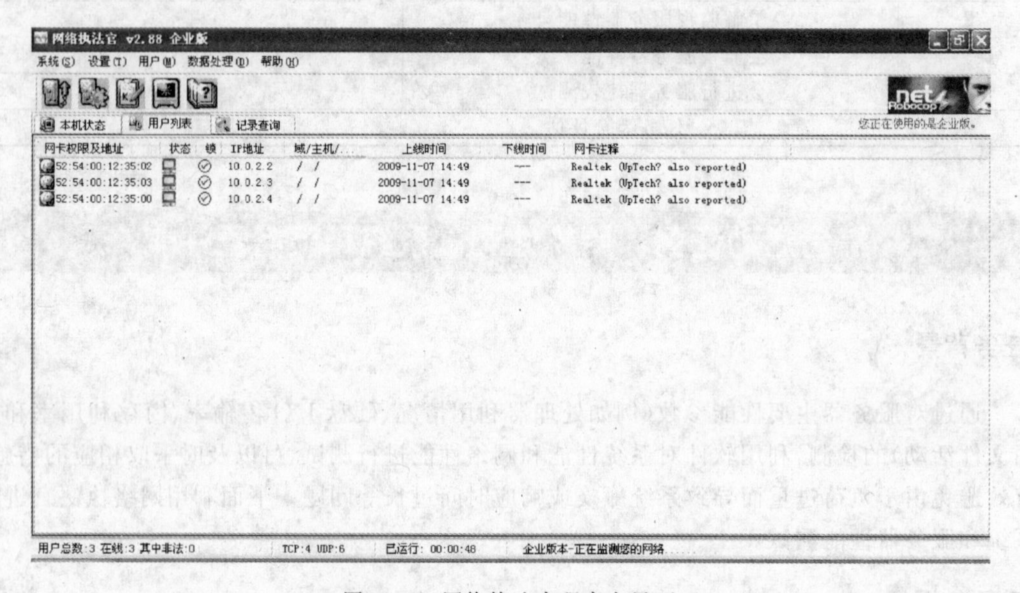

图 3.18 网络执法官程序主界面

(3) 选择一台主机，双击后可以通过权限设定来控制这台计算机。这里假设需要控制IP地址为211.83.98.80的机器，使它完全不能上网。打开其“用户属性”对话框，如图3.19所示。

(4) 单击“权限设定”按钮，弹出“设定用户权限”对话框。在此对话框中，首先来定义权限规则。例如，如果要控制的IP地址范围为10.0.2.1～10.0.2.254(本地子网)，按照如图3.20所示进行设置即可。

(5) 接着定义管理方式，这里选择“禁用与关键主机的TCP/IP连接(但与本机的连接不会断开)”复选框，并单击“关键主机”按钮，打开“关键主机”对话框，如图3.21所示。

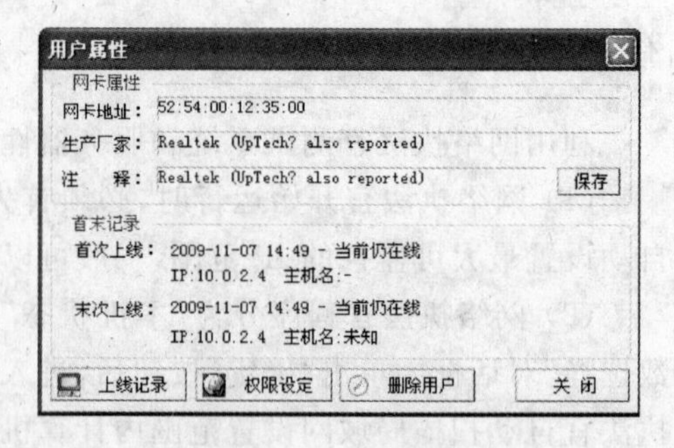

图 3.19 “用户属性”对话框

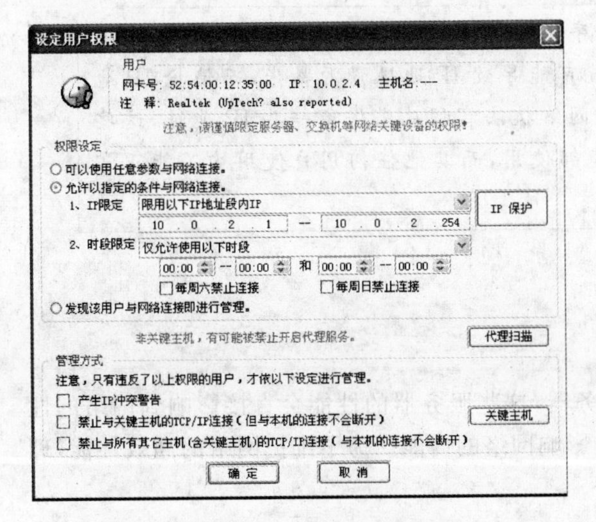

图 3.20　“设定用户权限”对话框

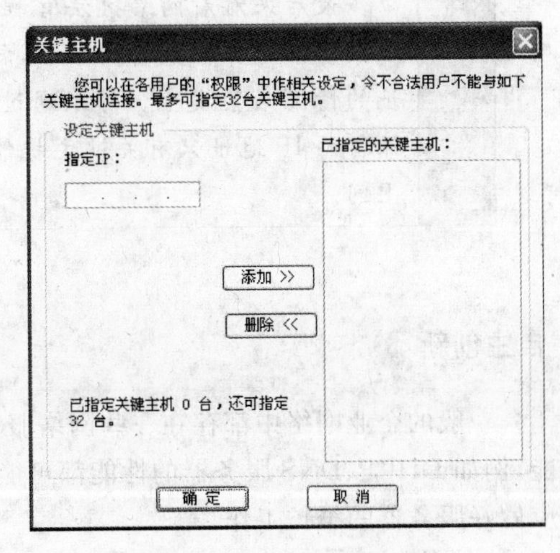

图 3.21　“关键主机”对话框

提示技巧

现将网关计算机的 IP 地址(假设为 211.83.98.1)添加为关键主机，这使得地址为 211.83.98.1 的计算机不能和网关通信，也就不能通过网关访问 Internet 了。

网络执法官程序的第二个板块是查询本机状态板块。通过网络状态的查询，可以了解网卡参数 IP/TCP/UDP 报文发送情况、计算机当前 TCP 连接，以及网卡和网络的当前资源占用率等情况。网络执法官程序的第三个板块是记录查询板块，它可以对当前局域网内的所有计算机进行查询，使用比较简单，这里不再赘述了。

(6) 选择“设置”→“IP 保护”命令，弹出“受保护 IP”对话框。例如要保护地址范围 10.0.2.252 到 10.0.2.254 的 3 台主机，可以进行如图 3.22 所示的设定。

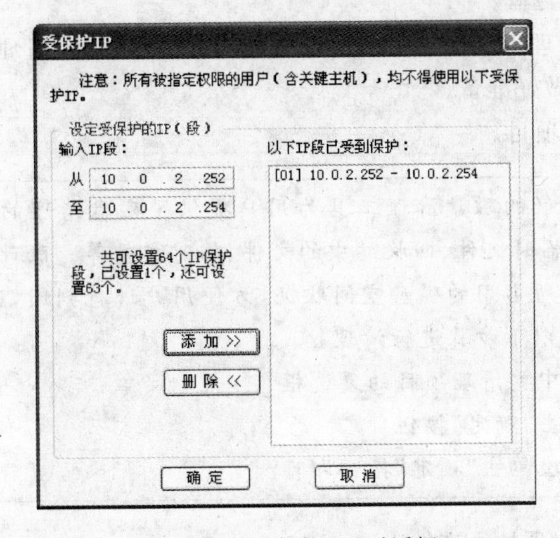

图 3.22　“受保护 IP”对话框

提示技巧

最后来看看网络执法官程序的IP保护功能。如果局域网内的IP地址数量比计算机数量少很多，就可能导致IP地址资源紧张，而使抢IP地址的情况频繁发生。可以通过网络执法官程序来保留一些IP地址，这些保留的IP地址只有关键主机能够使用，而其他任何用户使用均不能正常上网。

自主创新

一般的企业网络中都存在一些网络服务器，这些服务器的性能会直接影响到网络的性能，例如DHCP、DNS服务器的性能都可能影响网络的性能。为了维护网络的高效性能，理应做好服务器的维护工作。

1. 清除服务器的垃圾文件

垃圾文件是影响服务器性能的重要因素之一，因此清理服务器的垃圾文件是网络管理人员必须要做的工作。垃圾文件的清理方法有很多，主要分为使用系统内嵌的清理软件和使用专用的垃圾文件清理软件。为了能够清楚地了解垃圾文件的清理方法，将分别对这两种清理方法进行详细介绍。

1) 使用系统内嵌的清理软件清理垃圾文件

使用系统内嵌的清理软件清理垃圾文件的方法比较简单而且直观，但其缺点也非常明显，就是清理垃圾文件的范围比较小，并且不能像专业软件那样做到清理计算机中所有没有用的文件。具体步骤如下。

(1) 进入磁盘清理程序。

系统内嵌了磁盘清理工具，但并没有在桌面上提供直接的快捷键，因此需要用户打开它，执行“开始”→“所有程序”→“附件”→“系统工具”→“磁盘清理”命令即可。

(2) 选择要清理的磁盘。

系统内嵌的磁盘清理工具是按照磁盘来清理的，因此在开始清理之前首先选择要清理的磁盘，为磁盘的清理做好准备。

(3) 选择要清理的项目。

提示技巧

系统内嵌的磁盘清理工具为用户提供了磁盘清理的选择项目，例如Internet的临时文件、回收站中的文件、临时文件等。除此之外，它还列出了各个项目所占用的磁盘空间状况，方便用户进行判断，选择要清除的项目。可以按以下步骤进行清理。

(1) 选中要清理项目的复选框。

(2) 单击“确定”按钮。

(3) 再次单击“确定”按钮即可。

2) 使用专用软件清理垃圾文件

专用清理软件不是系统自带的，而是用户自己下载的，在此介绍一些常见的垃圾清理软件，例如 Windows 优化大师、恶意软件清理助手等。

优化大师是一个出色的系统管理优化软件，它不仅可以清理垃圾文件，还可以优化内存、优化开机程序、优化桌面及优化注册表等。下面就来介绍优化大师的安装及使用方法。

(1) 安装优化大师。

优化大师是一个需要安装才能使用的软件，下载好安装文件之后，双击安装文件，即可开始安装优化大师。

(2) 进入磁盘文件管理系统。

通过对磁盘管理文件的扫描，优化大师可以扫描出一些没有用的文件夹、程序快捷键、多余的文件等，并且可以删除这些多余的文件，让用户能够拥有更多的存储空间，进而提高系统的性能。具体操作步骤如下。

① 先选择“系统清理”选项。

② 选择“磁盘文件管理”选项。

(3) 扫描磁盘中的文件。

与使用系统内嵌的文件清理工具一样，优化大师也需要选择分区后再进行扫描，所不同的是，优化大师一次可以选择多个分区进行扫描。操作步骤如下。

① 选择要扫描的分区。

② 单击“扫描”按钮。

(4) 删除多余的文件。

扫描到文件之后，即可将这些占用系统空间的文件清除，清除的办法很简单，只要单击“全部清除”按钮即可。需要注意的是，在全部清除文件之前，首先要对查找到的文件进行检查，避免出现误删除文件的情况。

2. 注册表优化

注册表是用来管理计算机硬件和软件参数的，用户可以按照要求来管理计算机的硬件或软件，但不管计算机硬件还是计算机软件，使用时就可能涉及各种硬件或软件的修改。当进行一些修改之后，注册表也会随之被修改，久而久之，就会产生许多注册表的设置垃圾，导致计算机的工作效率降低，因此注册表优化非常必要。当然，为了避免优化过程中出现意外，所以强烈建议在优化之前要备份注册表。操作步骤如下。

(1) 选择“注册信息清理”选项。

(2) 单击“扫描”按钮。

3. 恶意软件清理助手

清理助手也是常用的清理软件，它的文件很小，不但可以清除垃圾文件，还可以清除一些影响系统性能的流氓软件。该软件不需要安装，只要下载并解压缩就可以使用，下面就来介绍使用恶意软件清理助手的方法。

(1) 将下载的软件解压缩。

下载的恶意软件清理助手是一个压缩包，需要将其解压缩才能执行该程序。操作步骤如下。

① 在压缩文件上右击，在弹出的快捷菜单中，执行“解压文件”命令。

② 单击“确定”按钮。

(2) 执行恶意软件清理助手程序。

解压缩完成之后，在解压缩的文件中执行程序，为清理垃圾文件做好准备。双击RogueCleaner文件图标执行清理程序。

(3) 清理临时文件。

临时文件是系统在运行过程中建立的一些文件，当程序运行完成之后，这些文件一般都没有太大的用处，保留下来只会占用系统的硬盘空间，最好将其删除。操作步骤如下。

① 选择“临时文件清理”选项。

② 单击“开始清理”按钮。

提示技巧

恶意软件的危害性相信大家都领教过，那些随着网页的打开而打开的流氓网站以及夹杂在程序中被安装的流氓软件，例如酷酷桌面、百度搜霸、彩信通等。不管用户愿不愿意，这类软件都被安装在计算机上，并且一旦安装之后，就不那么容易删除，因此需要借助恶意软件的清理软件来清理它们。操作步骤如下。

(1) 选择“恶意软件清理”选项。

(2) 单击“开始检测”按钮。

(3) 单击“开始清理”按钮。

评　估

根据所学的网络具体情况，完成如图3.3所示的评估表。

表3.3　综合活动任务评估表

项　目	标准描述	评定分值						得分
基本要求60分	了解系统性能测试的内容	10	8	6	4	2	0	
	了解服务器性能测试的内容	10	8	6	4	2	0	
	会使用网络执法官	10	8	6	4	2	0	
	会清除服务器的垃圾文件	10	8	6	4	2	0	
	会进行注册表优化	10	8	6	4	2	0	
	会使用恶意软件清理助手	10	8	6	4	2	0	
特色30分	会使用网络执法官测试网络性能	20	16	12	8	2	0	
	会优化服务器	10	8	6	4	2	0	
合作10分	能与其他同学合作、沟通，共同完成任务	10	8	6	4	2	0	
主观评价								总分

项目评估

项目三的具体评估内容如表3.4所示。

表 3.4　项目三评估表

项　目	标 准 描 述	评 定 分 值						得分
基本要求 60 分	会用 Sisoft Sandra 评测系统性能	10	8	6	4	2	0	
	会用 Iometer 对存储子系统读写性能进行测试	10	8	6	4	2	0	
	会用 Iozone 测试 I/O 性能	10	8	6	4	2	0	
	掌握针对应用的测试工具	10	8	6	4	2	0	
	会用 MRTG 软件	10	8	6	4	2	0	
	会使用网络执法官	10	8	6	4	2	0	
特色 30 分	能够自主创新、综合应用测试网络性能的工具	20	16	12	8	2	0	
	会优化服务器	10	8	6	4	2	0	
合作 10 分	能与其他同学合作、沟通，共同完成任务	10	8	6	4	2	0	
主观评价							总分	
项目综合评价							总分	

项目四

使用备份软件与备份设备

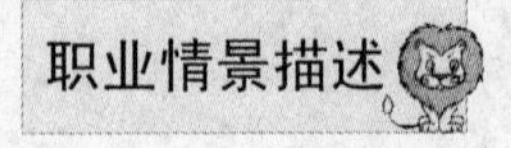

职业情景描述

随着计算机网络的普及应用和企事业单位网络数据的不断增加,人们开始意识到网络数据的重要性。对于一般企业来讲,网络数据或许并不是非常重要,最多不过是一些日常行政文件和简单的销售记录。而对于一个以电子商务为经营手段的企业来讲,网络数据是企业赖以生存的基础,可以说就是整个企业的生命。这些数据一旦损坏或丢失,都将对企业造成不可估量的损失。对于像电信、金融、证券等行业,那更是如此。由此,人们开始关注如何确保数据完好的问题,而数据备份则是唯一的解决方案。

通过本项目,学生将学习到以下内容。

- 常见备份软件的使用
- 常见备份设备的安装和使用
- 数据库的备份与恢复

活动任务一　常见备份软件的使用

任务背景

在实际操作中已经存在很多备份策略,例如 RAID 技术、双机热备份等,集群技术的发展就是计算机系统备份功能和高可用性的表现。很多时候,系统备份确实可以解决数据库备份的问题,例如磁盘介质的损坏,一般往往从镜像上做简单的恢复或切换就可以了。而利用备份软件来实现对数据的备份是所有网络管理员必学的内容。

任务分析

在进行数据备份的时候,可以将备份文件存放在其他计算机中,以此增大数据文件的存放空间。借助 Network File Monitor Pro 这款软件就可以轻松实现网络同步文件操作。

任务实施

利用 Network File Monitor Pro 软件新建备份向导的操作如下。

(1) 在 Windows Server 2003 中安装好 Network File Monitor Pro 软件，运行程序。在 Network File Monitor Pro 程序主窗口中执行 Tasks→Add task 命令，激活新建任务向导，如图 4.1 所示。

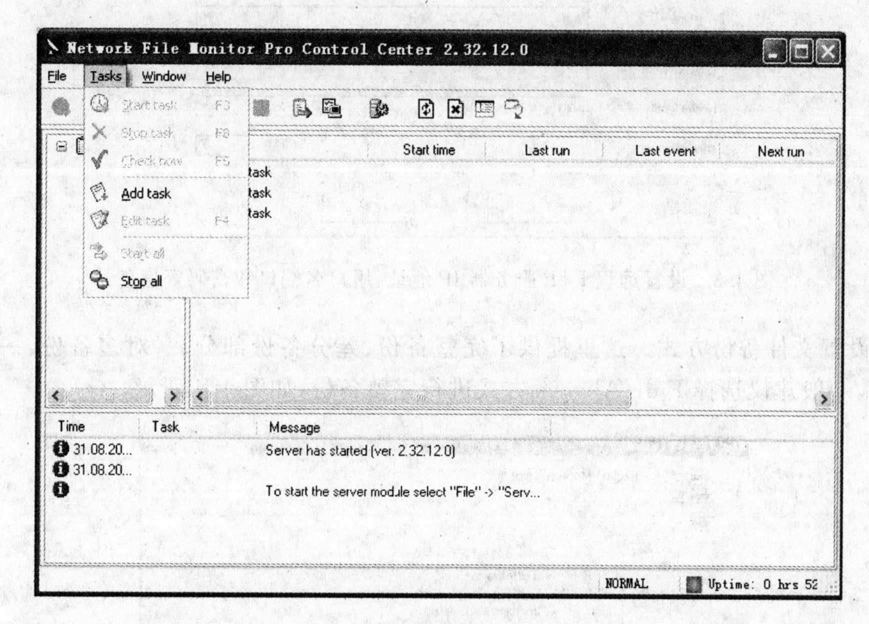

图 4.1　激活新建任务向导

(2) 打开 New Task Wizard 对话框，其中涉及网络备份的有 FTP、HTTP、电子邮件等方式，在此选择 FTP 单选按钮，单击"Next"按钮，如图 4.2 所示。

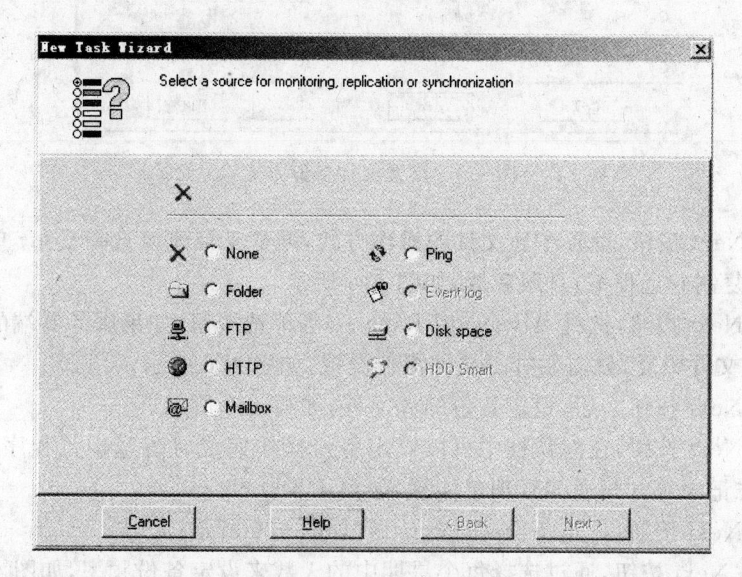

图 4.2　选择备份方式

(3) 设置远程 FTP 服务器的 IP 地址、端口、用户名和密码等信息，如图 4.3 所示。

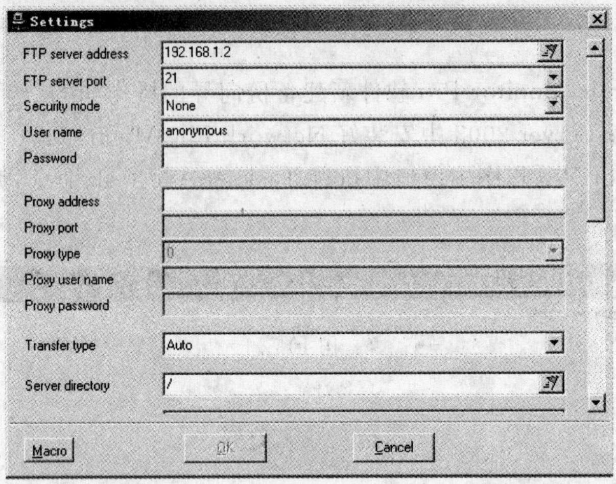

图 4.3　设置远程 FTP 服务器 IP 地址、用户名端口和密码等信息

(4) 设置文件备份方式。这里提供了完整备份、差分备份部分、一对多备份、一对一备份等方式，一般建议选择 Full/Always 方式进行完整备份，如图 4.4 所示。

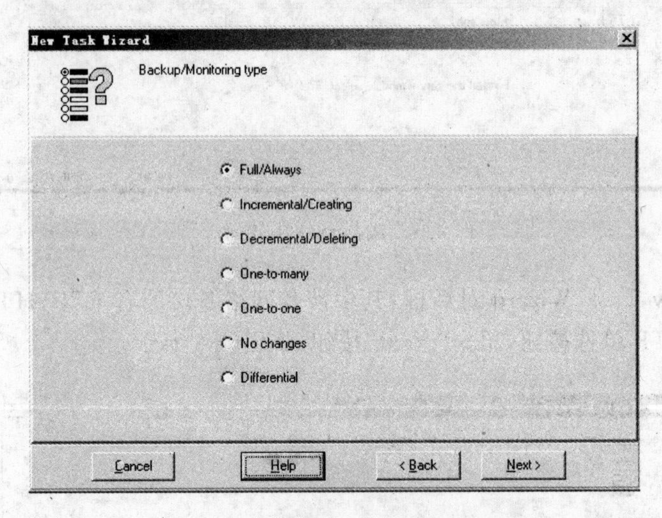

图 4.4　设置文件备份方式

(5) 单击 Next 按钮，设置本地文件的操作方式，通常来说建议选择 Copy 单选按钮实现文件从服务器复制到远程 FTP 服务器，如图 4.5 所示。

(6) 单击 Next 按钮，选择 Always 或 Rename 等单选按钮，如果服务器端的文件和远程 FTP 计算机的文件重复，就需要进行文件覆盖设置，如图 4.6 所示。

(7) 单击 Next 按钮之后，设定备份的源文件，如图 4.7 所示。

(8) 单击 Next 按钮，在对话框中可以设定备份操作完成时通过运行程序、发送电子邮件和短信、日志记录等方式通知管理员注意，如图 4.8 所示。

(9) 单击 Next 按钮，设定备份文件的计划，如图 4.9 所示。

(10) 单击 Next 按钮，通过选择每个星期中的天数来设定备份频率，如图 4.10 所示。

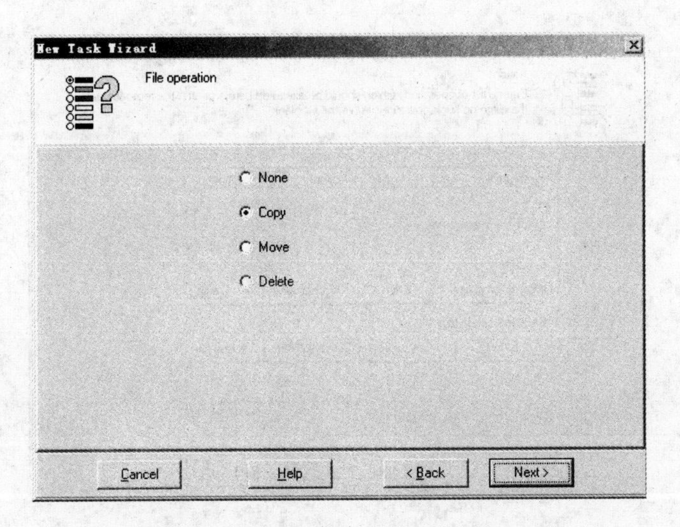

图 4.5　设置本地文件的操作方式

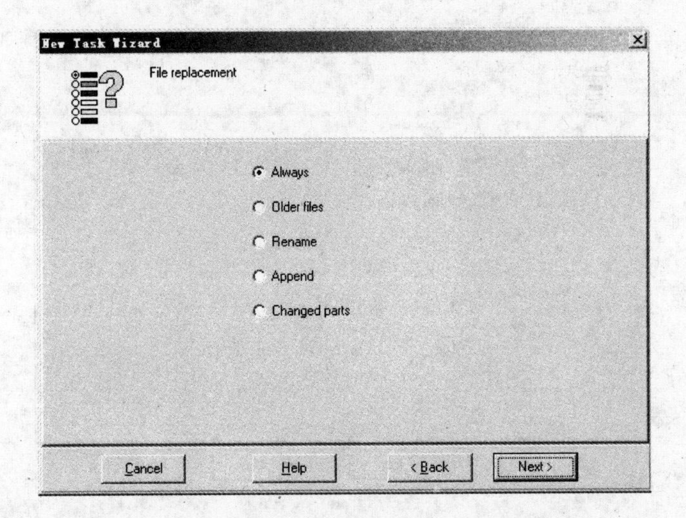

图 4.6　覆盖设置

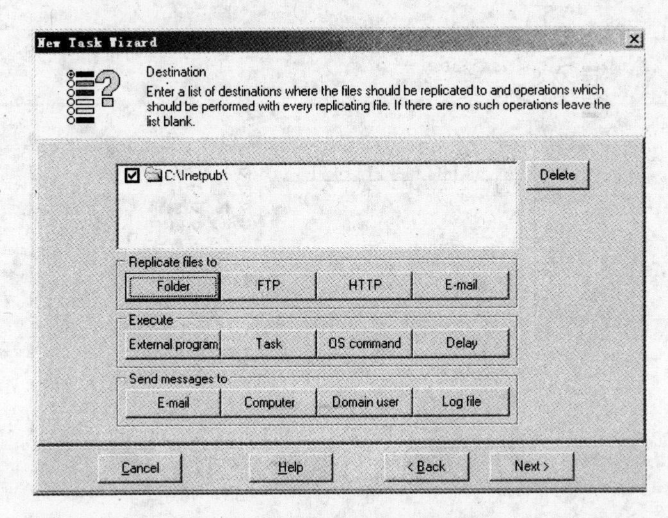

图 4.7　设定备份的源文件

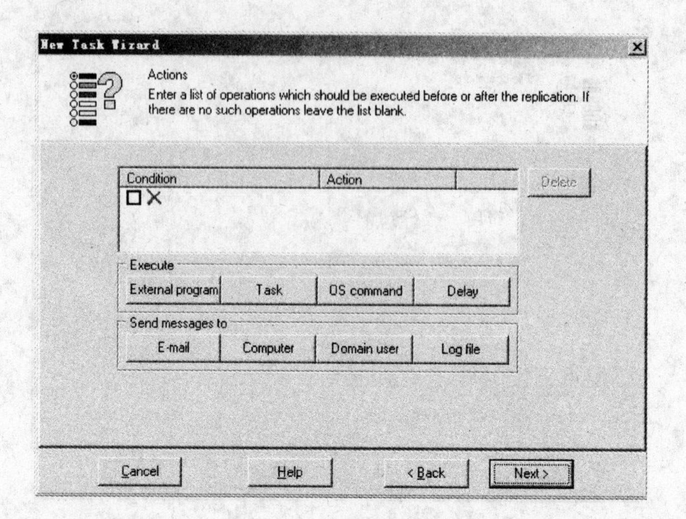

图 4.8 设定通知方式

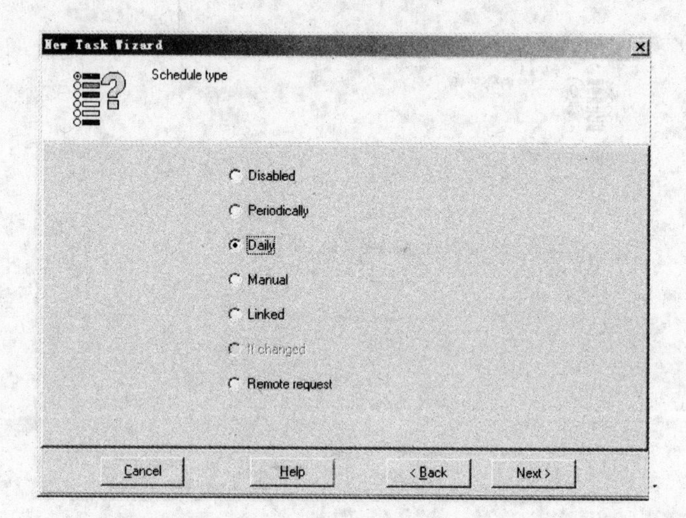

图 4.9 设定备份文件计划

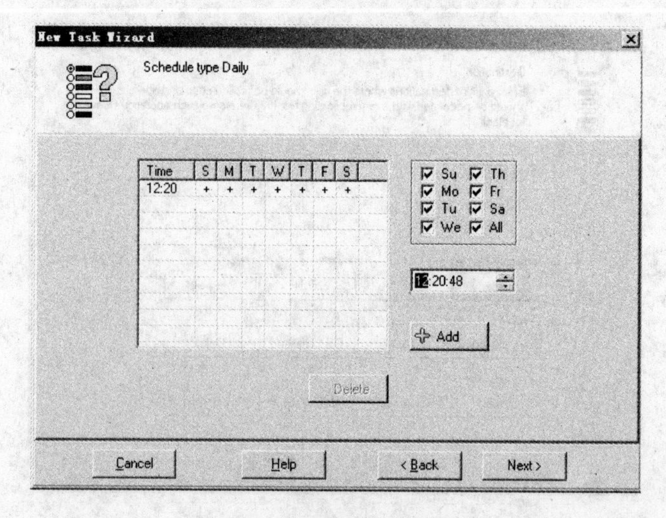

图 4.10 设定备份文件的频率

(11) 单击 Next 按钮，为这个备份操作创建一个名称，同时可以选中 Autostart、Continue after restart 复选框，如图 4.11 所示。

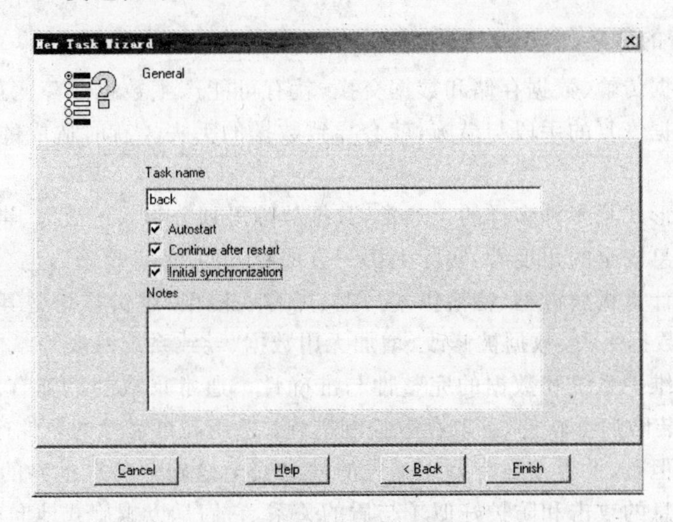

图 4.11　为备份创建名称

(12) 单击 Finish 按钮之后完成备份向导操作，此时可以在窗口中查看刚才创建的备份任务，如图 4.12 所示。

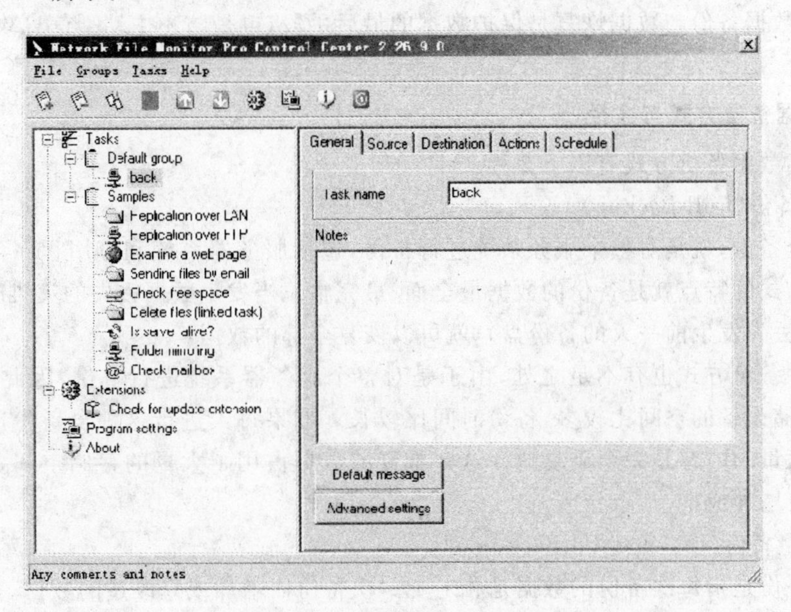

图 4.12　完成备份向导操作

提示技巧

Network File Monitor Pro 软件也可以监视系统进程中 Web 服务、Mail 服务、FTP 服务及其他服务的使用情况。在图 4.8 下部的 Execute 和 Send messages to 选项区中还可以设定开始备份时通过运行某些程序、发送电子邮件与短信等方式提醒管理员注意。

归纳提高

1. 数据备份的意义

只要发生数据传输、数据存储和数据交换，就有可能产生数据故障。这时，如果没有采取数据备份和数据恢复的手段与措施，就会导致数据的丢失。有时造成的损失是无法估量与弥补的。

数据故障的形式是多种多样的。通常，数据故障可划分为系统故障、事务故障和介质故障3大类。从信息安全的角度看，实际上第三方或敌方的"信息攻击"，也会产生不同种类的数据故障。例如计算机病毒型、特洛伊木马型、黑客入侵型、逻辑炸弹型等。这些故障将会造成的后果有：数据丢失、数据被修改、增加无用数据、导致系统瘫痪等。作为系统管理员，就是要尽可能地维护系统和数据的完整性与准确性。通常采取的措施有：安装防火墙，防止黑客入侵；安装防病毒软件，采取存取控制措施；选用高可靠性的软件产品；增强计算机网络的安全性。但是，世界上没有万无一失的信息安全措施。信息世界的攻击和反攻击也永无止境。对信息的攻击和防护好似矛与盾的关系，它们是以螺旋式地向前发展。

在信息的搜集、处理、存储、传输和分发中，经常会存在一些新的问题，其中最需要关注的就是系统失效、数据丢失或遭到破坏。威胁数据的安全，造成系统失效的主要原因有：硬盘驱动器损坏、人为错误、黑客攻击、病毒、自然灾害、电源浪涌、磁干扰。

因此，数据备份与数据恢复是保护数据的最后手段，也是防止主动型信息攻击的最后一道防线。

2. 数据备份方式与途径

常用的数据备份方式有以下3种。

1) 全备份(Full Backup)

所谓全备份，就是对整个服务系统进行备份，包括服务器系统和应用程序生成的数据。这种备份方式的特点就是备份的数据最全面、最完整。当发生数据丢失的灾难时，只要用一张光盘(即丢失发生前一天的备份盘)，就可以恢复全部的数据。

但这种备份方式也有不足之处，由于是对整个服务器系统进行备份，因此数据量非常大，占用存储设备的空间比较多，备份时间比较长。如果每天进行这种全备份，则在备份数据中会有大量的内容是完全重复的。这些重复的数据占用了大量的存储空间，这对用户来说就意味着增加成本。

2) 增量备份(Incremental Backup)

增量备份是指每次备份的数据是相对上一次备份而增加或修改过的数据。这种备份的优点很明显：没有重复的备份数据，节省存储空间，又缩短了备份时间。但缺点在于当发生数据丢失时，恢复数据比较麻烦。

举例来说，如果系统在星期四的早晨发生故障，那么现在就需要将系统恢复到星期三晚上的状态。这时，管理员需要找出星期一的全备份存储介质进行系统恢复，然后再找出星期二的存储介质来恢复星期二的数据。很明显，这比第一种策略要麻烦得多。另外，在这种备份下，各存储介质间的关系就像链环一样，一环套一环，其中任何一张光盘出了问题，都会导致整条链脱节。

3）差分备份(Differential Backup)

差分备份是指每次备份的数据是相对上一次全备份之后新增加或修改过的数据，而并不一定是相对上一次备份。管理员先在星期一进行一次系统全备份，然后在接下来的几天里，再将当天所有与星期一不同的数据(增加的或修改的)备份到光盘上。差分备份无须每天都做系统全备份，因此备份所需时间短，并节省存储空间，它的数据恢复也很方便，系统管理员只需两张光盘，即系统全备份的光盘与发生数据丢失前一天的备份光盘，就可以将系统全部恢复。

常用的备份途径包括定期刻录到光盘、备份到本机硬盘、备份到移动硬盘、备份到另一主机、备份到磁盘阵列等。

自主创新

ISO Commander 是一款目前最流行、最受用户喜爱的软件，在安装好 ISO Commander 后，就可以运用此软件，制作系统紧急启动光盘的映像文件了。具体操作步骤如下。

(1) 双击桌面上的 ISO Commander 图标或执行“开始”→“所有程序”→ISO Commander→ISO Commander 命令，即可打开如图 4.13 所示的 Untitled-ISO Commander 窗口。

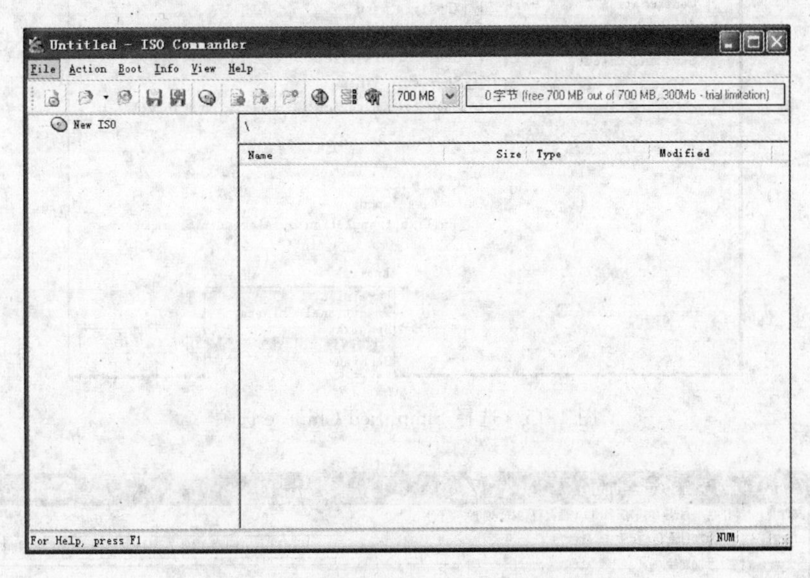

图 4.13　Untitled-ISO Commander 窗口

(2) 在 Untitled-ISO Commander 窗口中执行 File→Settings 命令，即可打开 Preferences 对话框，如图 4.14 所示。

(3) 选择 Interface 选项，并在 Interface language 下拉列表框中选择 Simplified Chinese 选项，如图 4.15 所示，则此时的界面将显示中文字体。

(4) 将系统的启动光盘放入光驱中后，在 Untitled-ISO Commander 窗口中执行“操作”→“创建映像”命令，如图 4.16 所示，即可打开“选择 CD”对话框。

(5) 在对应文本框中输入映像文件存放的路径和名称，单击“确定”按钮保存映像，如图 4.17 所示。则 ISO Commander 将自动读取光盘中的数据，并将其自动转换为 ISO 格式的文件。

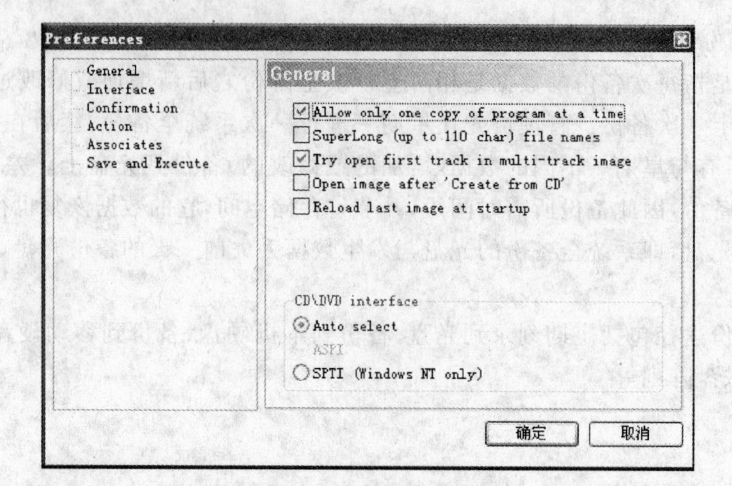

图 4.14　Preferences 对话框

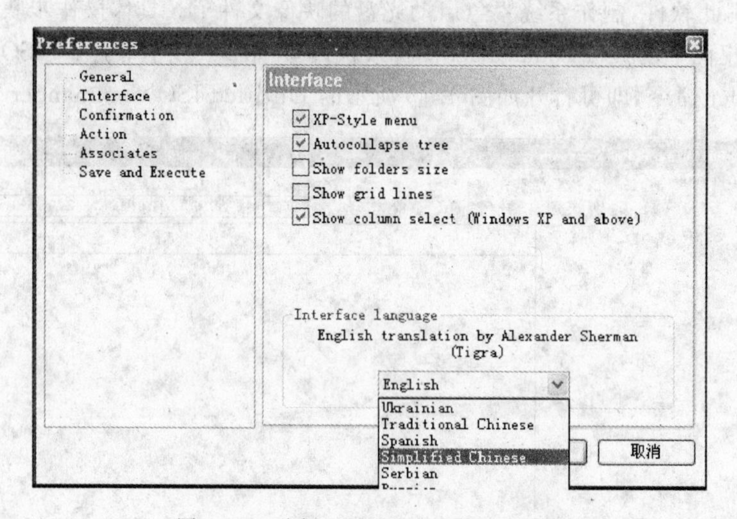

图 4.15　选择 Simplified Chinese 选项

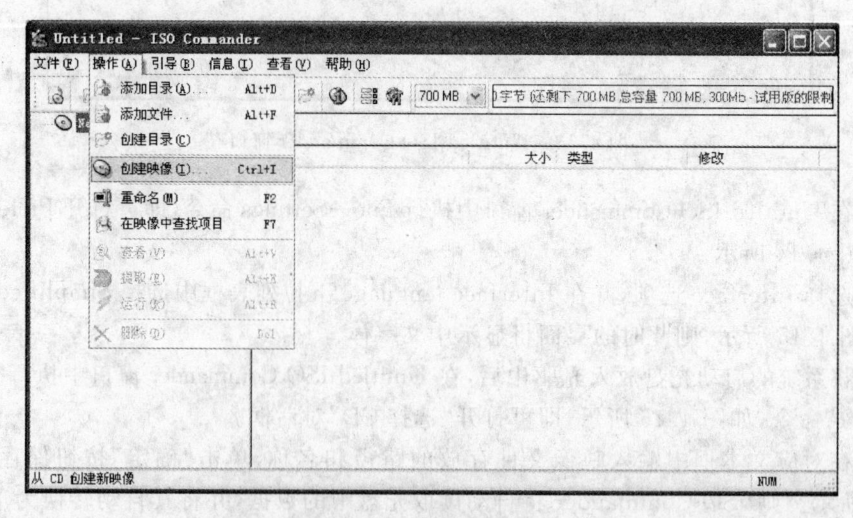

图 4.16　创建映像

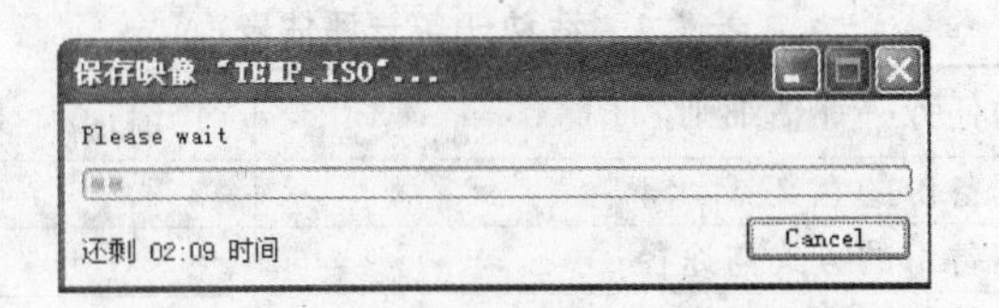

图 4.17　保存映像

(6) 数据读取结束之后，打开映像文件保存的磁盘，可发现里面已经有一个制作好的ISO文件，并且此文件已经与ISO Commander建立了默认的关联，双击此文件即可查看相应的内容。

(7) 用户如果想在这个映像文件中添加其他文件，则在ISO Commander窗口中打开此映像文件之后，在右边的列表框中，右击此映像文件并执行“添加文件”命令，从打开的对话框中选择要添加的文件，即可完成添加文件，如图4.18所示。同时运用此方法还可以添加相应的目录。

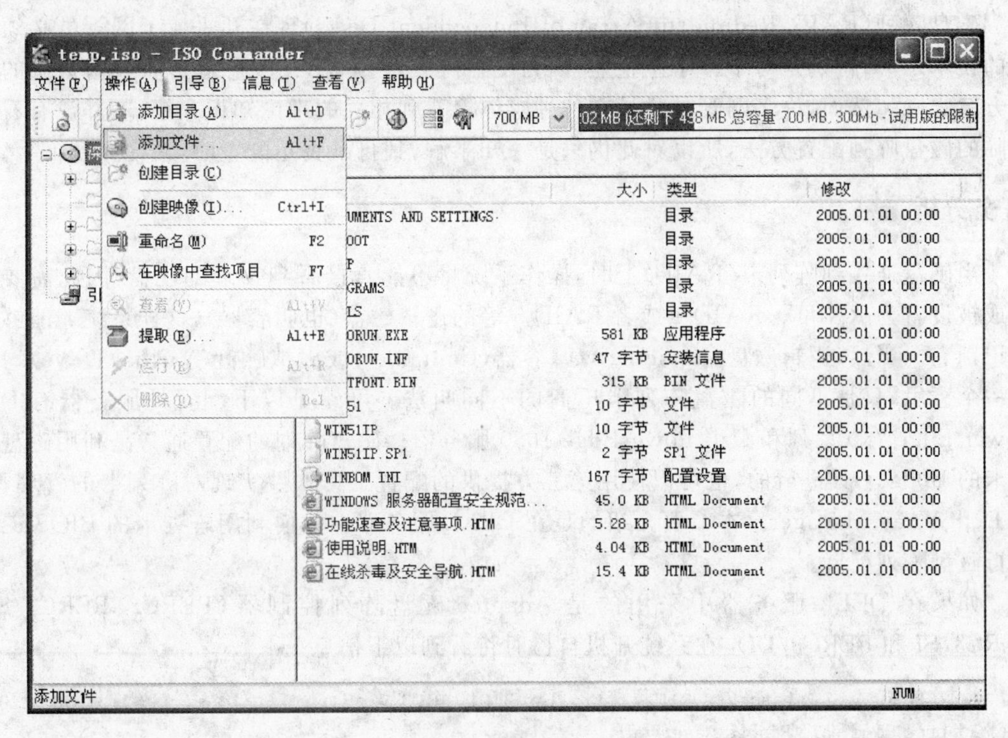

图 4.18　添加文件

(8) 执行“引导”→“保存引导文件”命令，即可自动把光盘引导文件以IMG文件格式保存起来。至此，系统紧急启动光盘的映像文件就制作完成了。

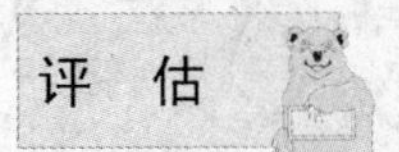

评　估

活动任务一的具体评估内容如表4.1所示。

表 4.1　活动任务一评估表

活动任务一评估细则		自　评	教　师　评
1	了解数据备份的意义		
2	掌握数据备份的方式与途径		
3	安装并使用 Network File Monitor Pro 软件		
4	会用 Network File Monitor Pro 软件同步管理自己的数据		
任务综合评估			

活动任务二　常见备份设备的安装和使用

任务背景

磁盘阵列(RAID,Redundant Array of Independent Disks)现在几乎成了网管员必须掌控的技术之一,特别是对于中小型企业,因为磁盘阵列应用很广泛,它是当前数据备份的主要方案之一。然而,许多网管员只是在各种媒体上看到相关的理论知识介绍,却并没有看到实际的磁盘阵列配置方法,所以对此仍只是一知半解,到自己真正配置时,往往无从下手。

任务分析

当硬盘连接到阵列卡(RAID)上时,操作系统将不能直接看到物理的硬盘,因此需要创建成被设置为 RAID 0、RAID 1 或者 RAID 5 等的逻辑磁盘(也叫容器),这样系统才能够正确识别它。当然,逻辑磁盘(Logic Drive)、容器(Container)或虚拟磁盘(Virtual Drive)均表示一个意思,只是不同的磁盘阵列卡厂商的不同叫法。可参见以下配置的服务器有 Dell Power-Edge 7x0 系列和 Dell PowerEdge 1650 服务器。磁盘阵列的配置通常是利用磁盘阵列卡的 BIOS 工具进行的,也可以使用第三方提供的配置工具软件实现对阵列卡的管理,例如 Dell Array Manager。本节要介绍的是在 DELL 服务器中如何利用阵列卡的 BIOS 工具进行磁盘阵列配置。

如果在 DELL 服务器中采用的是 Adaptec 磁盘阵列控制器(PERC2、PERC2/SI、PERC3/SI 和 PERC3/DI),在系统开机自检时将看到以下信息。

```
Dell PowerEdge Expandable RAID Controller 3/Di, BIOS V2.7 - x [Build xxxx](c) 1998 - 2002
Adaptec, Inc. All Rights Reserved.
<<< Press Ctrl + A for Configuration Utility! >>>
```

如果 DELL 服务器配置的是一块 AMI/LSI 磁盘阵列控制器(PERC2/SC、PERC2/DC、PERC3/SC、PERC3/DC、PERC4/DI 和 PERC4/DC),则在系统开机自检时将看到以下信息。

```
Dell PowerEdge Expandable RAID Controller BIOS X.XX Jun 26.2001 Copyright (C) AMERICAN
MEGATRENDS INC.
Press Ctrl + M to Run Configuration Utility or Press Ctrl + H for WebBIOS 或者
PowerEdge Expandable RAID Controller BIOS X.XX Feb 03,2003 Copyright (C) LSI Logic Corp.
Press Ctrl + M to Run Configuration Utility or Press Ctrl + H for WebBIOS
```

任务实施

下面在 Adaptec 磁盘阵列控制器上创建 RAID 的容器。

在这种阵列卡上创建容器的步骤如下（注意：请预先备份服务器上的数据，配置磁盘阵列的过程将会删除服务器硬盘上的所有数据）。

（1）当系统在自检的过程中出现如图 4.19 所示的提示时，同时按 Ctrl＋A 键，进入如图 4.20 所示的磁盘阵列卡配置程序界面。

```
Dell PowerEdge Expandable RAID Controller 2, BIOS V2.1-3 [Build 2939
(c) 1998-2000 Adaptec, Inc. All Rights Reserved.

◄◄◄ Press <Ctrl><A> for Configuration Utility! ►►►

Waiting for Array Controller #0 to start....
Array Controller started
Controller monitor V2.1-3, Build 2939
Controller kernel  V2.1-3, Build 2939
Controller POST operation successful

Following SCSI IDs are not responding:
Ch#0:4


Press <Enter> to accept the current configuration
Press <Ctrl-A> for Configuration Utility
Press <Ctrl-H> to Pause Configuration Messages
(Default is <Enter> if no valid key pressed in 30 seconds)
```

图 4.19　系统自检提示

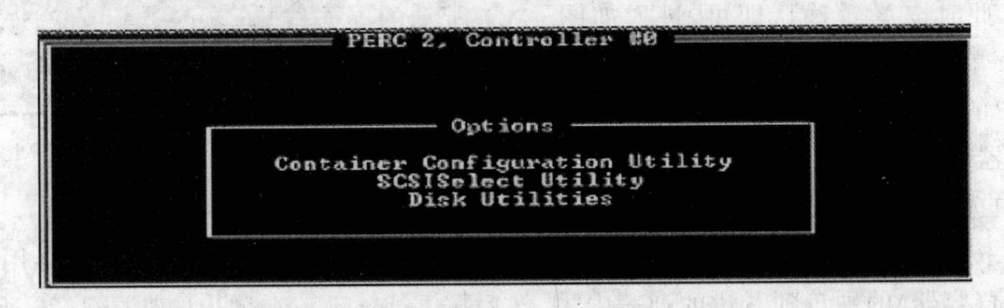

图 4.20　磁盘阵列卡的配置程序界面

（2）选择 Container Configuration Utility 选项，进入如图 4.21 所示的配置程序界面。

图 4.21　磁盘阵列卡的配置程序界面

（3）选择 Initialize Drivers 选项对新的或是需要重新创建容器的硬盘进行初始化，按 Enter 键后进入如图 4.22 所示的界面。在这个界面中出现了 RAID 卡的通道和连接到该通道上的硬盘，利用 Insert 键选中需要被初始化的硬盘。

（4）选择好需要加入阵列的磁盘后，按 Enter 键，系统弹出如图 4.23 所示的警告提示框。提示框中提示进行初始化操作将全部删除所选硬盘中的数据，并中断所有正在使用这些硬盘的用户操作。

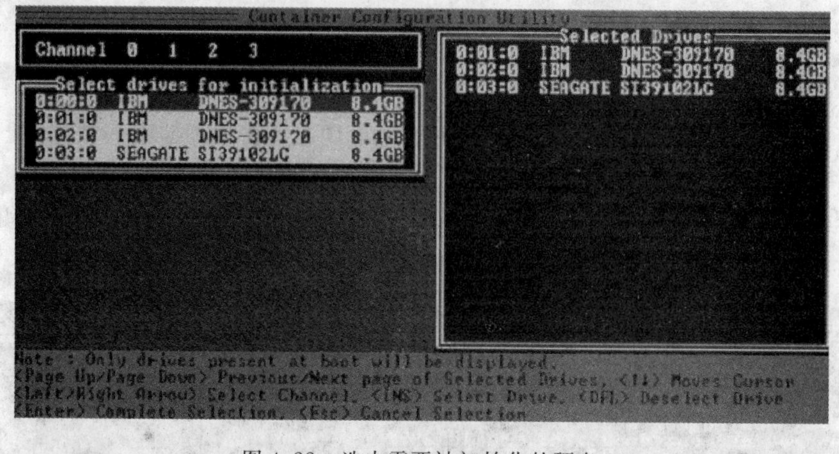

图 4.22 选中需要被初始化的硬盘

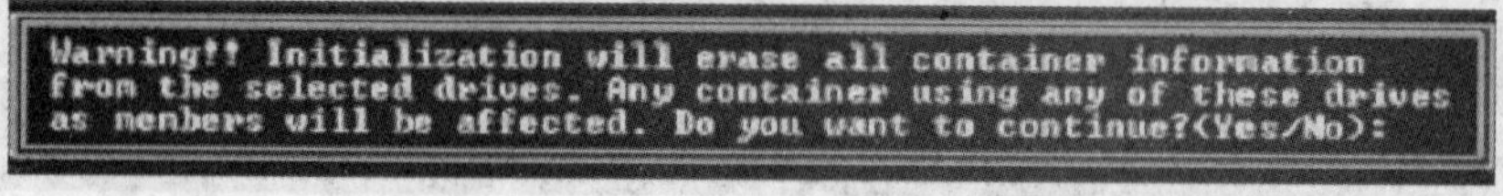

Warning!! Initialization will erase all container information from the selected drives. Any container using any of these drives as menbers will be affected. Do you want to continue?(Yes/No):

图 4.23 警告提示框

(5) 此时按 Y 键确认即可，进入如图 4.24 所示的配置主菜单(Main Menu)界面。硬盘初始化后就可以根据用户的需要，创建相应阵列级别(RAID 1，RAID 0 等)的容器了。这里以 RAID 5 为例进行说明。在主菜单界面中选择 Create Container 选项。

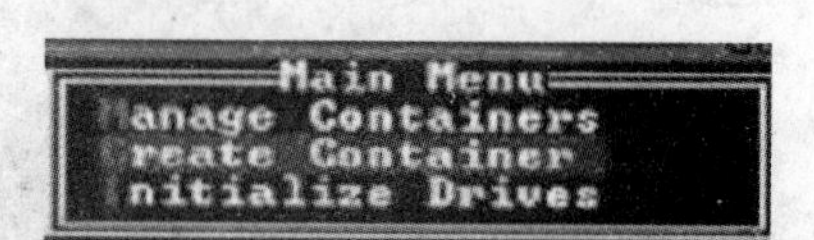

图 4.24 主菜单(Main Menu)配置界面

(6) 按 Enter 键后进入如图 4.25 所示的配置界面，用 Insert 键选中需要用于创建 Container(容器)的硬盘到右边的列表中去，然后按 Enter 键。在弹出的如图 4.26 所示的配置界面中用 Enter 键选择 RAID 级别，输入 Container 的卷标和大小。其他参数均保持默认不变，然后单击 Done 按钮即可。

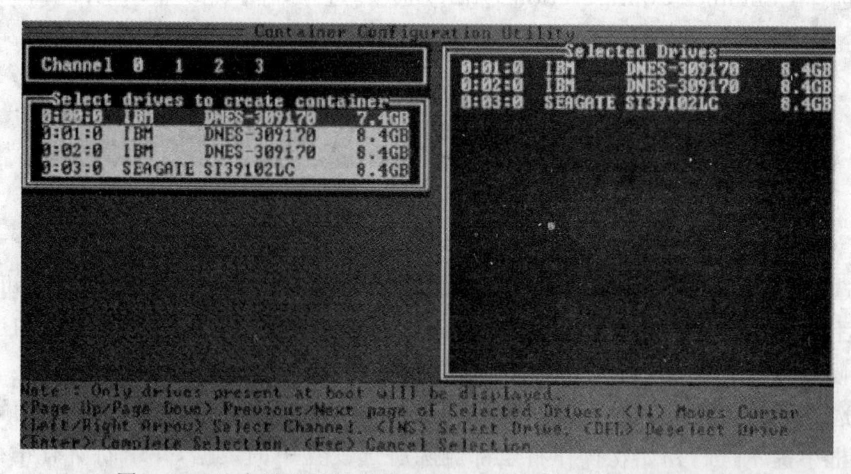

图 4.25 选中需要用于创建 Container(容器)的硬盘配置界面

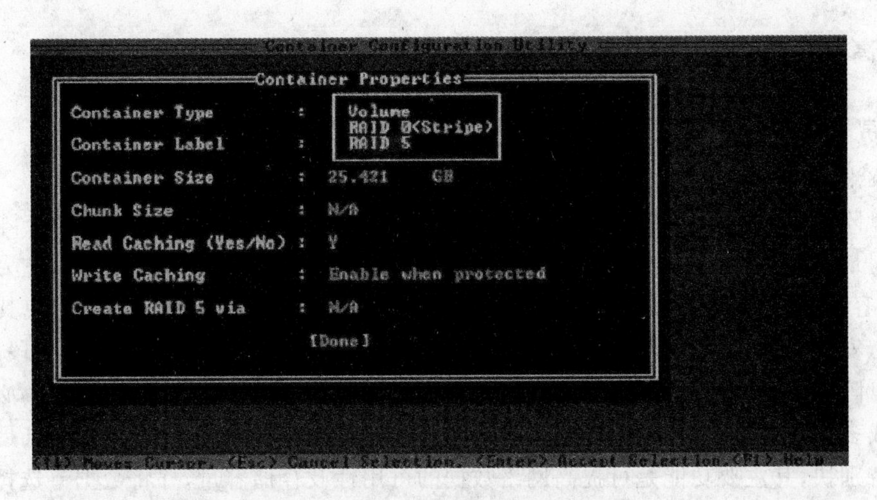

图 4.26　选择 RAID 级别配置界面

(7) 这时系统会出现如图 4.27 所示的提示，提示用户当所创建的容器没有被成功 Scrub(清除)之前，这个容器是没有冗余功能的。

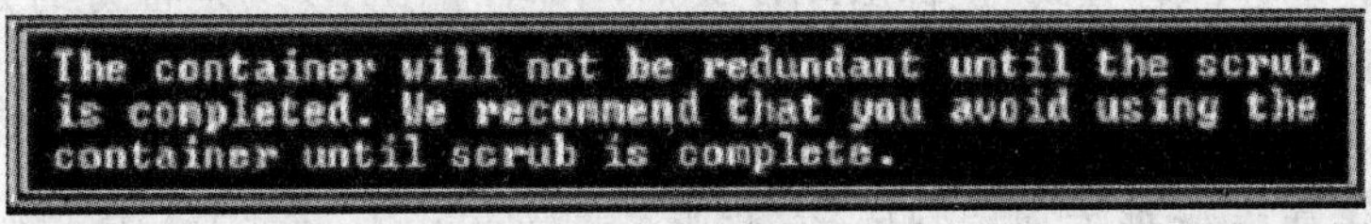

The container will not be redundant until the scrub is completed. We recommend that you avoid using the container until scrub is complete.

图 4.27　系统提示

(8) 按 Enter 键后返回如图 4.24 所示的主菜单配置界面，选择 Manage Containers 选项，按 Enter 键后即弹出当前的容器配置状态，如图 4.28 所示。选中相应的容器，检查这个容器 Container Status 选项中的 SCRUB 进程百分比。当它的状态变为 OK 后，这个新创建的 Container 便具有冗余功能。

(9) 容器创建好后，按 Esc 键退出磁盘阵列配置界面，并重新启动计算机即可。

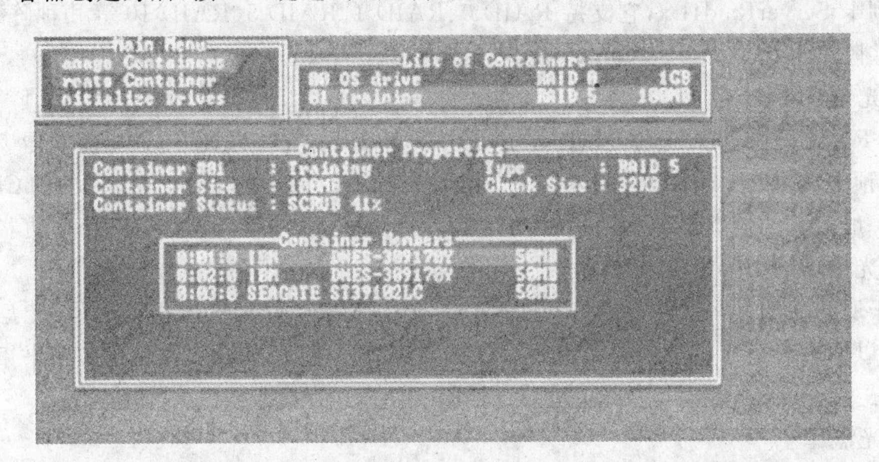

图 4.28　容器配置状态

归纳提高

1. 常见的数据备份设备

1）磁盘阵列

磁盘阵列又叫 RAID(Redundant Array of Inexpensive Disks,廉价磁盘冗余阵列),是人们见得最多,也用得最多的一种数据备份设备,同时也是一种数据备份技术。它是指将多个类型、容量、接口,甚至品牌一致的专用硬磁盘或普通硬磁盘连成一个阵列,使其能以快速、准确、安全的方式来读写磁盘数据,从而提高数据读取速度和安全性的一种手段。

磁盘阵列读写方式的基本要求是,在尽可能提高磁盘数据读写速度的前提下,必须确保当一张或多张磁盘失效时,阵列能够有效地防止数据丢失。磁盘阵列的最大特点是数据存取速度特别快,其主要功能是可提高网络数据的可用性及存储容量,并将数据有选择性地分布在多个磁盘上,从而提高系统的数据吞吐率。另外,磁盘阵列还能够避免单块硬盘故障所带来的灾难后果,通过把多个较小容量的硬盘连在智能控制器上,可增加存储容量。磁盘阵列是一种高效、快速、易用的网络存储备份设备。

这种磁盘阵列备份方式适用于大多数对数据传输性能要求不是很高的中小企业。

磁盘阵列有多种部署方式,也称 RAID 级别,不同的 RAID 级别备份的方式也不同,目前主要有 RAID 0、RAID 1、RAID 3、RAID 5 等几种,也可以是几种独立方式的组合,例如 RAID 10 就是 RAID 0 与 RAID 1 的组合。

磁盘阵列需要有磁盘阵列控制器,有些服务器主板中会自带 RAID 控制器,并提供相应的接口;而有些服务器主板上没有这种控制器,这样,当需要配置 RAID 时,就必须外加一个 RAID 卡(阵列卡)插入服务器的 PCI 插槽中。RAID 控制器的磁盘接口通常为 SCSI 接口,不过目前也有一些 RAID 阵列卡提供了 IDE 接口,使 IDE 硬盘也支持 RAID 技术。同时,随着 SATA 接口技术的成熟,基于 SATA 接口的 RAID 阵列卡也是非常多的。

目前一些服务器厂商都开发了自己专用的 RAID 阵列卡,例如 IBM 公司的一款单通道磁盘阵列卡 ServerRaid4Lx,它支持 RAID 0、RAID 1、RAID 5、RAID 10 等几种阵列方式。也有一些阵列卡提供 2 个、甚至 4 个磁盘接口通道。

2）光盘塔

CD-ROM 光盘塔(CD-ROM Tower)是由多个 SCSI 接口的 CD-ROM 驱动器串联而成的,光盘预先放置在 CD-ROM 驱动器中。受 SCSI 总线 ID 号的限制,光盘塔中的 CD-ROM 驱动器一般以 7 的倍数出现。用户访问光盘塔时,可以直接访问 CD-ROM 驱动器中的光盘,因此光盘塔的访问速度较快。

由于所采用的是一次性写入的 CD-ROM 光盘,所以不能对数据进行改写,光盘的利用率低,所以通常只适用于不需要经常改写数据的应用环境,例如一次性备份和图书馆之类的企业。

3）光盘库

CD-ROM 光盘库(CD-ROM Jukebox)是一种带有自动换盘机构(机械手)的光盘网络共享设备。它带有机械臂和一个光盘驱动器的光盘柜,它利用机械手从机柜中选出一张光盘送到驱动器进行读写。光盘库一般配置有1～6台CD-ROM驱动器,可容纳100～600片CD-ROM光盘。用户访问光盘库时,自动换盘机构首先将CD-ROM驱动器中的光盘取出并放到盘架上指定的位置,然后再从盘架中取出所需的CD-ROM光盘并送入CD-ROM驱动器。

光盘库的特点是:安装简单、使用方便,并支持几乎所有的常见网络操作系统及各种常用通信协议。由于光盘库普遍使用的是标准EIDE光驱(或标准5片式换片机),所以维护更换与管理非常容易,同时还降低了成本和价格。又因光盘库普遍内置有高性能处理器、高速缓存器、快速闪存、动态存取内存、网络控制器等智能部件,使得其信息处理能力更强。

这种有巨大联机容量的设备非常适用于图书馆一类的信息检索中心,尤其是交互式光盘系统、数字化图书馆系统、实时资料档案中心系统、卡拉OK自动点播系统等。

上述3种类型的产品由于各自的特点决定了它们各自不同的用途。对于硬盘阵列,由于它的访问速度非常快,所以它主要用于数据的实时共享,还可以用于小型的VOD点播系统。CD-ROM光盘塔的光驱访问速度相对于硬盘来说慢一些,而且光驱数量有限,数据源很少,所以供同时使用的用户数量也很少,但是由于光驱的价格很低,作为低端产品,它还是能够满足一些用户的要求。CD-ROM光盘库的数据访问速度与CD-ROM光盘塔速度差不多,但是它所能提供的数据量更大些。

4) 磁带机

磁带机是最常用的数据备份设备,按它的换带方式可分为人工加载磁带机和自动加载磁带机两大类。人工加载磁带机在换磁带时需要人工干预,因为它只能备份一盘磁带,所以只适用于备份数据量较小的中小型企业(通常为8GB、24GB和40GB);自动加载磁带机则可在一盘磁带备份满后,自动卸载原有磁带,并加载新的空磁带,适用于备份数据量较大的大、中型企业。自动加载磁带机可以备份100GB～200GB或者更多的数据。自动加载磁带机能够支持例行备份过程,自动为每日的备份工作加载新的磁带。

5) 磁带库

磁带库是像自动加载磁带机一样的基于磁带的备份系统,它能够提供同样的基本自动备份和数据恢复功能,但同时具有更先进的技术特点。它的存储容量可达到数百PB(1PB=100万GB),可以实现连续备份、自动搜索磁带的功能,也可以在驱动管理软件控制下实现智能恢复、实时监控和统计功能,整个数据存储备份过程完全摆脱了人工干涉。

磁带库不仅数据存储量大,而且在备份效率和人工占用方面拥有无可比拟的优势。在网络系统中,磁带库通过SAN(Storage Area Network,存储区域网络)系统可形成网络存储系统,为企业存储提供有力保障,很容易完成远程数据访问、数据存储备份,或通过磁带镜像技术实现多磁带库备份,无疑是数据仓库、ERP等大型网络应用的良好存储设备。

6) 光盘网络镜像服务器

光盘网络镜像服务器是继第一代的光盘库和第二代的光盘塔之后,最新开发出的一种可在网络上实现光盘信息共享的网络存储设备。光盘镜像服务器有一台或几台CD-ROM驱动器。网络管理员可通过光盘镜像服务器上的CD-ROM驱动器将光盘镜像到服务器硬盘中,也可利用网络服务器或客户机上的CD-ROM驱动器将光盘从远程镜像到光盘镜像服务器硬盘中。光盘网络镜像服务器不仅具有大型光盘库的超大存储容量,而且还具有与硬盘相同的访问速度，其单位存储成本(分摊到每张光盘上的设备成本)大大低于光盘库和光盘塔，因此光盘网络镜像服务器已开始取代光盘库和光盘塔，逐渐成为光盘网络共享设备中的主流产品。

2. 磁盘阵列实现方式

磁盘阵列有两种方式能够实现，那就是软件阵列和硬件阵列。

软件阵列是指通过网络操作系统自身提供的磁盘管理功能将连接在普通 SCSI 卡上的多块硬盘配置成逻辑盘，组成阵列。例如微软的 Windows NT/2000 Server/Server 2003 和 NetVoll 的 NetWare 两种操作系统都能够提供软件阵列功能，其中 Windows NT/2000 Server/Server 2003 操作系统能够提供 RAID 0、RAID 1、RAID 5 功能；NetWare 操作系统能够实现 RAID 1 功能。软件阵列能够提供数据冗余功能，但是磁盘子系统的性能会有所降低，有些降低得还比较大，达到 30%左右。

硬件阵列是使用专门的磁盘阵列卡来实现的，这就是本节要介绍的对象。现在的非入门级服务器几乎都提供磁盘阵列卡，不管是集成在主板上或非集成的，都能轻松实现阵列功能。硬件阵列能够提供在线扩容、动态修改阵列级别、自动数据恢复、驱动器漫游、超高速缓冲等功能。它能提供性能、数据保护、可靠性、可用性和可管理性的解决方案。

磁盘阵列卡拥有一个专门的处理器，例如 Intel 的 i960 芯片，HPT370A/HPT 372、Silicon Image SIL3112A 等，还拥有专门的存储器，用于高速缓冲数据。这样一来，服务器对磁盘的操作就可直接通过磁盘阵列卡来进行处理，因此无须大量的 CPU 资源及系统内存资源，不会降低磁盘子系统的性能。阵列卡通过专用的处理单元进行操作，它的性能要远远高于常规非阵列硬盘，并且更安全、更稳定。

3. 几种磁盘阵列技术

RAID 技术是一种工业标准，各厂商对 RAID 级别的定义也不尽相同。现在对 RAID 级别的定义能够获得业界广泛认同的有 4 种，分别为 RAID 0、RAID 1、RAID 0＋1 和 RAID 5。

RAID 0 是无数据冗余的存储空间条带化，具有成本低、读写性能极高、存储空间利用率高等特点，适用于音、视频信号存储，临时文档的转储等对速度要求极其严格的特别应用，但由于没有数据冗余，其安全性大大降低，构成阵列的任何一块硬盘的损坏都将带来灾难性的数据损失。这种方式没有冗余功能，没有安全保护，只是提高了磁盘读写性能和整个服务器的磁盘容量，一般只适用磁盘数较少、磁盘容易紧缺的应用环境中，如果在 RAID 0 中配置 4 块以上的硬盘，对于一般应用来说是不明智的。

RAID 1 是两块硬盘数据完全映像，具有安全性好、技术简单、管理方便、读写性能均好等特点。因为它是一一对应的，所以无法单块硬盘扩展，如果要扩展，必须同时对映像的双方进行同容量的扩展。为了安全起见，这种冗余方式实际上只利用了一半的磁盘容量，数据空间浪费大。

RAID 0＋1 综合了 RAID 0 和 RAID 1 的特点，单独磁盘配置成 RAID 0，两套完整的 RAID 0 互相映像。它的读写性能出色，安全性高，但构建阵列的成本投入大，数据空间利用率低。

RAID 5 是现在应用最广泛的 RAID 技术。各块单独硬盘进行条带化分割，相同的条带区进行奇偶校验（异或运算），校验数据平均分布在每块硬盘上。以 n 块硬盘构建的 RAID 5 阵列能够有 $n-1$ 块硬盘的容量，存储空间利用率很高。任何一块硬盘上的数据丢失，均能够通过校验数据推算出来。它和 RAID 3 最大的区别在于校验数据是否平均分布到各块硬盘上。RAID 5 具有数据安全、读写速度快、空间利用率高等特点，应用很广泛，但不足之处是，如果 1 块硬盘出现故障，整个系统的性能将大大降低。

RAID 1、RAID 0+1、RAID 5 阵列配合热插拔（也称热可替换）技术，能够实现数据的在线恢复，即当 RAID 阵列中的任何一块硬盘损坏时，无须用户关机或停止应用服务，就能够更换故障硬盘、修复系统、恢复数据，这对实现高可用系统具有重要的意义。

自主创新

下面在 AIM/LSI 磁盘阵列控制器上创建 Logical Drive（逻辑磁盘）。

请预先备份服务器上的数据，因为配置磁盘阵列的过程将会删除硬盘上的所有数据。整个磁盘阵列配置过程与上面介绍的在 Adaptec 磁盘阵列控制器上创建容器的方法类似，操作步骤如下。

(1) 在开机自检过程中，当出现提示时，按 Ctrl+M 键，进入 RAID 的配置界面。

(2) 按任意键继续，进入管理主菜单（Management Menu）配置界面。选择 Configure 选项，然后按 Enter 键，即弹出子菜单。

(3) 如果需要重新配置一个 RAID，请选择 New Configuration 选项；如果已经存在一个可以使用的逻辑磁盘，请选择 View/Add Configuration 选项，并按 Enter 键。在此以新建磁盘阵列为例进行介绍。选择 New Configuration 选项，按 Enter 键后，弹出一个小对话框。

(4) 选择 Yes 选项，并按 Enter 键，进入配置界面。使用空格键选中准备要创建逻辑磁盘的硬盘，当该逻辑磁盘里最后的一个硬盘被选中后，按 Enter 键。

(5) 如果服务器中阵列卡的类型是 PERC4 DI/DC，此时在按 Enter 键后，将显示配置界面；否则请直接执行步骤(7)。

(6) 按空格键选择阵列跨接信息，例如选择 Span-1（跨接-1），它将出现在阵列框内。可以创建多个阵列，然后选择将其跨接。

(7) 按 F10 键配置逻辑磁盘。选择合适的 RAID 类型，其余参数保持默认值。选择 Accept 选项，并按 Enter 键确认，即弹出最终配置信息提示框。

(8) 刚创建的逻辑磁盘需要经过初始化才能使用。按 Esc 键返回到主菜单，选择 Initialize 选项，并按 Enter 键，进入初始化逻辑磁盘界面。

(9) 选中需要初始化的逻辑磁盘，按空格键，弹出一个询问对话框。选择 YES 选项，并按 Enter 键，弹出初始化进程（注意，初始化磁盘将损坏磁盘中的原有数据，需事先做好备份）。

(10) 初始化完成后，按任意键继续，并重启系统，RAID 配置完成。

评　估

活动任务二的具体评估内容如表 4.2 所示。

表 4.2 活动任务二评估表

活动任务二评估细则		自评	教师评
1	了解常见的数据备份设备		
2	理解磁盘阵列实现方式		
3	在 Adaptec 磁盘阵列控制器上创建 RAID 的容器		
4	在 AIM/LSI 磁盘阵列控制器上创建 Logical Drive(逻辑磁盘)		
任务综合评估			

活动任务三　数据库的备份与恢复

任务背景

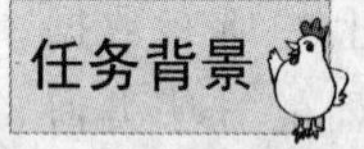

在信息化建设飞速发展的今天,网络的普及与不断发展使得信息的接收变得异常方便,企业与个人的数据量在当前状况下自然成直线增长,与此同时,企业与个人的数据因存在病毒、黑客、外部设备等众多日益严峻的隐患而变得不安全。近几年,因数据安全问题而造成重大损失的新闻时刻提醒用户,重视数据安全刻不容缓。提到如何确保数据安全,大部分人都会想到,除了做好必要的防范措施以外,有效的数据备份必不可少,数据备份已成为提升数据安全的必要手段。在 SQL Server 2000 数据库系统中,有多个系统数据库,例如 master、model、msdb、tempdb 等。如何做好数据备份成为当前企业及个人必须重视的问题。

任务分析

master 数据库是最重要的数据库,存储的是 SQL Server 系统的所有系统级别信息,包括磁盘空间、文件分配和使用、系统级的配置参数,同时还记录了所有的登录账户信息、初始化信息和其他数据库信息。一旦 master 数据库出现异常,会导致整个数据库系统无法实现正常功能。由于 master 数据库的重要性,所以一般禁止用户直接访问,如果一定要进行修改,必须确保在修改前做好完整的数据备份。

1. 备份 master 数据库

1) master 数据库的备份

在下列情况下,应该备份 master 数据库。

(1) 创建或删除用户数据库。

(2) 添加/删除登录账户或修改数据库级别的角色,从而影响了整个数据库服务器的安全性。

(3) 更改了服务器级别的配置选项或数据库配置选项。

2) master 数据库备份方法

默认情况下,master 数据库使用简单恢复模型,对于 master 数据库备份只需要使用全备份。

2. 恢复 master 数据库基本思路

如果 master 数据库损坏，SQL Server 就不能启动，且在事件管理器中可以查看到相应的 master 数据库无法访问的日志信息。在这种情况下，就需要恢复 master 数据库。

恢复 master 数据库的思路比较清晰，主要分为以下步骤。

(1) 重建全新的 master 数据库，以保证 SQL Server 服务器可以启动。

(2) 启动 SQL Server 服务器后，通过企业管理器或命令，将 SQL Server 服务器置于单用户模式。

(3) 在单用户模式下进行 master 数据库恢复。

(4) 恢复完成后，将 SQL Server 实例重新置于多用户模式。

任务实施

1. 利用 rebuildm.exe 工具重建 master 数据库

该工具在安装 SQL Server 实例时已经安装到程序目录下。默认路径为 C:\Program Files\Microsoft SQL Server\80\Tools\Binn，运行该工具，在弹出的“重建 Master”对话框中，设置好正确的参数信息：SQL Server 服务器、排序规则以及 SQL Server 2000 安装文件中 master 文件所在的路径，如图 4.29 所示。

> **提示技巧**
>
> 使用 MMC，重建过程会重建全部 4 个系统数据库以及两个示例数据库 Northwind 和 pubs，接着对数据库服务器进行配置。重建完成后，通过服务管理器或企业管理器启动 SQL Server 服务器。
>
> 需要注意的是，此时 SQL Server 数据库中只有与 dbo 角色相关的登录账户，且 sa 账户密码已经重置为空，同时所有的用户数据库都不可见。

2. 将 SQL Server 服务器置于单用户模式

将 SQL Server 服务器设置为单用户模式的方法很简单：打开企业管理器，选择服务器并右击，选择“属性”命令，在“属性配置”对话框的“常规”选项卡中单击“启动参数”按钮，在弹出的“启动参数”对话框中添加-m 参数，如图 4.30 所示。

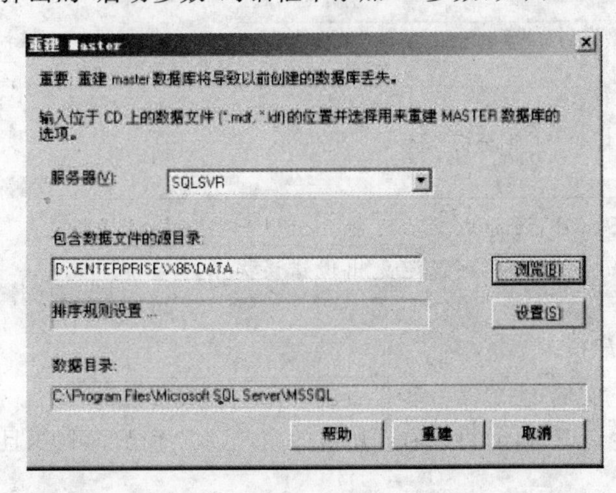

图 4.29　“重建 Master”对话框

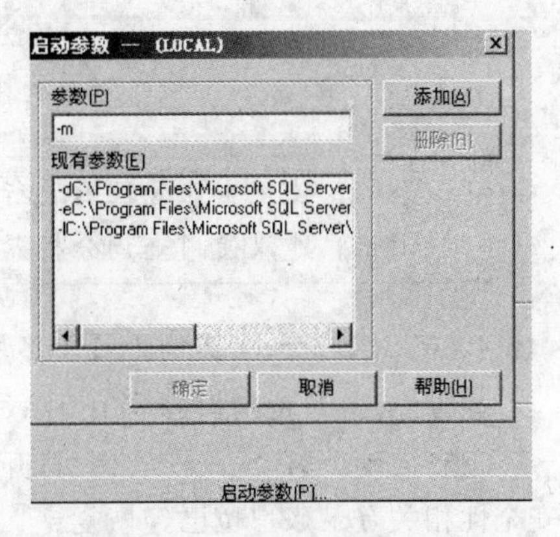

图 4.30　“启动参数”对话框

3. 在单用户模式下进行 master 数据库恢复

设置好单用户模式后，重新启动 SQL Server 实例，进入真正的 master 数据库还原，还原方式可以通过企业管理器进行，如图 4.31 所示。

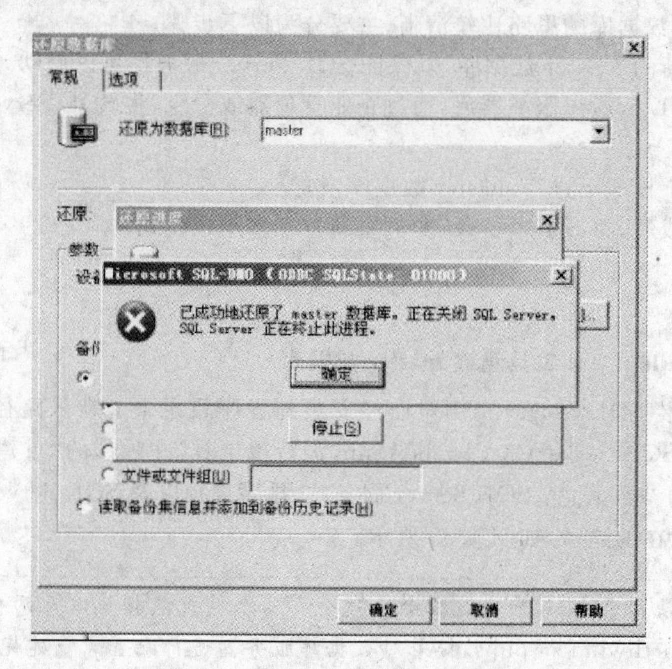

图 4.31　master 数据库还原

也可以通过查询分析器运行 T-SQL 命令执行还原，如图 4.32 所示。

图 4.32　查询分析器

提示技巧	使用企业管理器进行还原时，还原成功后可能会出现一些连接错误提示。建议使用查询分析器来执行还原，可以避免出现错误提示。

4. 将 SQL Server 实例重置于多用户模式

恢复完成后，重新启动 SQL Server 实例，去除第 2 步设置的单用户模式参数-m。

重新启动 SQL Server 实例，打开企业管理器，可以看到所有的用户数据库已经可见，且安全性相关登录账户也已经恢复。

提示技巧

在恢复 master 数据库时，model 和 msdb 数据库也会被更改，所以 master 数据恢复完成后，应该立即还原 model 和 msdb 数据库。

对于其他系统数据库，例如 model 数据库和 msdb 数据库都是很重要的系统数据库。model 数据库作为所有新建的用户数据库和 tempdb 数据库的样板，任何新建数据库默认结构都与 model 数据库一样。

msdb 数据库是 SQL Server 2000 代理服务以及自动化作业使用的数据库。

这两个数据库出现异常也会影响 SQL Server 服务器的正常工作。

特别是 model 数据库，它是作为所有新建数据库的模板，如果 model 数据库损坏，也会导致 SQL Server 服务不能启动。在这种情况下，也需要先重建 master 数据库，然后再依次恢复 master、model 和 msdb 数据库，恢复操作与恢复 master 数据库操作相类似。

稍有不同的是，msdb 数据库损坏不会导致 SQL Server 服务无法启动，此时只需通过企业管理器进行恢复即可。

归纳提高

1. 几种常见存储备份系统方式

1）Host-Based 备份方式

Host-Based 备份结构的优点是数据传输速度快、备份管理简单；缺点是不利于备份系统的共享，不适合于现在大型数据备份的要求。

2）LAN-Based 备份方式

对于 LAN-Based 备份，在该系统中数据的传输是以网络为基础的。其中配置一台服务器作为备份服务器，由它负责整个系统的备份操作。磁带库则接在某台服务器上，在数据备份时，备份对象把数据通过网络传输到磁带库中实现备份。

LAN-Based 备份结构的优点是节省投资、磁带库共享、集中备份管理；它的缺点是对网络传输压力大。

3）LAN-Free 备份方式

LAN-Free 和 Server-Free 的备份系统是建立在 SAN（存储区域网）的基础上的。基于 SAN 的备份是一种彻底解决传统备份方式需要占用 LAN 带宽问题的解决方案。它采用一种全新的体系结构，将磁带库和磁盘阵列各自作为独立的光纤结点，多台主机共享磁带库备份时，数据流不再经过网络而直接从磁盘阵列传到磁带库内，是一种无须占用网络带宽（LAN-Free）的解决方案。

目前，随着 SAN 技术的不断进步，LAN-Free 的结构已经相当成熟，而 Server-Free 的备份结构则不太成熟。

LAN-Free 的优点是数据备份统一管理、备份速度快、网络传输压力小、磁带库资源共享；缺点是投资高。

利用 IBM Tivoly Storage Manager 软件，配合 IBM LTO 等磁带库产品，可以实现以上

各种备份方式。

2. 数据备份方式介绍

目前数据备份主要方式有 LAN 备份、LAN Free 备份和 SAN Server-Free 备份 3 种。LAN 备份针对所有存储类型都可以使用,LAN Free 备份和 SAN Server-Free 备份只能针对 SAN 架构的存储。

1) 基于 LAN 备份

传统备份需要在每台主机上安装磁带机,当备份本机系统时,采用 LAN 备份策略,在数据量不是很大时,可集中备份。一台中央备份服务器将会安装在 LAN 中,然后将应用服务器和工作站配置为备份服务器的客户端。中央备份服务器接受运行在客户机上的备份代理程序的请求,将数据通过 LAN 传递到它所管理的、与其连接的本地磁带机资源上。这一方式提供了一种集中的、易于管理的备份方案,并通过在网络中共享磁带机资源提高了效率。

2) LAN-Free 备份

由于数据通过 LAN 传播,当需要备份的数据量较大、备份时间窗口紧张时,网络容易发生堵塞。在 SAN 环境下,可采用存储网络的 LAN-Free 备份,需要备份的服务器通过 SAN 连接到磁带机上,在 LAN-Free 备份客户端软件的触发下,读取需要备份的数据,通过 SAN 备份到共享的磁带机。这种独立网络不仅可以使 LAN 流量得以转移,而且它的运转所需的 CPU 资源低于 LAN 方式,这是因为光纤通道连接不需要经过服务器的 TCP/IP 栈,而且某些层的错误检查可以由光纤通道内部的硬件完成。在许多解决方案中,需要一台主机来管理共享的存储设备以及用于查找和恢复数据的备份数据库。

3) SAN Server-Free 备份

LAN-Free 备份需要占用备份主机的 CPU 资源,如果备份过程能够在 SAN 内部完成,而大量数据流无须流过服务器,则可以极大降低备份操作对生产系统的影响。SAN Server-Free 备份就是这样的技术。

目前主流的备份软件,如 IBM Tivoli、Veritas 均支持上述 3 种备份方案。3 种方案中,LAN 备份数据量最小,对服务器资源占用最多,成本最低;LAN-Free 备份数据量大一些,对服务器资源占用小一些,成本高一些;SAN Server-Free 备份方案能够在短时间内备份大量数据,对服务器资源占用最少,但成本最高。中小客户可根据实际情况进行选择。

3. 备份方式的选择

1) 传统备份

在传统的备份模式下,每台主机都配备专用的存储磁盘或磁带系统,主机中的数据必须备份到本地的专用磁带设备或盘阵中。这样,即使一台磁带机(或磁带库)处于空闲状态,另一台主机也不能使用它进行备份工作,磁带资源利用率较低。另外,不同的操作系统平台使用的备份恢复程序一般也不相同,这使得备份工作和对资源的总体管理变得更加复杂。

后来,产生一种克服专用磁带系统利用率低的改进办法,即磁带资源由一个主备份/恢复服务器控制,而备份和恢复进程由一些管理软件来控制。主备份服务器接收其他服务器通过局域网或广域网发来的数据，并将其存入公用磁盘或磁带系统中。这种集中存储的方式极大地提高了磁带资源的利用效率。但它也存在一个致命的不足：网络带宽将成为备份和恢复进程中的潜在瓶颈。

因此需要一种更先进的解决方案，在备份的时候尽可能减小对系统资源的消耗，同时又保证系统的高可用性和灵活性。办法之一是采用 LAN-Free 技术。

2）LAN-Free 备份

所谓 LAN-Free，是指数据不经过局域网直接进行备份，即用户只需将磁带机或磁带库等备份设备连接到 SAN 中，各服务器就可把需要备份的数据直接发送到共享的备份设备上，不必再经过局域网链路。由于服务器到共享存储设备的大量数据传输是通过 SAN 网络进行的，局域网只承担各服务器之间的通信（而不是数据传输）任务。

（1）LAN-Free 有多种实施方式。通常，用户需要为每台服务器配备光纤通道适配器，适配器负责把这些服务器连接到与一台或多台磁带机（或磁带库）相连的 SAN 上。同时，还需要为服务器配备特定的管理软件，通过它，系统能够把块格式的数据从服务器内存经 SAN 传输到磁带机或磁带库中。

（2）还有一种常用的 LAN-Free 实施办法，在这种结构中，主备份服务器上的管理软件可以启动其他服务器的数据备份操作。块格式的数据从磁盘阵列通过 SAN 传输到临时存储数据的备份服务器的内存中，然后再经 SAN 传输到磁带机或磁带库中。

（3）LAN-Free 备份的不足之处。

正所谓"人无完人"，LAN-Free 技术也存在明显不足。首先，它仍旧让服务器参与了将备份数据从一个存储设备转移到另一个存储设备的过程，在一定程度上占用了宝贵的 CPU 处理时间和服务器内存。还有一个问题是，LAN-Free 技术的恢复能力差强人意，它非常依赖用户的应用。许多产品并不支持文件级或目录级恢复，映像级恢复就变得较为常见。映像级恢复就是把整个映像从磁带复制到磁盘上，如果用户需要快速恢复某一个文件，整个操作将变得非常麻烦。

此外，不同厂商实施的 LAN-Free 机制各不相同，这还会导致备份过程所需的系统之间出现兼容性问题。

LAN-Free 的实施比较复杂，而且往往需要大笔软、硬件采购费。

3）无服务器备份

另外一种减少对系统资源消耗的办法是采用无服务器（Serverless）备份技术。它是 LAN-Free 方式的一种延伸，可使数据在 SAN 结构的两个存储设备之间直接传输，通常是在磁盘阵列和磁带库之间。这种方案的主要优点之一是不需要在服务器中缓存数据，显著减少对主机 CPU 的占用，提高操作系统工作效率，帮助企业完成更多的工作。

（1）两种常见的实施手段。

与 LAN-Free 一样，无服务器备份也有几种实施方式。通常情况下，备份数据通过名为数据移动器的设备从磁盘阵列传输到磁带库上。该设备可能是光纤通道交换机、存储路由器、智能磁带、磁盘设备或者服务器。数据移动器执行的命令其实是把数据从一个存储设备传输到另一个设备。实施这个过程的一种方法是借助于 SCSI-3 的扩展复制命令，它使服务器能够发送命令给存储设备，指示后者把数据直接传输到另一个设备，而不必通过服务器内存。数据移动器收到扩展复制命令后，执行相应功能。

另一种方法就是利用网络数据管理协议(NDMP)。这种协议实际上为服务器、备份和恢复应用及备份设备等部件之间的通信充当一种接口。在实施过程中,NDMP把命令从服务器传输到备份应用中,而与NDMP兼容的备份软件会开始实际的数据传输工作,且数据的传输并不通过服务器内存。使用NDMP的目的在于方便异构环境下的备份和恢复过程,并增强不同厂商的备份和恢复管理软件以及存储硬件之间的兼容性。

(2) 无服务器备份的优势。

无服务器备份与LAN-Free备份有着诸多相似的优点。如果是无服务器备份,源设备、目的设备以及SAN设备是数据通道的主要部件。虽然服务器仍参与备份过程,但负担大大减轻,因为它的作用基本上类似交警,只用于指挥,不用于装载和运输,不是主要的备份数据通道。

无服务器备份技术具有缩短备份及恢复所用时间的优点。因为备份过程在专用高速存储网络上进行,而且决定吞吐量的是存储设备的速度,而不是服务器的处理能力,所以系统性能将大为提升。此外,如果采用无服务器备份技术,数据可以数据流的形式传输给多个磁带库或磁盘阵列。

(3) 无服务器备份的缺点。

无服务器备份,虽然使服务器的负担大为减轻,但仍需要备份应用软件(以及主机服务器)来控制备份过程。元数据必须记录在备份软件的数据库上,这仍需要占用CPU资源。

与LAN-Free一样,无服务器备份可能会导致上面提到的同样类型的兼容性问题。而且,无服务器备份可能难度大、成本高。如果要推广无服务器备份的应用,恢复功能方面还有待更大的改进。

前面讨论了光纤通道环境下的LAN-Free和无服务器备份技术,由于有些结构集成了基于IP的技术,例如iSCSI,特别是随着IP存储技术在存储网络中占有的强劲优势,LAN-Free和无服务器备份技术应用的解决方案将会变得更为普遍。

LAN-Free和无服务器备份并非适合所有应用。如果用户的大型数据存储库必须随时可用,无服务器备份或许是不错的选择,但必须确定清楚恢复过程需要多长时间,因为低估了这点会面临比开始更为严重的问题。

另一方面,如果拥有的大小适中的数据库可以容忍一定的停机时间,那么传统的备份和恢复技术是比较不错的选择。

下面介绍如何利用网络附加存储设备(NAS)构建本、异双地数据备份、数据容灾解决方案,也就是数据备份技术。

4. 数据备份技术

1) 数据备份技术简介

笼统地说,数据备份就是给数据买保险,而且这种保险比起现实生活中仅仅给予相应金钱赔偿的方式显得更加实在,它能实实在在地还原备份的数据,一点不漏。人们常说保险之优势,但只有发生意外的人才能体会到。当使用者看着原本完好的硬盘,现在只不过是一堆冷冰冰、由金属与硅所组成的硬盒子,而消失不见的是使用者经年累月所保存下来的宝贵数据时,备份,或者说数据保险的作用就将完全体现。

2）当前主流的数据备份技术

（1）数据备份。

数据备份即针对数据进行的备份，直接复制所要存储的数据，或者将数据转换为镜像文件保存在计算机中。例如使用 Ghost 等备份软件、光盘刻录和移动盘存储均属此类。

数据备份的优点是方便易用，也是广大用户最为常用的方法。缺点是安全性较低、容易出错，因其针对数据进行备份，如果文件本身出现错误就将无法恢复，那备份的作用就无从谈起。因此这种数据备份技术适用于常规数据备份或重要数据的初级备份。

（2）磁轨备份（物理备份）。

这种备份技术的原理是直接对磁盘的磁轨进行扫描，并记录下磁轨的变化，所以这种数据备份技术也被称为物理级的数据备份。

磁轨备份的优点是非常精确，因为是直接记录磁轨的变化，所以出错率几乎为 0，数据恢复也变得异常容易、可靠。这种数据技术通常应用在中高端的专业存储设备上，部分中高端 NAS（网络附加存储），例如自由遁等专业存储设备就是采用此备份技术，这种数据备份技术在国外企业中应用非常广泛。

5. 数据备份与还原

1）备份类型

根据受保护系统的规模大小，备份可以分为企业级备份、工作组备份和单用户备份。

（1）企业级备份通常数据量较大，系统平台类型多，应用程序类型多，要求备份系统具有较高的性能和扩展性。

（2）工作组备份数据量中等，系统平台多为 Windows 或 Linux，应用种类较少，以文件备份为主。要求备份系统简单智能。

（3）单用户备份，保护的是个人计算机中的数据，主要包括系统及用户数据两个部分。要求备份系统简单易用，开销小。

2）备份的目的

（1）防止数据丢失，数据即使缺失也可以适时还原。

（2）满足业务需求，很多业务数据需要长期保存。

（3）数据回滚，备份可以提供多个历史版本的数据。

（4）重构或迁移数据，多用于不方便直接复制的场合。

3）数据保护与高可用性的区别

（1）数据保护的目标是从灾难中恢复，系统存在宕机时间。

（2）高可用性是保证服务的连续性，当软硬件出现故障时，要能够切换到其他的系统。

（3）HA（高可用性）与 DP（数据保护）互为补充，都是不可取代的。

4）数据丢失和系统宕机将会导致的后果

（1）客户满意度和忠诚度降低，损失客户。

（2）打击雇员的士气。

（3）公司在业界的形象受损。

（4）影响收入。

（5）浪费时间和精力。

5）制订备份计划应考虑的内容

（1）判断数据量，包括数据总量和数据变化量。

（2）判断数据的备份需求，根据数据的重要性和变化量，需要注意数据的信赖关系。

（3）备份/恢复系统和重新安装系统。如果可能，要制定系统恢复方案，因为重新安装系统费时又费力。

（4）了解数据还原需求，做好备份数据的管理。要确保当需要恢复数据时，可以很方便地实现恢复，保证数据恢复的灵活性。

（5）对数据的增长加以考虑。

（6）对于不需要保护的文件（如临时文件），建议清除出清单。

6）备份的种类

（1）物理备份与逻辑备份。

物理备份创建卷的副本，效率高，但是只能以整个卷为单位；逻辑备份则是以文件为单位，备份恢复较为灵活。

（2）在线备份与离线备份。

在线备份通常需要靠快照一类的技术手段来保证数据的一致性；离线备份对业务系统的影响大，但备份过程较简单。

（3）全备份、差异备份、增量备份。

可以基于文件归档位（Windows）或最后修改时间（Linux and UNIX）来实现以上几种备份方式。

7）备份设备和介质的选择

（1）开销，分为初期开销和长期开销。

（2）读写速度，包括连续读写速度和随机读写速度。

（3）容量。

（4）可靠性，MTBF（平均无故障时间）是一个主要的指标。

（5）向上兼容性，兼容性好则有利于保护投资。

自主创新

在 SQL Server 2000 数据库系统中，有多个系统数据库，例如 master、model、msdb、tempdb，试运用上述方法，利用其中一个数据库备份其他 3 个数据库并恢复。

评 估

活动任务三的具体评估内容如表 4.3 所示。

表 4.3 活动任务三评估表

活动任务三评估细则		自 评	教 师 评
1	了解几种常见存储备份系统方式		
2	了解数据备份与还原技术的概念		
3	会备份数据库 SQL Server 2000		
4	会恢复数据库 SQL Server 2000		
任务综合评估			

综合活动任务　恢复数据库

任务背景

随着计算机信息系统的高速发展，越来越多的企业开始部署数据库业务系统。一个完全依靠计算机运作的集团公司，有可能因为数据库系统的崩溃而丢失许多重要的数据，使企业的业务处于瘫痪状态，因而造成严重的后果。为了防止数据库系统出现灾难性事故，对数据库的备份和恢复工作就成为一项重要的管理工作。

任务分析

在实际应用中，不仅需要备份数据库，同时需要备份运行数据库的服务器操作系统以及其他必需的组件，例如IIS服务等。这样，即使发生灾难的情况，也可以在短时间内恢复数据库系统。数据库备份是一项重要的系统管理工作，同时也包括系统数据库的内容。执行数据库备份操作的时候，允许终端用户对数据库继续进行操作，不耽误业务的正常运行。对于网络管理员来说，数据库恢复是一项十分重要而且必须掌握的工作。数据库备份是一项重要的日常管理工作，它是为了可能出现故障的数据库保障安全恢复而进行的基础性工作。在一定意义上说，没有数据库的备份，就没有数据库的恢复。但是和数据库备份相比，数据库恢复的工作显得更为重要和艰巨。下面以在SQL Server 2005数据库系统中恢复用户业务数据库为例，介绍数据库的恢复方法。

任务实施

具体操作步骤如下。

(1) 执行“开始”→“所有程序”→Microsoft SQL Server 2005→Microsoft SQL Server Management Studio命令，启动Microsoft SQL Server 2005数据库管理控制台。

(2) 在对象资源管理器中，选择ISA2004TEST(SQL Server 9.0.1399)→“数据库”命令，右击“数据库”名称，在弹出的快捷菜单中选择“还原数据库”命令，如图4.33所示。

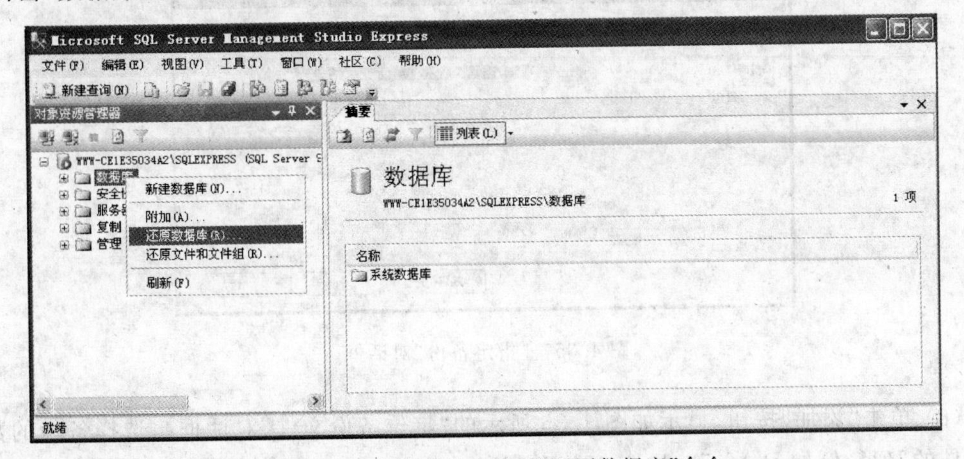

图4.33　在快捷菜单中选择“还原数据库”命令

(3) 显示如图 4.34 所示的"还原数据库"对话框。

还原数据库 -
选择页
常规
选项
脚本 · 帮助
还原的目标
为还原操作选择现有数据库的名称或键入新数据库名称。
目标数据库(O):
目标时间点(T): 最近状态
还原的源
指定用于还原的备份集的源和位置。
源数据库(R):
源设备(D):
选择用于还原的备份集(E):
还原 名称 组件 类型 服务器 数据库 位置 第一个 LSN 最后一个 LSN 检查点 LSN 完整 LSN 开始日期
连接
服务器:
WWW-CE1E35034A2\SQLEXPRESS
连接:
WWW-CE1E35034A2\Administrator
查看连接属性
进度
就绪
确定 取消

图 4.34 "还原数据库"对话框

(4) 设置还原参数。

在"还原的目标"选项区域中,设置恢复参数如下。

• 目标数据库:Fx73。

• 目标时间点:默认选项为"最近的状态"。因为备份的数据库文件模式使用的是"完整"备份,因此使用默认选项即可。

在"还原的源"选项区域中,设置恢复参数如下。

指定用于还原备份集的源和位置:选中"源设备"单选按钮。

(5) 单击"…"按钮,显示如图 4.35 所示的"指定备份"对话框。

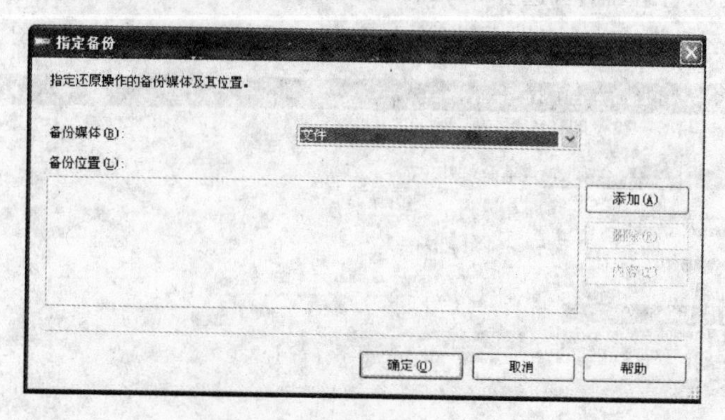

图 4.35 "指定备份"对话框

(6) 单击"添加"按钮,显示如图 4.36 所示的"定位备份文件"对话框。选择备份的数据库文件的路径,例如 D:\fx73-db-200702260200.bak。

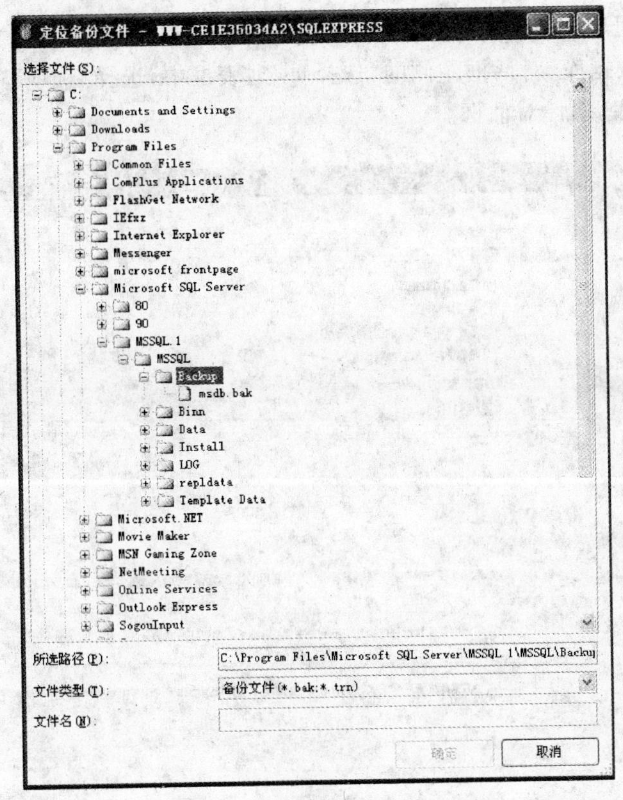

图 4.36　“定位备份文件”对话框

(7) 连续两次单击“确定”按钮，返回“还原数据库”对话框，设置完成的还原参数如图 4.37 所示。

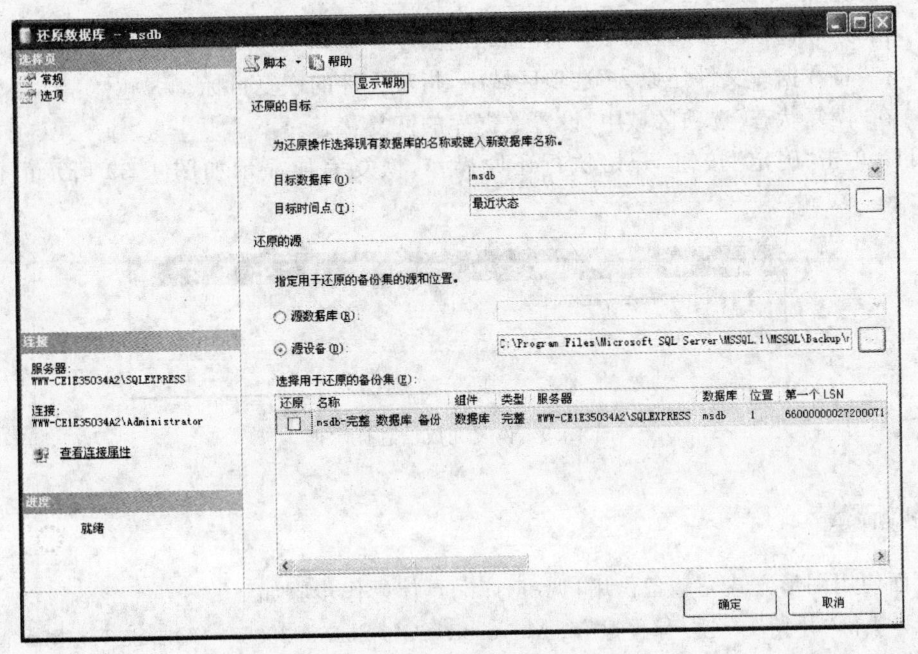

图 4.37　“还原数据库”对话框(一)

(8) 在“选择用于还原的备份集”选项区域中,选择需要还原的备份文件。

(9) 在“还原数据库”对话框左侧的“选择页”列表框中,选择“选项”选项,显示如图 4.38 所示的“还原数据库”属性对话框。

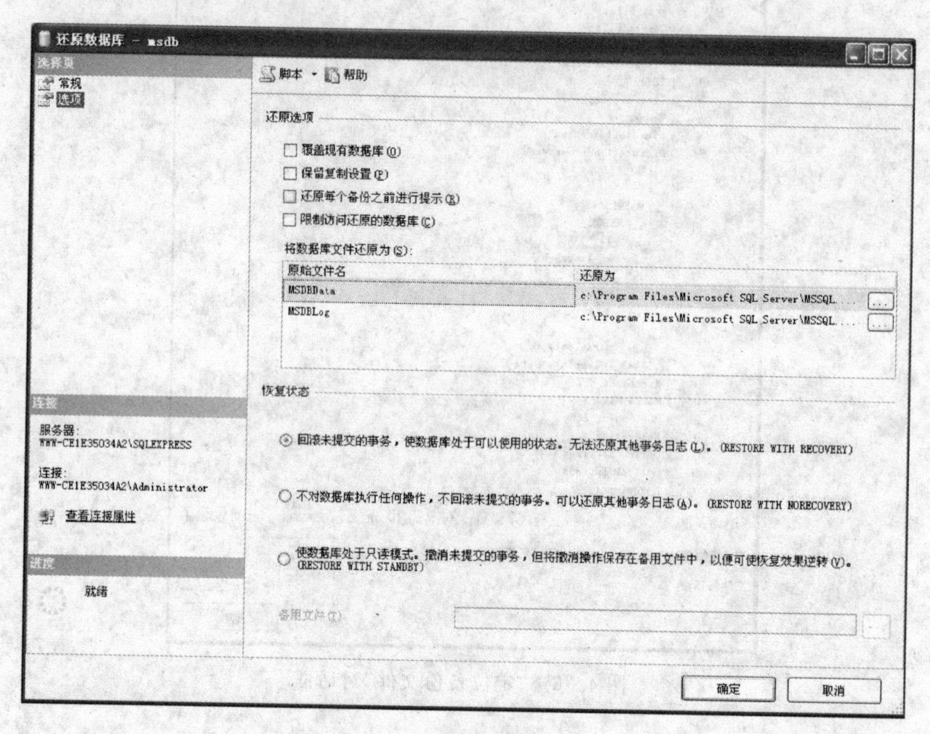

图 4.38 “还原数据库”对话框(二)

(10) 设置还原参数。

- 在“还原选项”选项区域中,选择还原的选项。
- 在“将数据库文件还原为”选项区域中,指定文件的恢复目标。
- 在“恢复状态”选项区域中,设置数据库的恢复状态。

(11) 单击“确定”按钮,开始执行还原操作,恢复完成显示如图 4.39 所示的信息提示框。

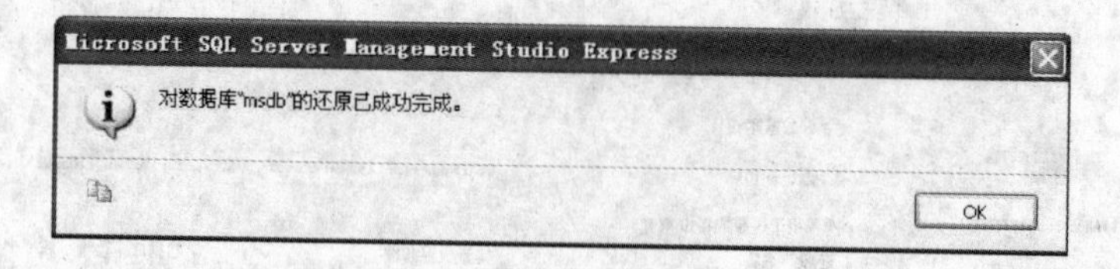

图 4.39 恢复完成信息提示框

自主创新

下面使用图形方式完整备份用户数据库。具体操作步骤如下。

(1) 执行“开始”→“所有程序”→Microsoft SQL Server 2005→SQL Server Management Studio 命令,启动 Microsoft SQL Server 2005 数据库管理控制台。

(2) 在对象资源管理器中,选择 ISA2004TEST(SQL Server 9.0.1399)→"数据库"→lxs 命令,右击 fx73 数据库,在弹出的快捷菜单中选择"备份"命令。

(3) 打开"备份数据库-lxs"对话框。

(4) 设置备份参数。

① 在"源"选项区域中,设置备份参数如下。

- 数据库名称:lxs。
- 备份类型:完整。
- 备份组件:数据库。

② 在"备份集"选项区域中,设置备份参数如下。

- 名称:设置备份集的名称,向导自定义完成名称的输入,例如"lxs-完成数据库备份"。
- 备份集过期时间:如果设置参数为 0,代表永不过期。

③ 在"目标"选项区域中,设置备份参数如下。

备份到:磁盘。如果服务器上以磁带机为目标备份位置,则"磁带机"选项可选。

(5) 单击"添加"按钮,打开"选择备份目标"对话框。在"文件名"文本框中,输入数据库备份文件存放的目标文件夹的名称。

(6) 单击"…"按钮,打开"定位数据库文件"对话框。

- 所选路径:D:\。
- 文件类型:备份文件(*.bak *.trn)。
- 文件名:lxs_db_200702260200.bak。

(7) 单击两次"确定"按钮,返回"备份数据库-lxs"对话框。

(8) 单击"确定"按钮,执行数据库备份过程。

(9) 数据库备份完成。

评　估

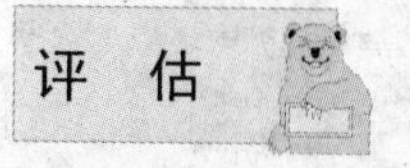

根据学习情况,完成如表 4.4 所示的评估表。

表 4.4　综合任务评估表

项　目	标准描述	评定分值						得分
基本要求 60 分	了解数据库的备份内容	10	8	6	4	2	0	
	会备份数据库	10	8	6	4	2	0	
	会恢复数据库	10	8	6	4	2	0	
	会用图形方式备份并恢复数据库	10	8	6	4	2	0	
	熟悉备份参数的对话框	10	8	6	4	2	0	
	掌握恢复参数的设置方法	10	8	6	4	2	0	
特色 30 分	能备份各种数据	20	16	12	8	2	0	
	能简单排除数据库引发的服务器故障	10	8	6	4	2	0	
合作 10 分	能与其他同学合作、沟通,共同完成任务	10	8	6	4	2	0	
主观评价							总分	

项目评估

项目四的具体评估内容如表 4.5 所示。

表 4.5　项目四评估表

项　目	标准描述	评定分值						得分
基本要求 60 分	了解数据备份的意义	10	8	6	4	2	0	
	了解数据备份方式与途径	10	8	6	4	2	0	
	安装并使用 Network File Monitor Pro 软件	10	8	6	4	2	0	
	了解常见的数据备份设备	10	8	6	4	2	0	
	在 Adaptec 磁盘阵列控制器上创建 RAID 的容器	10	8	6	4	2	0	
	会备份并恢复数据库 SQL Server 2005	10	8	6	4	2	0	
特色 30 分	会用图形方式备份并恢复数据库	20	16	12	8	2	0	
	能简单排除数据库引发的服务器故障	10	8	6	4	2	0	
合作 10 分	能与其他同学合作、沟通，共同完成任务	10	8	6	4	2	0	
主观评价							总分	
项目综合评价							总分	

项目五

监控服务器

活动任务一　管理和分析日志

任务背景

日志对于系统安全的作用是显而易见的，无论是网络管理员还是黑客都非常重视日志，一个有经验的管理员往往能够迅速通过日志了解系统的安全性能；而一个聪明的黑客往往会在入侵成功后迅速清除对自己不利的日志。下面就来讨论一下日志的安全和创建问题。

任务分析

Windows 2000 的系统日志文件有应用程序日志、安全日志、系统日志、DNS 服务器日志等，应用程序日志、安全日志、系统日志、DNS 日志默认保存位置为%systemroot%\system32\config，默认文件大小为 512KB。

- 安全日志文件：%systemroot%\system32\config\SecEvent.Evt。
- 系统日志文件：%systemroot%\system32\config\SysEvent.Evt。
- 应用程序日志文件：%systemroot%\system32\config\AppEvent.Evt。

这些 LOG 文件在注册表中的位置如下。

```
HKEY_LOCAL_MACHINE\SYSTEM\CurrentControlSet\Services\Eventlog
```

有的管理员很可能将这些日志重定位，其中 Eventlog 文件下面有很多子表，在这里可查到以上日志的定位目录，如图 5.1 所示。

任务实施

1. 日志的安全配置

默认条件下，日志的大小为 512KB，如果超出此大小则会报错，并且不会再记录任何日

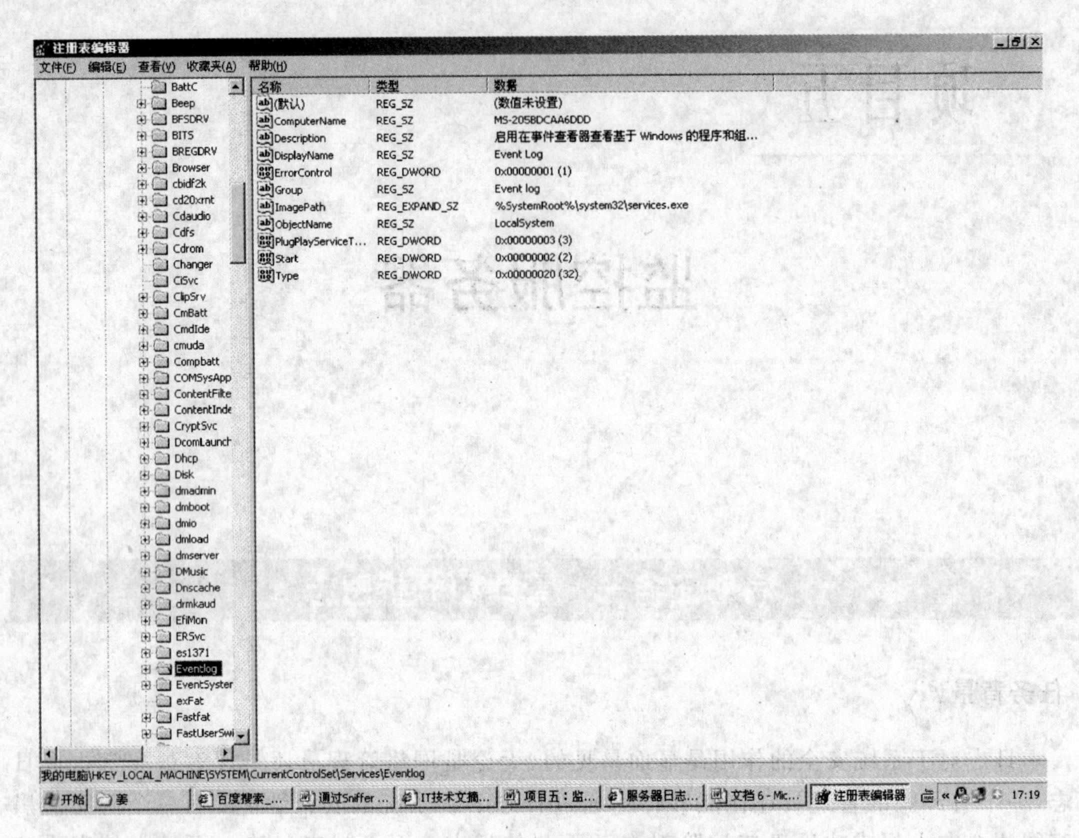

图 5.1 日志的定位目录

志。所以首要任务是更改默认大小。注册表中 HKEY_LOCAL_MACHINE\SYSTEM\CurrentControlSet\Services\Eventlog 对应的每个日志,如系统、安全、应用程序等均有一个 MaxSize 子键,修改此数值即可。

下面给出一个来自微软站点的脚本,利用 WMI 来设定日志最大为 25MB,并允许自行覆盖 14 天前的日志。

该脚本利用的是 WMI 对象,WMI(Windows Management Instrumentation)技术是微软提供的 Windows 下的系统管理工具,通过该工具可以管理本地或者客户端系统中几乎所有的信息。很多专业的网络管理工具都是基于 WMI 开发的。该工具在 Windows 2000 以及 Windows NT 系统下是标准工具,在 Windows 9x 下是扩展安装选项,所以以下的代码在 Windows 2000 以上的系统中均可运行成功,如图 5.2 所示。

将上述脚本用记事本保存为以 vbs 为后缀的文件即可使用。

另外需要说明的是,代码中的 strComputer".",在 Windows 脚本中的含义相当于 localhost,如果要在远程主机上执行代码,只需要把"."改为主机名(当然首先得拥有对方主机的管理员权限并建立 IPC 连接),本代码中所出现的 strComputer 均可作如此改动。

2. 日志的查询与备份

一个优秀的网络管理员应该养成备份日志的习惯,如果有条件的话,还应该把日志转存到备份机器上或直接转储到打印机上,在这里推荐使用微软 Resource Kit 工具箱中的 dumpel. exe,它的语法格式如下。

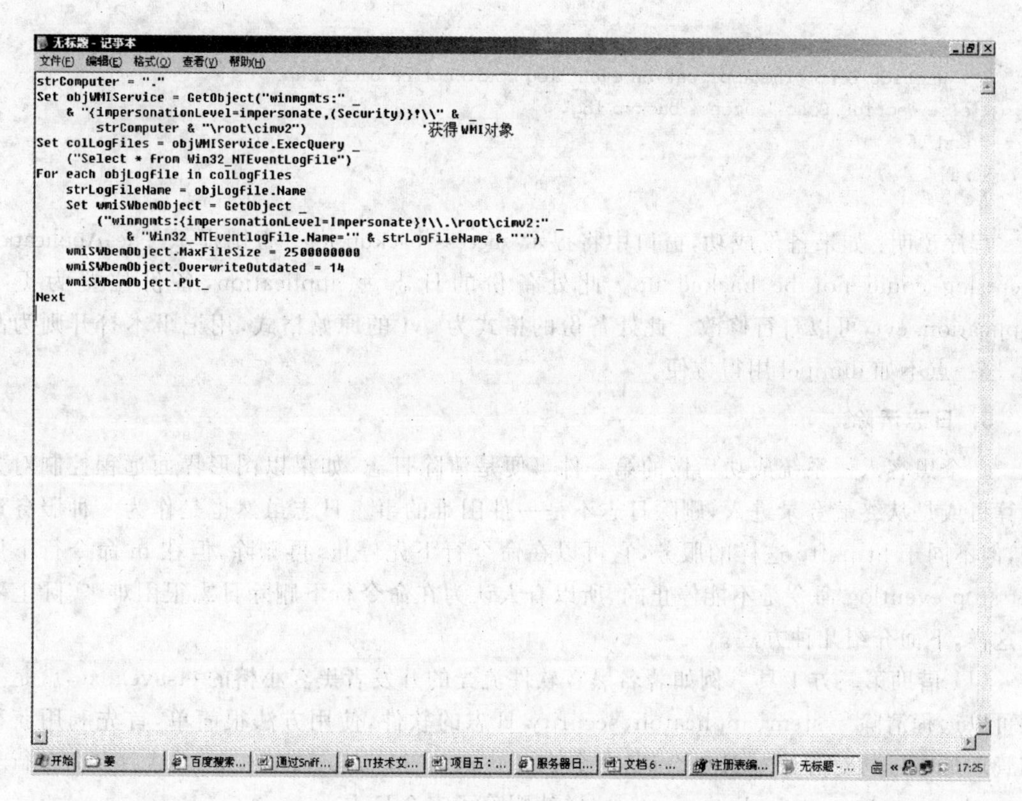

图 5.2　日志代码

```
dumpel -f filename - s \\server - l log
- f filename: 输出日志的位置和文件名.
- s \\server: 输出远程计算机日志.
- l log: log 可选的选项为 system、security、application,也可能选择 DNS 等.
```

如果要把目标服务器上的系统日志转存为 backupsystem.log,可以用以下格式。

```
dumpel \\server - l system - f backupsystem.log
```

再利用计划任务可实现定期备份系统日志。

另外利用脚本编程的 WMI 对象也可以轻松实现日志备份。下面给出备份 application 日志的代码。

```
backuplog.vbs
strComputer = "."
Set objWMIService = GetObject("winmgmts:" _
    &"{impersonationLevel = impersonate,(Backup)}!\\"& _
    strComputer & "\root\cimv2")                '获得 WMI 对象
Set colLogFiles = objWMIService.ExecQuery _
  ("Select * from Win32_NTEventLogFile where LogFileName = 'Application'")'获取日志对象中的
应用程序日志
For Each objLogfile in colLogFiles
  errBackupLog = objLogFile.BackupEventLog("f:\application.evt")'将日志备份为 F:\application.evt
```

```
  If errBackupLog <> 0 Then
    Wscript.Echo "The Application event log could not be backed up."
  else Wscript.Echo "success backup log"
  End If
Next
```

程序说明：如果备份成功，窗口中将提示 success backup log；否则提示 The Application event log could not be backed up。此处备份的日志为 application，备份位置为 F:\application.evt，可以自行修改。此处备份的格式为 evt 的原始格式，用记事本打开则为乱码，这一点不如 dumpel 用得方便。

3. 日志清除

一个黑客入侵系统成功后做的第一件事便是清除日志，如果以图形界面远程控制对方计算机或是从终端登录进入，删除日志不是一件困难的事。日志虽然也是作为一种服务运行，但不同于 http、ftp 这样的服务，它可以在命令行下先停止，再删除，但在 m 命令行下用 net stop eventlog 命令是不能停止的，所以有人认为在命令行下删除日志很困难，实际上不是这样，下面介绍几种方法。

(1) 借助第三方工具。例如著名黑客软件流光的开发者黑客小榕的 elsave.exe，就是一款可以远程清除 system、applicaton、security 日志的软件，使用方法很简单，首先利用获得的管理员账号与对方建立 IPC 会话，命令为 net use \\ip pass /user：user，然后在命令行下输入 elsave -s \\ip -l application -C，这样就删除了安全日志。

其实利用这个软件还可以进行日志备份，只要加一个参数 -f filename 就可以了，在此不再详述。

(2) 利用脚本编程中的 WMI，也可以删除日志。首先获得 object 对象，然后利用 ClearEventLog() 方法删除日志。源代码如下。

```
cleanevent.vbs
strComputer = "."
Set objWMIService = GetObject("winmgmts:"_
    &"{impersonationLevel = impersonate,(Backup)}!\\" & _
        strComputer &"\root\cimv2")
dim mylogs(3)
mylogs(1) = "application"
mylogs(2) = "system"
mylogs(3) = "security"
for Each logs in mylogs
Set colLogFiles = objWMIService.ExecQuery _
    ("Select * from Win32_NTEventLogFile where LogFileName = '"&logs&"'")
For Each objLogfile in colLogFiles
        objLogFile.ClearEventLog()
Next
```

在上面的代码中，建立一个数组，数组元素为 application、security、system，如果还有其他日志也可以加入数组。然后用一个 for 循环，删除数组中的每一个元素，即各个日志。

4. 创建日志

任何一个有头脑的管理员面对空空的日志，马上就会反应过来，系统被入侵了，所以删除日志后，一个聪明的黑客要学会如何伪造日志。

(1) 利用脚本编程中的 eventlog 方法使创建日志变得非常简单，下面看一个代码。

```
createlog.vbs
set ws = wscript.createobject("Wscript.shell")
ws.logevent 0 ,"write log success"      '创建一个成功执行的日志
```

这个代码很容易阅读，首先获得 wscript 的一个 shell 对象，然后利用 shell 对象的 logevent 方法。

```
logevent 的用法: logevent eventtype,"description"[,remote system]
```

eventtype 为日志类型，可以使用的类型为：0，代表成功执行；1，执行出错；2，警告；4，信息；8，成功审计；16，故障审计。

所以在上面的代码中，把 0 改为 1、2、4、8、16 均可，引号下的内容为日志描述。

用这种方法写的日志有一个缺点，只能写到应用程序日志，而且日志来源只能为 wsh，即 windows scripting host，所以不能起太大的隐蔽作用。

(2) 微软为了方便系统管理员和程序员，在 Windows XP 系统下有个新的命令行工具 eventcreate.exe，利用它创建日志更加简单。命令格式如下。

```
eventcreate -s server -l logname -u username -p password -so source -t eventtype -id id
  -d description
```

各参数含义如下。

-s：远程主机创建日志。

-l：日志，可以创建 system 和 application 日志，不能创建 security 日志。

-u：远程主机的用户名。

-p：远程主机的用户密码。

-so：日志来源，可以是任何日志。

-t：日志类型，例如 information(信息)、error(错误)、warning (警告)。

-id：自主日志为 1～1000 之内。

-d：日志描述，可以是任意语句。

例如，如果要在本地创建一个系统日志，日志来源为 administrator，日志类型是警告，描述为 this is a test，事件 ID 为 500，可以设置如下参数。

```
eventcreate -l system -so administrator -t warning -d "this is a test" -id 500
```

这个工具不能创建安全日志，至于如何创建安全日志，希望学生能够找到一个好方法。

评　估

活动任务一的具体评估内容如表 5.1 所示。

表 5.1　活动任务一评估表

活动任务一评估细则		自　评	教　师　评
1	了解日志的安全配置方法		
2	会进行日志的查询与备份		
3	会进行日志清除		
任务综合评估			

活动任务二　测试网络状态

任务背景

当网络不通或传输不稳定时，大多数人首先想到的就是使用 Ping 命令进行测试。Ping 命令内置于 Windows 系统的 TCP/IP 协议中，无须安装，使用简单但功能强大。Ping 命令使用 ICMP 协议简单地发送一个数据包并请求应答，接收请求的目的主机再次使用 ICMP 协议发回同所接收的数据一样的数据，于是 Ping 命令便可对每个数据包的发送和接收报告往返时间，并报告无响应包的百分比，这在确定网络是否正确连接，以及网络连接的状况（包丢失率）时十分有用。

任务分析

Ping 命令的应用非常广泛，不仅可以测试与其他计算机的连通性，还可以用来测试网卡是否安装正确，或者通过主机名查看 IP 地址，通过网站域名查看 IP 地址等。通常情况下可以通过如下 3 种命令测试与对方计算机的连通性。

- ping　IP 地址
- ping　计算机名
- ping　域名

任务实施

1. Ping 命令测试方法

1）ping　IP 地址

这是局域网中最常用的操作，主要用来检测是否可以与对方计算机连通，对方计算机是否正在线等。

例如，现在来测试与一个 IP 地址为 172.23.17.55 的计算机是否能够连通。选择“开始”→“运行”命令，进入“运行”对话框，在“打开”文本框中输入 cmd，如图 5.3 所示。

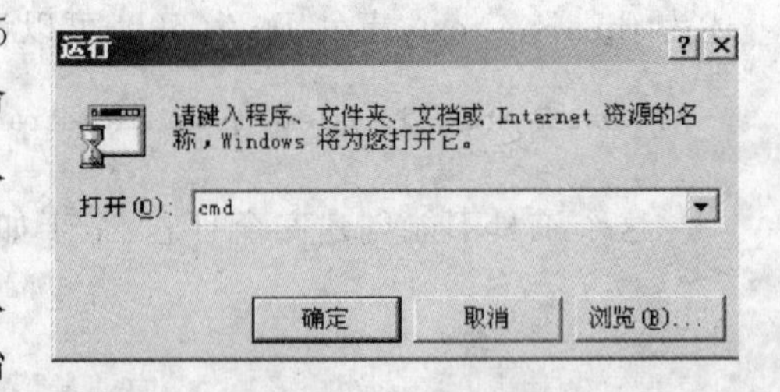

图 5.3　“运行”对话框

单击“确定”按钮进入命令提示符状态，输入 ping 172.23.17.55，按 Enter 键，Ping 命令便开始测试，如果有返回值的话，说明对方计算机当前在线，并且可以与该计算机连通。通过 time（使用时间）和 TTL（生存时间）值，还可以了解网络的大致性能。time 值越大，说明使用时间越长；TTL 值越小，则说明网络延时越大，并且有丢包现象，如图 5.4 所示。

```
C:\WINNT\system32\cmd.exe
Microsoft Windows 2000 [Version 5.00.2195]
(C) 版权所有 1985-2000 Microsoft Corp.

C:\Documents and Settings\Administrator>ping 172.23.17.55

Pinging 172.23.17.55 with 32 bytes of data:

Reply from 172.23.17.55: bytes=32 time<10ms TTL=128
Reply from 172.23.17.55: bytes=32 time<10ms TTL=128
Reply from 172.23.17.55: bytes=32 time<10ms TTL=128
Reply from 172.23.17.55: bytes=32 time<10ms TTL=128

Ping statistics for 172.23.17.55:
    Packets: Sent = 4, Received = 4, Lost = 0 (0% loss),
Approximate round trip times in milli-seconds:
    Minimum = 0ms, Maximum =  0ms, Average =  0ms

C:\Documents and Settings\Administrator>
```

图 5.4　Ping 命令测试连通

如果在使用 Ping 命令时，返回 Request time out 或 Destination host unreachable 的信息，则说明不能与该 IP 连通，有可能是对方计算机设置了不返回 ICMP 包，或者与对方计算机的网络不通，或该计算机根本不在线，如图 5.5 所示。

```
C:\WINNT\system32\cmd.exe
Microsoft Windows 2000 [Version 5.00.2195]
(C) 版权所有 1985-2000 Microsoft Corp.

C:\Documents and Settings\Administrator>ping 172.23.17.55

Pinging 172.23.17.55 with 32 bytes of data:

Destination host unreachable.
Destination host unreachable.
Destination host unreachable.
Destination host unreachable.

Ping statistics for 172.23.17.55:
    Packets: Sent = 4, Received = 0, Lost = 4 (100% loss),
Approximate round trip times in milli-seconds:
    Minimum = 0ms, Maximum =  0ms, Average =  0ms

C:\Documents and Settings\Administrator>
```

图 5.5　Ping 命令测试不连通

2）ping　计算机名

如果只知道对方的完整计算机名，可以用 Ping 命令测试与对方的连通性，同时还可以得到对方计算机的 IP 地址信息，命令格式为：ping 计算机名。

例如，现在只知道局域网中一台主机名为 wjz-wang 的计算机，用 Ping 命令测试，如果返回 time 和 TTL 值，说明与该计算机的连接正常如图 5.6 所示；而在 Ping 一个主机名为 hjx 的地址时，提示 Ping request could not find host til. Please check the name and try again.，说明找不到该计算机或网络中无此 IP 地址，或无法与该计算机连通。

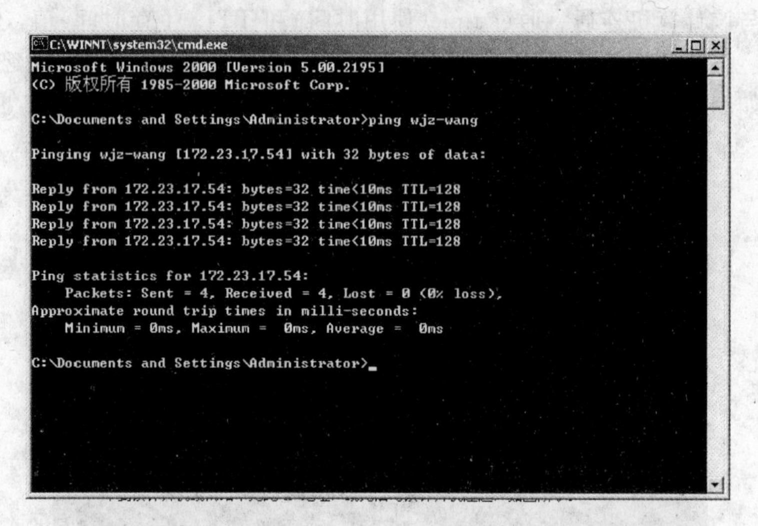

图 5.6　Ping 命令测试连通

3) ping　域名

当浏览网页时,经常会遇到网页不能正常打开的情况,此时就可以使用 Ping 命令检查本地计算机与 Internet 的连通性,同时也可以得到该网站的 IP 地址。

例如,现在要测试一下本机与网易(www. 163. com)的连通性,可在命令提示符中运行命令:ping www. 163. com,按 Enter 键,在命令提示符中就会返回测试信息,首先会返回该网站的主机头名为 www. cache. gslb. netease. com,IP 地址为 61. 135. 253. 12,然后返回与该网站的连通信息,如图 5.7 所示。

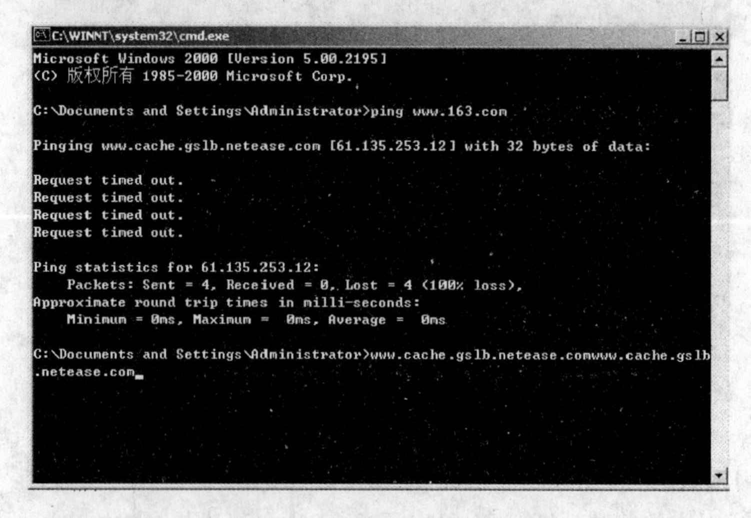

图 5.7　Ping 命令网站连通信息

2. Ping 命令的使用

网络中可能出现的故障是多种多样的,但是排除故障就要按部就班地检查,认真检查每一个可能出错的环节,例如本地网卡、网络协议、本地网络电费,以及到远程计算机的连接等,这些工作都可以由 Ping 命令完成。

1）测试网卡

如果计算机不能与其他计算机或 Internet 正常连接，首先就要检查本地网卡是否正常。网卡虽属非易损性硬件，但是有可能由于软件冲突造成不能正常工作，例如，驱动程序安装不正常、没有安装必需的通信协议等，可使用“ping 本地 IP 地址”或者 ping 127.0.0.1 进行测试。通过该测试，可以得到以下信息。

（1）是否正确安装了网卡。

如果测试成功，说明网卡没有问题；如果测试不成功，说明该网卡驱动程序或 TCP/IP 协议没有正常安装。通过控制面板打开“设备管理器”窗口，在“网络适配器”列表中查看网卡是否带有一个黄色的“!”。如果有，就需要重新安装驱动程序。

提示技巧	127.0.0.1 是本地网卡的默认 IP 地址，无论网卡中是否分配了 IP 地址，该地址都会存在，且仅在本地计算机中有效，在网络中无效。

（2）是否正确安装了 TCP/IP 协议。

如果测试成功，说明网卡 TCP/IP 协议没有问题；如果不成功，并且网卡驱动程序安装正常，则应从控制面板中打开“本地连接属性”对话框，查看是否安装了 TCP/IP 协议。如果没有安装，安装 TCP/IP 协议并正确配置后，重新启动计算机并再次测试。

（3）是否正确配置了 IP 地址和子网掩码。

如果使用 ping 127.0.0.1 命令成功，但使用“ping 本地 IP 地址”命令不成功，说明没有正确配置 IP 地址。应在“控制面板”窗口中打开“本地连接属性”对话框，检查 IP 地址和子网掩码是否设置正确，并进行正确配置。

2）测试局域网连接

通过 Ping 局域网内其他计算机或服务器的计算机名或 IP 地址，可测试同一网络（或 VLAN）的连接是否正常。

（1）检测 IP 地址和子网掩码设置是否正确。

如果局域网内的计算机 Ping 命令测试不连通，应在“控制面板”窗口中打开“网络连接属性”对话框，检查 IP 地址和子网掩码是否设置正确。如果设置不正确，应重新设置后再进行测试。

（2）确认网络连接是否正常。

如果 IP 地址和子网掩码设置成功，但 Ping 命令测试仍不连通，应当对网络设备和通信介质逐段测试、检查和排除。

3）测试与远程主机的连接

通过 Ping 命令可测试与远程主机的连接是否正常，尤其是与 Internet 的连接。该测试可通过 Ping 远程主机的 IP 地址或域名，判断网络中的故障。

（1）确认是否能连接 Internet。

如果计算机不能浏览网页，可以 Ping 网站域名。如果 Ping 命令测试连通，说明计算机与 Internet 连接正常，请检查本地 DNS 服务或系统故障；如果 Ping 命令测试不连通，可能是对方网站没有运行，或本地计算机根本不能连接 Internet，请检查本地网关或服务器故障。

（2）确认 DNS 服务器设置是否正确。

如果使用 Ping 命令测试可以连接 Internet 上的 IP 地址，但打不开网页，则可能是 DNS

服务器设置有问题，通过 Ping 本地 DNS 服务器看是否正常连接，并在网络属性中检查 DNS 服务器设置。

(3) 确认本地 Internet 连接是否正常。

如果与任何一个主机的连接都超时，或丢包率非常高，则应当与 ISP 共同检查 Internet 连接，包括线路、Modem 和路由器等多方面的设置。

评　估

活动任务二的具体评估内容如表 5.2 所示。

表 5.2　活动任务二评估表

活动任务二评估细则		自　评	教　师　评
1	会测试网卡		
2	会测试局域网连接		
3	会测试与远程主机的连接		
任务综合评估			

活动任务三　使用 Sniffer 工具进行 TCP/IP、ICMP 数据包分析

任务背景

当一个网络出现故障时，就需要由网络管理员查找故障并及时进行修复。但局域网一般都有几十台到几百台计算机，以及多个服务器、交换机、路由器等设备，管理员需要检查这些设备，检查各个端口的连接等，检查是否黑客或者木马所为，工作量非常大，而且排除故障也非常麻烦。有了 Sniffer Pro 工具，就可以很容易地找出问题所在。Sinffer Pro 是美国 Network Associates 公司生产的一款网络分析软件，可用于网络故障与性能管理，在局域网领域应用非常广泛，占到网络分析软件市场的 76%。

任务分析

Sniffer Pro 是一款很好的网络分析程序，允许管理员逐个查看数据包通过网络的实际数据，从而了解网络的实际运行情况。它具有以下特点。

(1) 可以解码至少 450 种协议。除了 IP、IPX 和其他一些标准协议外，Sniffer Pro 还可以解码分析很多由厂商自己开发或者使用的专门协议，例如思科 VLAN 中继协议(ISL)。

(2) 支持主要的局域网(LAN)、城域网(WAN)等网络技术(包括高速与超高速以太网、令牌环、802.11b 无线网、SONET 传递的数据包、T-1、帧延迟和 ATM 等)。

(3) 提供位和字节水平上过滤数据包的能力。

(4) 提供对网络问题的高级分析和诊断，并推荐应该采取的正确措施。

(5) Switch Expert 可以提供从各种网络交换机查询统计结果的功能。

(6) 网络流量生成器能够以每秒千兆的速度运行。

(7) 可以离线捕获数据，例如捕获帧。因为帧通常都是用 8 位的分界数组来校准，所以 Sniffer Pro 只能以字节为单位捕获数据，但过滤器在位或者字节水平上都可以定义。

使用 Sniffer Pro 捕获数据时，由于网络中传输的数据量特别大，如果安装 Sniffer Pro 的计算机内存太小，会导致系统交换到磁盘，从而使性能下降。如果系统没有足够的物理内存来执行捕获功能，就很容易造成 Sniffer 系统死机或者崩溃。因此，网络中捕获的流量越多，Sniffer 系统就应该运行得更快、功能更强。所以，建议 Sniffer 系统应该有一个速度尽可能快的处理器，以及至少 512MB 的物理内存。

任务实施

1. Sniffer Pro 计算机的连接

要使 Sniffer Pro 能够正常捕获到网络中的数据，确定 Sniffer Pro 的连接位置非常重要，必须将它安装在网络中合适的位置，才能捕获到内、外部网络之间数据的传输。如果随意安装在网络中的任何一个地址段，Sniffer Pro 就不能正确抓取数据，而且有可能丢失重要的通信内容。一般来说，Sniffer Pro 应该安装在内部网络与外部网络通信的中间位置，例如代理服务器上，也可以安装在笔记本电脑上。当某个网段出现问题时，直接带着该笔记本电脑连接到交换机或者路由器上，就可以检测到网络故障，非常方便。

1）监控 Internet 连接共享

如果网络中使用代理服务器，局域网借助代理服务器实现 Internet 连接共享，并且当交换机为傻瓜交换机时，可以直接将 Sniffer Pro 安装在代理服务器上，这样，Sniffer Pro 就可以非常方便地捕获局域网和 Internet 之间传输的数据。

如果核心交换机为智能交换机，那么最好的方式是采用端口映射的方式，将局域网出口（连接代理服务器或者路由器的端口）映射为另外一个端口，并将 Sniffer Pro 计算机连接至该映射端口。例如，在交换机上，与外部网络连接的端口设为 A，连接笔记本电脑的端口设置为 B，将笔记本电脑的网卡与 B 端口连接，然后将 A 和 B 做端口映射，使得 A 端口传输的数据可以从 B 端口监测到，这样，Sniffer Pro 就可以监测整个局域网中的数据了。

2）监控某个 VLAN 或者端口

当要监控某个 VLAN 中的通信时，应将 Sniffer Pro 计算机添加至该 VLAN，使其成为该 VLAN 中的一员，从而监控该 VLAN 中的所有通信。

当要监控某个或者几个端口的通信时，可以采用端口映射的方式，将被监控的端口（或若干端口）映射为 Sniffer Pro 计算机所连接的端口。

2. 设置监控网卡

如果计算机上安装了多个网卡，在首次运行 Sniffer Pro 时，需要选择要监控的网卡，应该选择代理网卡或者连接交换机端口的网卡。当下次运行时，Sniffer Pro 就会自动选择同样的代理。

Sniffer Pro 安装完成以后，从“开始”菜单运行，显示 Settings 对话框，在 Select settings for monitoring 列表框中选择要监控的网卡，单击 OK 按钮，Sniffer Pro 就会监控该网卡中传输的数据，如图 5.8 所示。如果以后要改变监控设置，可以选择 File 菜单中的 Select Settings 选项，同样会出现该对话框，用来改变要监控的网卡。

如果在 Settings 对话框中没有显示要监控的网卡，可以将其他网卡添加到该列表框中。单击 New 按钮，显示如图 5.9 所示的 New Settings 对话框，可以设置新添加的网卡。

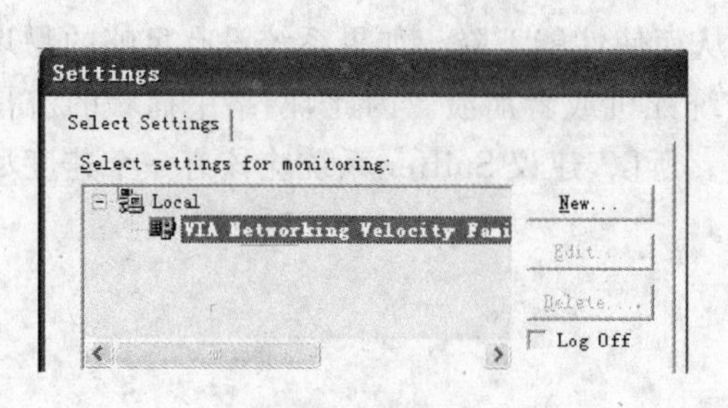

图 5.8　选择网卡

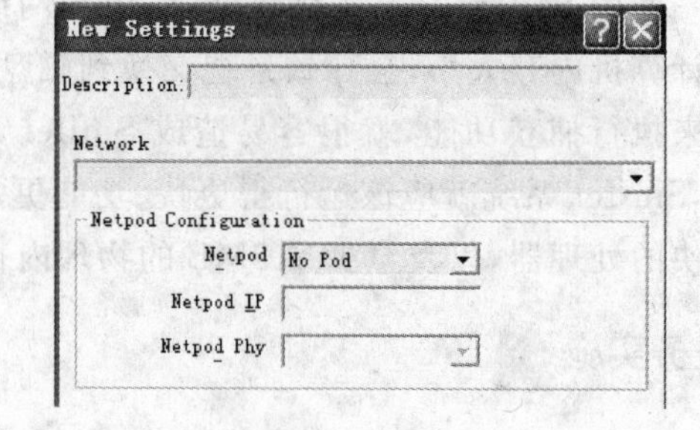

图 5.9　添加新网卡

Description：为该网卡设置一个名称，可以是关于该网卡的描述。

Network：该下拉列表中列出了本地计算机上的所有网卡，可以选择要使用的网卡。

Netpod Configuration：在这里可以设置高速以太网 Pod，为了使以太网可以以全双工模式工作，在 Netpod 下拉列表中选择 Full Duplex Pod(全双工 Pod)选项，在 Netpod IP 文本框中输入 Sniffer Pro 系统的网络适配器的 IP 地址再加 1。例如，Sniffer Pro IP 地址为 192.168.1.1，Netpod IP 地址就必须设置为 192.168.1.2。全双工 Pod 要求有静态 IP 地址，所以应该禁用 DHCP。

Copy settings：在该下拉列表中显示了本地计算机中以前定义过的网卡设置，可以选择一种配置，将其复制到该新添加的网卡中。

设置完成以后单击 OK 按钮，添加到 Settings 对话框中，然后就可以选择监控该网卡了。

3. 监控网络状况

Sniffer Pro 的界面并不复杂，通过工具栏和菜单栏就可以完成大部分操作，并在当前窗口中显示出所监测的效果，如图 5.10 所示为 Sniffer Pro 的主窗口。

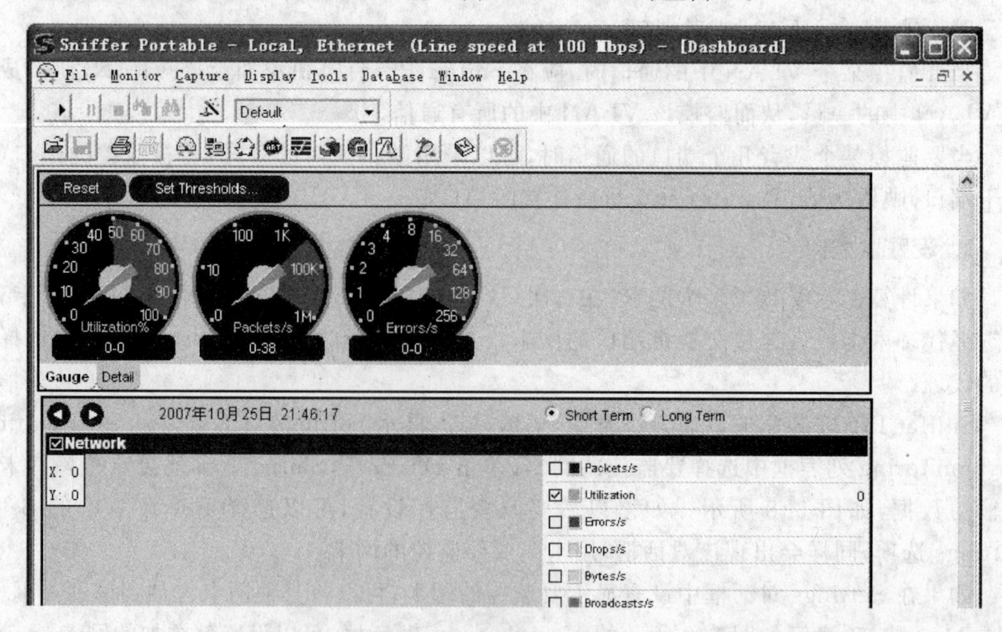

图 5.10　Sniffer Pro 主窗口

在 Sniffer 主窗口中，默认会显示 Dashboard（仪表盘）窗格，共显示了 3 个仪表盘，即 Utilization%、Packets/s、Errors/s，分别用来显示网络利用率、传输的数据包和错误统计。

1）Utilization%（利用率百分比）

用传输量与端口能处理的最大带宽值的比值来表示线路使用带宽的百分比。表盘的红色区域表示警戒值，表盘下方有两个数字，第一个数字代表当前利用率百分比；第二个是最大的利用率百分比数值。监控网络利用率是网络分析中很重要的部分，但是，网络数据流通常都是突发型的，一个几秒钟内爆发的数据流和能在长时间保持活性数据流的重要性是不同的。表示网络利用率的理想方法要因网络不同而改变，而且很大程度上要取决于网络的拓扑结构。在以太网端口，利用率达到 40%，效率可能已经很高了，但是在全双工可转换端口，80%的利用率才是高效的。

2）Packets/s（每秒传输的数据包）

此仪表盘显示当前数据包的传输速度。同样，红色区域表示警戒值，下方的数字显示当前的数据包传输速度及其峰值。根据数据包速率可以得出网络上流量类型的一些重要信息。例如，如果网络利用率很高，而数据包传输速度相对较低，则说明网络上的帧比较大；而如果网络利用率很高，数据包传输速率也很高，说明帧比较小。通过查看规模分布的统计结果，可以更详细地了解帧的大小。

3）Errors/s（每秒产生的错误）

该表盘可显示当前出错率和最大出错率。不过，并非所有的错误都产生故障。例如，以太网中经常会发生冲突，并不一定会对网络造成影响，但过多的冲突就会带来问题。

如果要重新设定仪表盘的值，可以单击“仪表盘”窗格上方的 Reset（重置）按钮。

在“仪表盘”窗格中，单击 Detail（详细）按钮，显示如图 5.11 所示的窗口，它以表格的形式显示了关于利用率、数据包传输速度和出错率的详细统计结果。在该窗口下方的 Network 列表中，可以选择要显示的内容，例如 Packets/s（数据包/秒），每秒出现的数据包的总数；Utilization（利用率），网络利用率，这是 Sniffer Pro 中最常用的功能，可以查看哪一天中哪个时间段利用率最高；Errors/s（错误/秒），每秒出现的整体错误的数目，若设定基

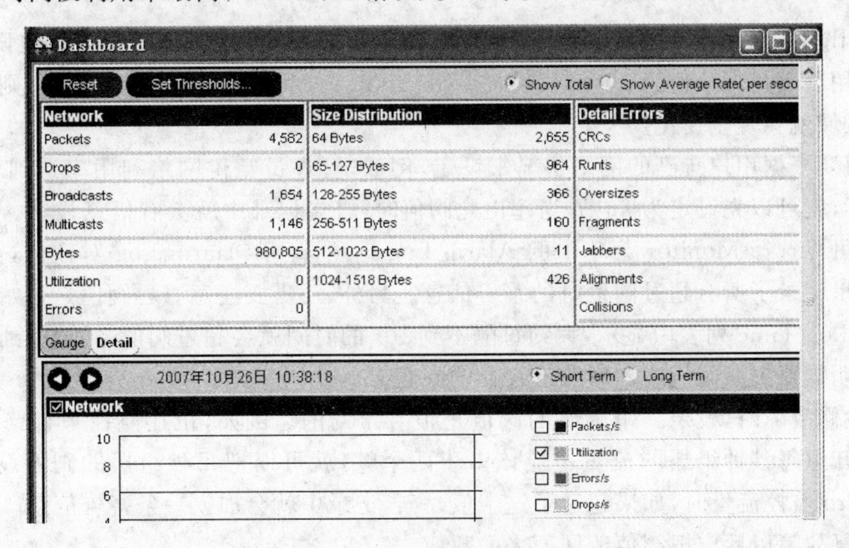

图 5.11　详细信息

准,可以看到一天中哪个时间段遗失的数据包最多;Drops/s(遗失/秒),Sniffer Pro遗失的数据包数目(可能因为系统性能问题而遗失的帧数量。在网络活动高峰期经常会遗失数据包)。这些提示可以消除网络上的一些流量。还有很多方法可以减少流量,但是如果用这些常用的方法,可以减少25%~50%或者更多的流量。至少有20%的网络流量是由广播或者组播造成的,这些流量应该作为问题标出来。

Sniffer Pro的很多网络分析结果都可以设定阀值,若超出阀值,报警记录就会生成一条信息,并在仪表盘上以红色来标记超过设定阀值的范围。另外需要注意的是,要记录下警告信息,并且必须查看系统超过了阀值多少次,以及超出阀值的频率是多少,这些信息可以帮助管理员确定网络是否有问题。

单击仪表盘上的Set Thresholds(设定阀值)按钮,显示如图5.12所示的Dashboard Properties对话框,可查看或者修改这些值。Sniffer Pro预先设定了默认的阀值,通常都是网络流量的平均值。另外,也可以在Sniffer Pro窗口中,选择Tools菜单中的Options选项,打开Options对话框,选择MAC Threshold(MAC阀值)选项卡,同样可以像在Dashboard Properties对话框中一样查看或者修改其他阀值。

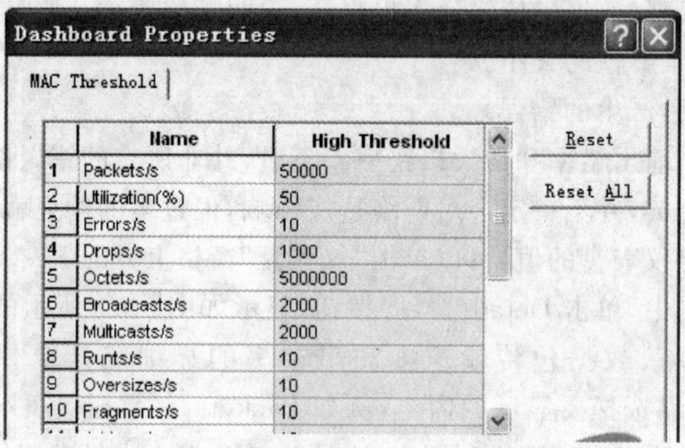

Dashboard Properties

MAC Threshold

	Name	High Threshold
1	Packets/s	50000
2	Utilization(%)	50
3	Errors/s	10
4	Drops/s	1000
5	Octets/s	5000000
6	Broadcasts/s	2000
7	Multicasts/s	2000
8	Runts/s	10
9	Oversizes/s	10
10	Fragments/s	10

Reset
Reset All

图5.12　Dashboard Properties对话框

在High Threshold列表中,可以设置各项阀值。在调整阀值时,仪表盘也随之改变。例如,利用率表盘默认值为50%,如果将Utilization %(利用率)阀值改为30%,则表盘的红色阀值区域就会发生变化。

阀值要根据用户自己的网络状况来设定,例如,管理员觉得网络利用率达到30%就已经很高了,就可以先设定为30%,当超出此阀值时,警告记录中就会有信息显示。要查看警告记录,可以选择Monitor菜单中的Alarm Log选项,显示Alarm Log对话框,如图5.13所示,这里记录了所有超过阀值时的警告信息。另外,还需要注意查看阀值是否始终超过设定值,在Log Time列表中显示,大约每隔不到10s的时间就会超过阀值,并记录到警告记录中,这说明需要提高阀值或者解决已存在的问题。

在检修故障时,设定一个临时的阀值是很有帮助的。例如,正在监控来自路由器的流量,而且知道每秒钟组播的流量不应该多于两个帧,就可以把每秒组播的阀值设为2。当Sniffer Pro监控流量时,如果超过了这个值,警告记录中就会加入一条警告信息。不过要记住,当修复故障以后应把阀值改回原来的数值。

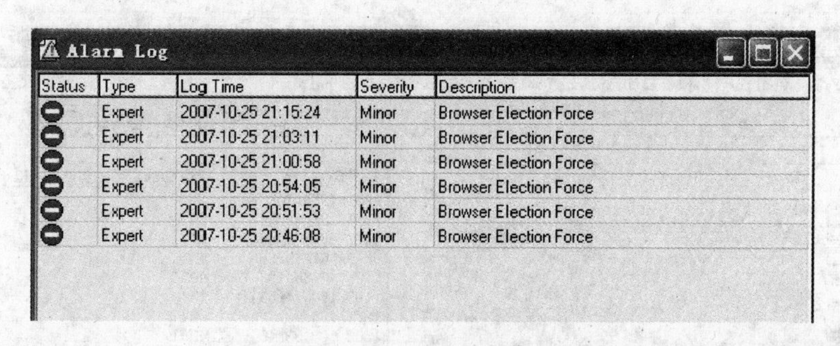

Status	Type	Log Time	Severity	Description
	Expert	2007-10-25 21:15:24	Minor	Browser Election Force
	Expert	2007-10-25 21:03:11	Minor	Browser Election Force
	Expert	2007-10-25 21:00:58	Minor	Browser Election Force
	Expert	2007-10-25 20:54:05	Minor	Browser Election Force
	Expert	2007-10-25 20:51:53	Minor	Browser Election Force
	Expert	2007-10-25 20:46:08	Minor	Browser Election Force

图 5.13　警告日志

4. 查看捕获数据

(1) 通过 Sniffer Pro 监控网络程序进行网络和协议分析，需要先使 Sniffer Pro 捕获网络中的数据。在工具栏上单击 Start 按钮，或者选择 Capture 菜单中的 Start 选项，显示如图 5.14 所示的 Expert 窗口，此时，Sniffer Pro 便开始捕获局域网与外部网络所传输的所有数据。

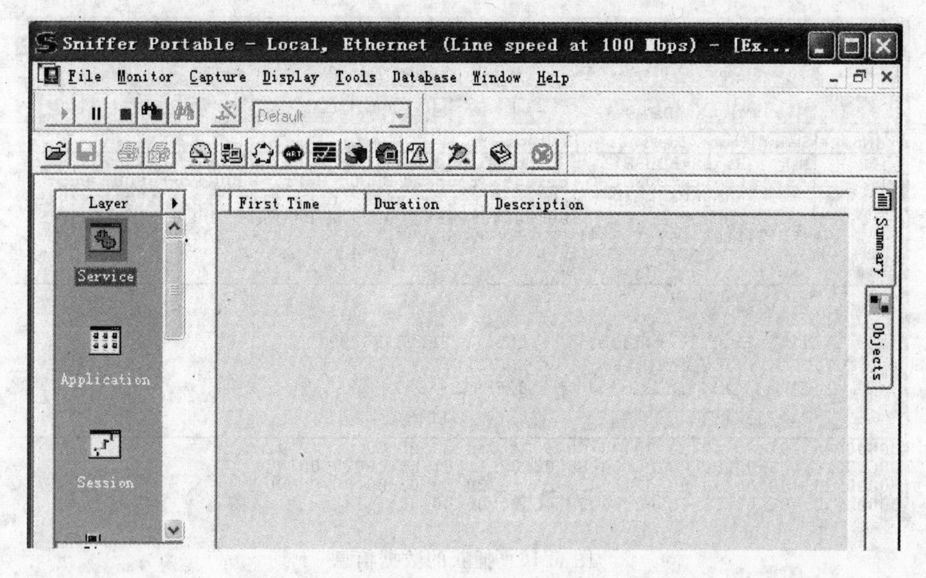

图 5.14　Expert 窗口

(2) 要想查看当前捕获的数据，可单击该窗口左侧 Layer 标签右侧的黑色三角箭头，即可在右侧窗格中显示所捕获数据的详细信息。此时，在窗口下方还有一条横线，将鼠标指针移动到该横线上，当光标变成上下箭头时，向上拖动该横线，就可以看到选择连接的详细信息，如图 5.15 所示。

(3) 当缓冲器中积累了一定流量后，可以停止并查看所捕获的数据。单击主窗口工具栏上的"停止"按钮，或者选择 Capture 菜单中的 Stop 选项，停止捕获数据，再选择 Capture 菜单中的 Display 选项，就可以查看所捕获的内容了。选择窗口下方的 Decode(解码)选项卡，如图 5.16 所示，该窗格共分为 3 个部分，由上到下依次为总结、详细资料和 Hex 窗格的内容，可以查看所捕获的每个帧的详细信息。

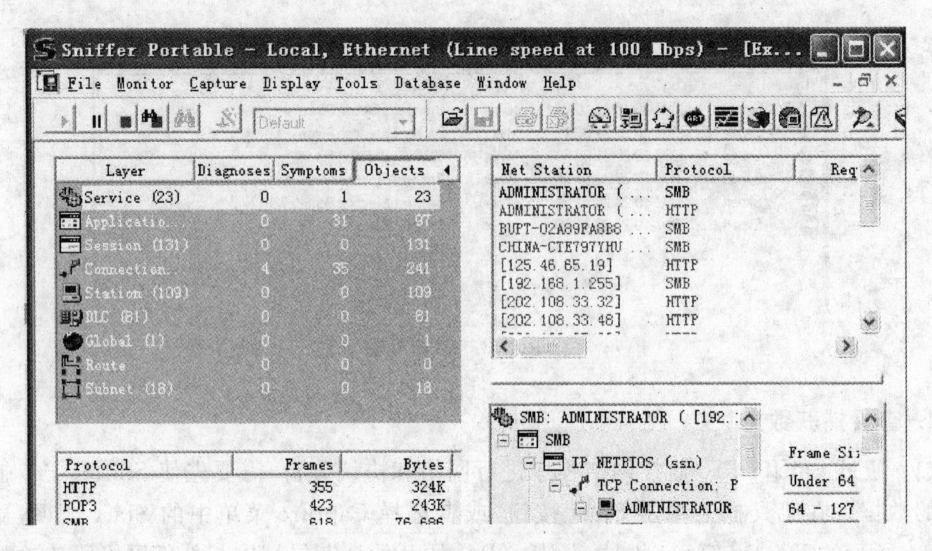

图 5.15 当前已捕获的数据

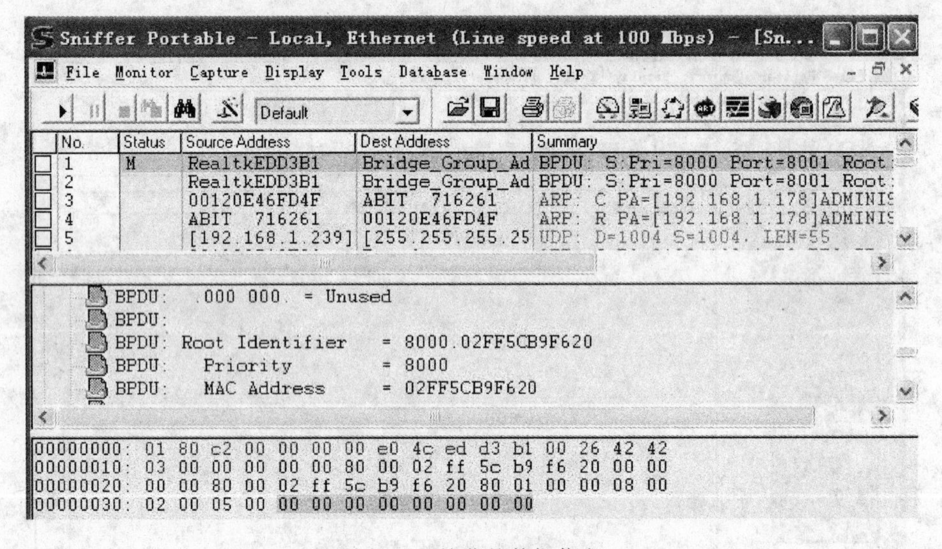

图 5.16 捕获的数据信息

(4) 在最上面的窗格中显示了捕获的帧和捕获的顺序、Source Address(源地址)、Dest Address(目的地址)、Summary(摘要信息)以及时间等信息,此时可以选中需要的帧左侧的复选框,就可以保存为新的捕获文件。选择 Display 菜单中的 Save Select 选项,即将选择的帧保存为新的捕获文件;选择 Select Range(选择范围)选项可以选择全部帧,取消对全部范围的选择,或者选择和取消任何一个范围的选择。

(5) Decode 窗格中间的部分显示所选协议的详细资料,如图 5.17 所示。最上面显示的就是 DLC 文件头信息,包括来源、目的地址、帧大小(以字节计)以及 Ethertype(以太网类型)。在这里,以太网类型值为 0800,表示为 IPv4 协议。

(6) 如果捕获的是 HTTP 协议,则 DLC 下面显示的是 IP 文件头的详细内容,如图 5.18 所示(屏幕所限,仅截取部分)。

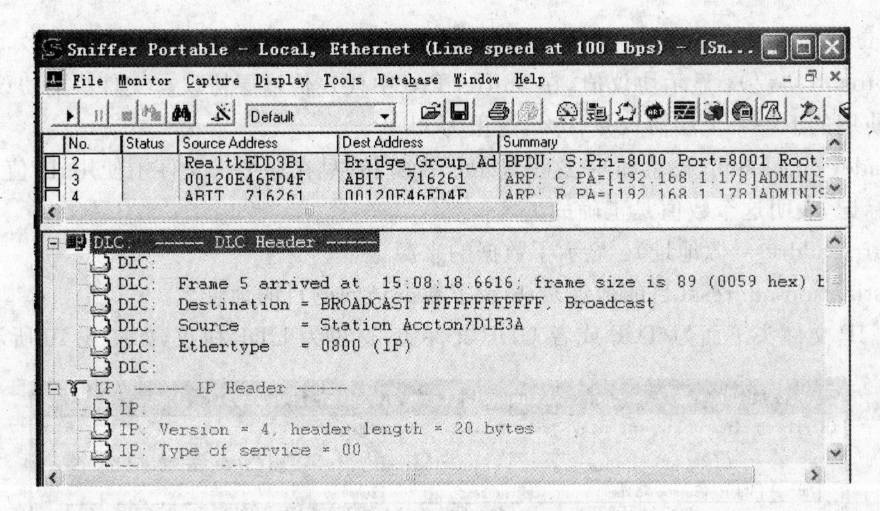

图 5.17　DLC 文件头信息

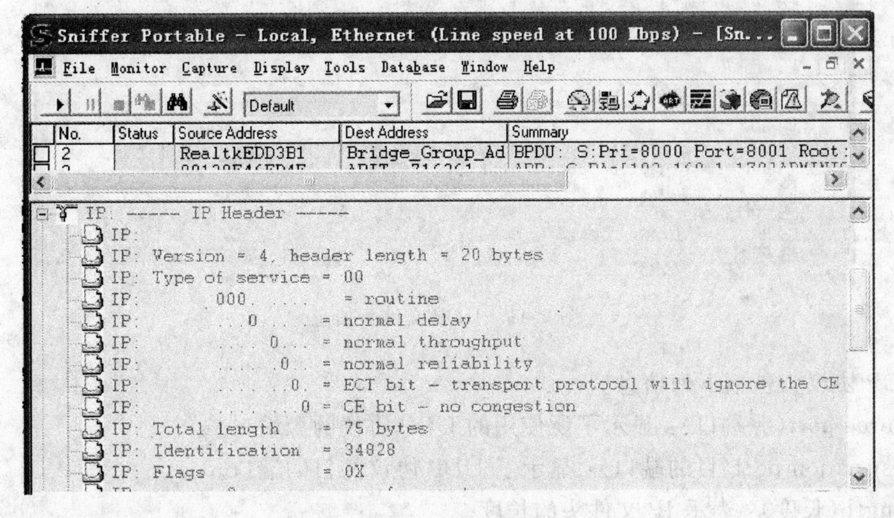

图 5.18　IP 文件头信息

具体内容如下。

Version(版本)：版本序号为 4,代表 IPv4。

header length：Internet 文件头长度,为 20 个字节。

Type of service(服务类型值)：该值为 00,可以看到直到总长度部分之前都是 0。这里可以提供服务质量(QoS)信息；每个二进制数位的意义都不同,这取决于最初的设定。例如,正常延迟设定为 0,说明没有设定为低延迟；如果是低延迟,设定值应该为 1。

Total length(总长度)：显示该数据的总长度,为 Internet 文件头和数据的长度之和。

Identification：该数值是文件头的标识符部分,当数据包被划分成几段传送时,接收数据的主机可以用这个数值来重新组装数据。

Flags(标记)：数据包的“标记”功能,例如,数据包分段用 0 标记,未分段用 1 标记。

Fragment offset(分段差距)：分段差距为 0 个字节。可以设定 0 代表最后一段,或者设定 1 代表更多区段,这里该值为 0。分段差距用来说明某个区段属于数据包的哪个部分。

Time to live(保存时间)：表示 TTL 值的大小，说明一个数据包可以保存多久。

Protocol(协议)：显示协议值，在 Sniffer Pro 中代表传输层协议。文件头的协议部分只说明要使用的下一个上层协议是什么，这里为 UDP。

Header checksum(校验和)：这里显示了校验和(只在这个头文件中使用)的值，并且已经做了标记，表明这个数值是正确的。

Source address(源地址)：显示了数据的来源地址。

Destination address(目的地址)：显示了数据访问的目的地址。

(7) IP 文件头下面为 TCP 或者 UDP 文件头，这里为 UDP 协议，如图 5.19 所示。

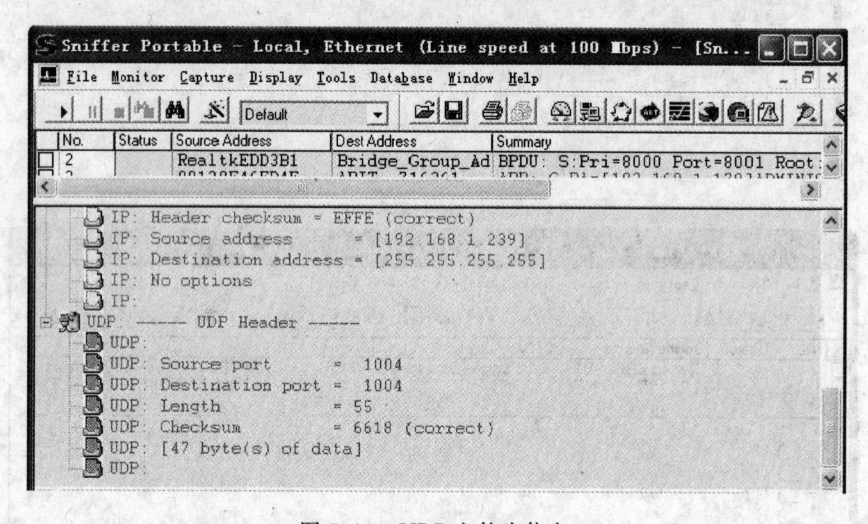

图 5.19　UDP 文件头信息

UDP 协议头包括下列信息。

Source port(源端口)：显示了所使用的 UDP 协议的源端口。

Destination port(目的端口)：显示了 UDP 协议的目的端口。

Length(长度)：表示 IP 文件头的长度。

Checksum(校验和)：显示了 UDP 协议的校验和。

byte(s) of data：表示有多少字节的数据。

(8) 根据协议的不同，在详细资料窗格中有时还会显示 ARP、HTTP、WINS 等信息。通过这些信息，可以发现正在解析的协议中更多的内容。

(9) Decode 窗格最下方为 Hex 窗格，这里显示的内容最直观，但也难以理解，如图 5.20 所示。Hex 窗格中的信息是十六进制代码的信息集合。数据的传输是按照二进制系统为基本标准进行的，二进制数据还可以转换为十六进制、十进制和八进制的格式，在 Hex 窗格中查看数据时，看到的就是处于传输状态的原始 ASCII 码的数据。

5. 监控网络的几种模式

在 Sniffer Pro 中，除了使用仪表盘表示网络的当前状况以外，还可以使用其他几种模式来查看网络当前的运行状况。

(1) 选择 Monitor 菜单中的 Host Table(主机列表)选项，显示如图 5.21 所示的 Host Table 窗口，该窗口中显示了当前与该主机连接的通信信息，包括连接地址、通信量、通信时

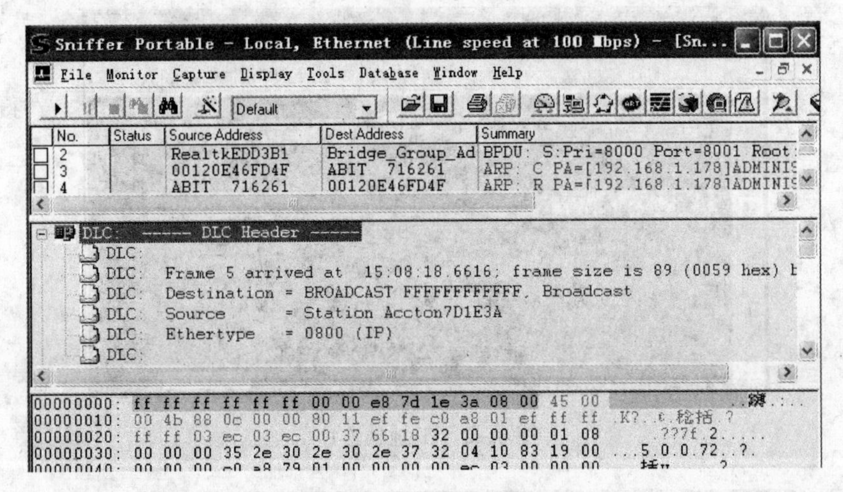

图 5.20　Hex 窗格

Sniffer Portable - Local, Ethernet (Line speed at 100 Mbps) - [Ho...

File Monitor Capture Display Tools Database Window Help

IP Addr	In Pkts	Out Pkts	In Bytes	Out Bytes	Broadca	Multicas	Update Time	Create T
58.251.63.58	4	4	320	456	0	0	2007-10-26 19:25:07.970.	2007-10
60.28.252.212	6	6	1,306	2,270	0	0	2007-10-26 19:23:46.357.	2007-10
61.129.59.97	6	0	396	0	0	0	2007-10-26 19:24:55.402.	2007-10
125.46.65.19	10	10	1,763	1,082	0	0	2007-10-26 19:23:47.415.	2007-10
192.168.1.8	0	1	0	96	0	0	2007-10-26 19:23:20.214.	2007-10
192.168.1.178	227	221	129,565	33,451	0	0	2007-10-26 19:25:13.630.	2007-10
192.168.1.184	0	2	0	345	0	0	2007-10-26 19:24:40.622.	2007-10
192.168.1.223	0	1	0	262	0	0	2007-10-26 19:22:25.874.	2007-10
192.168.1.239	0	37	0	3,447	36	0	2007-10-26 19:25:09.840.	2007-10
192.168.1.255	11	0	2,134	0	0	0	2007-10-26 19:25:09.710.	2007-10
202.106.46.151	11	11	896	1,269	0	0	2007-10-26 19:25:07.725.	2007-10
202.108.5.100	72	99	4,656	94,608	0	0	2007-10-26 19:23:35.492.	2007-10
207.46.111.27	12	10	768	1,759	0	0	2007-10-26 19:24:54.396.	2007-10
207.68.178.239	6	4	958	2,491	0	0	2007-10-26 19:24:47.846.	2007-10
BROADCAST	36	0	3,200	0	0	0	2007-10-26 19:25:09.840.	2007-10
192.168.1.181	0	1	0	251	0	0	2007-10-26 19:24:39.136.	2007-10
192.168.1.43	0	1	0	96	0	0	2007-10-26 19:24:46.93.2	2007-10
192.168.1.58	0	1	0	96	0	0	2007-10-26 19:24:50.321.	2007-10
192.168.1.134	0	1	0	247	0	0	2007-10-26 19:24:50.473.	2007-10

图 5.21　Host Table(主机列表)选项

间等,例如,这里单击 IP 标签,可以看到与本机相连接的所有 IP 地址及其信息。在该窗口左侧,可以选择不同的按钮,使该主机列表以不同的图形显示,如柱形、圆形等。

(2) 选择 Monitor 菜单中的 Matrix 选项,显示 Matrix 窗口,该窗口会监控本地网络与外部网络的连接情况,并将源地址与目的地址的连接用直线表示。如图 5.22 所示,该蓝色圆中的各点连线表明了当前处于活跃状态的本地计算机与目的地址的点对点连接,在这里,单击 IP 标签,可以看到源地址与目的 IP 地址的连接。不过,由于连接点太多而过于密集,用户难以看清楚各连接点的源地址和目的地址,此时可在该窗口上单击右键,选择快捷菜单中的 Zoom 子菜单中的比例值来扩展大图形,例如 300%、500%等。

同样,如果单击 MAC 标签,则可以查看该计算机与哪些物理设备进行通信,从而便于排除其是否在大量进行广播。

(3) 选择 Monitor 菜单中的 Protocol Distribution 选项,显示如图 5.23 所示的窗口,可以查看各种协议的分布状态,例如,若单击 IP 标签,在 IP Protocol 窗格中可以看到不同的网络协议以不同颜色的区块表示。

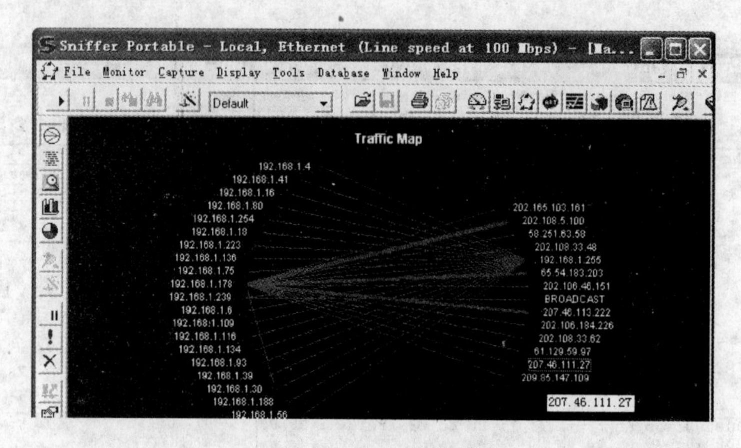

图 5.22　IP 地址连接

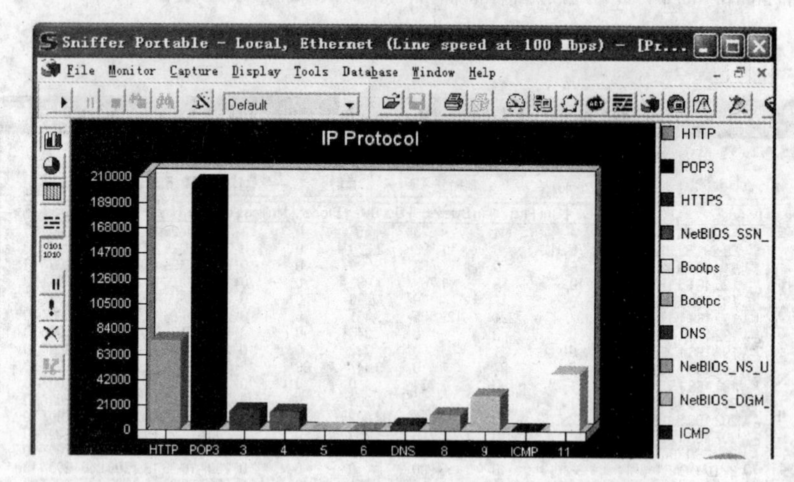

图 5.23　Protocol Distribution

(4) 选择 Monitor 菜单中的 Global Statistics 选项，在 Size Distribution 窗格中，可以查看网络上传输包的大小比例分配，如图 5.24 所示。而在 Utilization Dist 窗格中，可以查看当前网络的利用率。

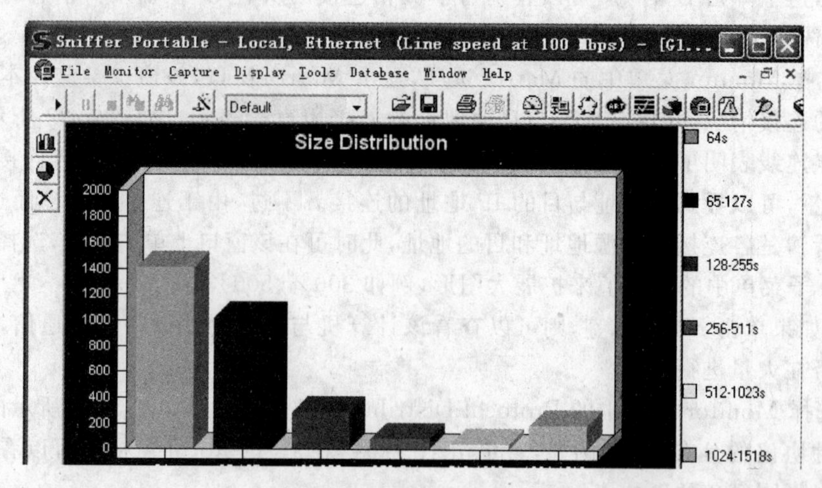

图 5.24　Global Statistics

(5) 选择 Monitor 菜单中的 Application Response Time 选项，该窗格中显示了局域网内的通信及其响应速度列表，并将本地网的计算机名以 NetBIOS 名的形式解析出来。

6. 设置数据包过滤

在默认情况下，Sniffer Pro 会接收网络中所有传输的数据包，但在分析网络协议查找网络故障时，有许多数据包不是所需要的，这就要对捕获的数据进行过滤，只接收与分析的问题或者事件相关的数据。Sniffer Pro 提供了捕获数据包前的过滤规则和定义，过滤规则包括二三层地址的定义和几百种协议的定义。这里介绍一下如何过滤通过本机发送的 IP 数据包。

(1) 在 Sniffer Pro 主窗口中，选择 Capture 菜单中的 Define Filter 选项，选择 Address 选项卡，如图 5.25 所示，在 Address 下拉列表中可以选择 MAC、IP、IPX 过滤，这里选择 IP 选项；在 Mode 选项组中选中 Include(包含)单选按钮，如果选中 Exclude 单选按钮，则表示捕获除此地址外所有的数据包；在 Station1 列表中的一栏输入要过滤的 IP 地址，另一栏设置为 Any，代表任何主机；在 Dir 列表中设置过滤条件，可以用逻辑关系如 AND、OR、NOT 等组合来设置。在 Station2 列表中，可以设置多个条件，也就是可以过滤多个 IP 地址的连接。

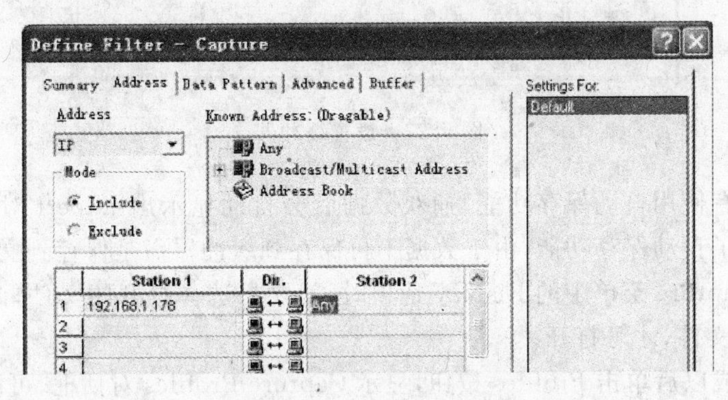

图 5.25　设置过滤的 IP 地址

(2) 选择 Advanced 选项卡，在这里可以定义要捕获哪些协议的数据包。例如，想捕获 DNS、FTP、HTTP、NetBIOS 等协议的数据包，可在 TCP 协议列表中，选中 DNS、FTP、HTTP、NetBIOS 等协议的复选框；在 Packet Size 下拉列表中，可以选择要过滤的数据包的大小；在 Packet Type 选项区域中，可以选择要捕获的数据包的类型，如图 5.26 所示。

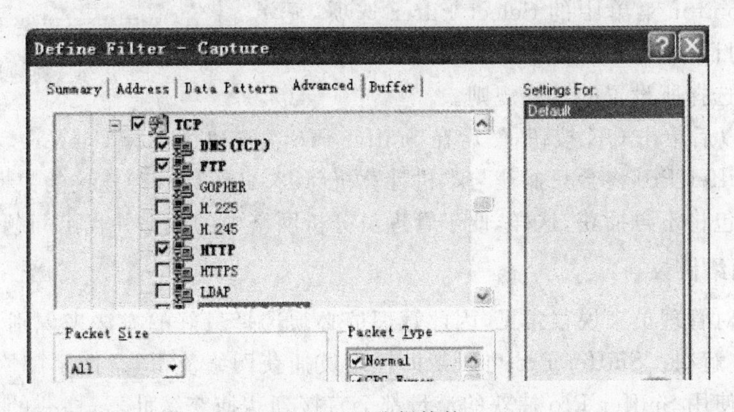

图 5.26　选择协议

(3) 选择 Buffer 选项卡,用来定义捕获包缓冲器,缓冲器占用的是计算机内存的一部分空间,如图 5.27 所示。在 Buffer size 下拉列表中可以定义缓冲器的大小,默认为 8MB;在 Packet size 选项区域中可以设置包的大小;在 When buffer is full(当缓冲器已满)选项区域中,可以设置缓冲器满了以后,是 Stop capture(停止捕获)还是 Wrap buffer(封装缓冲器);在 Capture buffer 选项区域可以设置捕获数据的自动保存功能。由于缓冲器会占用内存空间,如果计算机内存较小,要捕获的数据又很多,可以使用自动保存功能将捕获的数据直接保存到硬盘,选中 Save to file(保存到文件)复选框,在 Director 文本框中设置要保存的文件路径,在 Filename 文本框中设置文件名。

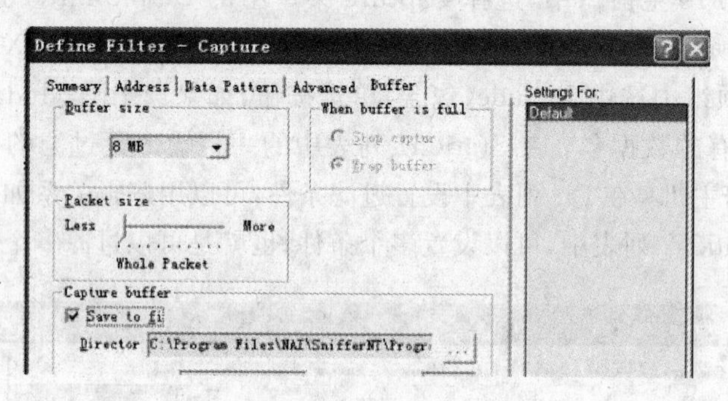

图 5.27 设置缓冲器

(4) 如果没有使用自动保存功能,捕获数据后会自动显示出 Expert 对话框,用来分析数据;如果使用了自动保存功能,由于数据不再保存到缓冲器而是保存到文件,所以停止捕获以后再选择 Capture 菜单中的 Display 选项时,就要求选择打开的文件,此时需要选择设置了自动保存的文件,才可打开。

(5) 设置完成以后单击 Profiles 按钮,显示 Capture Profiles 对话框,可以建立一个新的过滤器。默认已有一个名为 Default 的过滤器,单击 New 按钮显示 New Capture Profile 对话框,在 New Profile Name 文本框中为该过滤器定义一个名称,如图 5.28 所示,完成以后单击 OK 按钮。

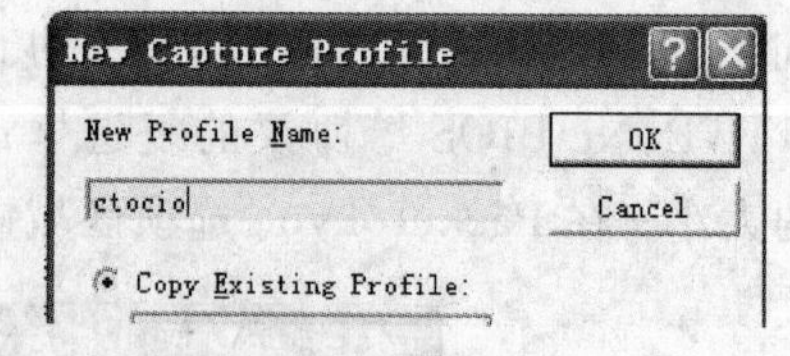

图 5.28 新建过滤器

(6) 最后,单击 OK 按钮保存所做的设置,还需要将所设置的过滤规则应用于捕获中。在 Sniffer Pro 主窗口中,选择 Monitor 菜单中的 Select Filter 选项,显示 Select Filter 对话框,选中 Apply monitor filter 复选框,并在列表框中选择所设置的过滤规则。

(7) 完成以后单击 OK 按钮,然后在 Sniffer Pro 主窗口中选择 Capture 菜单中的 Start 选项,此时,Sniffer Pro 将会只捕获与本机计算机(192.168.1.178)连接的数据包,没有与本地连接的数据包将不再捕获,这样,便于管理员分析网络中的数据并找出问题所在。

7. 分析网络协议

网络问题对管理员来说很常见,因此管理员必须选择最好的方法来识别不同的网络故障,进行分析并解决。Sniffer Pro 可以帮助管理员捕获网络流量,全面了解网络状况,分析捕获的信息。使用 Sniffer Pro 捕获的流量都会直接到达捕获缓冲器,捕获的数据还可以保存在硬盘,以备将来使用。在捕获流量时,既可以捕获所有数据,又可以过滤数据。如果捕获所有流量,可对网络所有数据有一个全面的了解,但也可能因每秒通过网络的数据包过多,网络需要承载较大的数据量。因此,比较好的方法是定义一个过滤器,只捕获与管理员正在分析的问题有关的数据包。下面就介绍一下如何使用 Sniffer Pro 来捕获并分析 ARP 协议和 ICMP 协议。

1）捕获并分析 ARP 协议

ARP 协议即地址识别协议,是网络中最重要的协议之一,它的作用是将网络设备的物理地址(MAC 地址)自动映射成 IP 地址。

现在先定义一个过滤器,只捕获 ARP 数据包。在 Sniffer Pro 窗口中,选择 Capture 菜单中的 Define Filter 选项,显示 Define Filter 对话框,单击 Profiles 按钮添加一个新过滤器,并命名为 ARP,如图 5.29 所示。

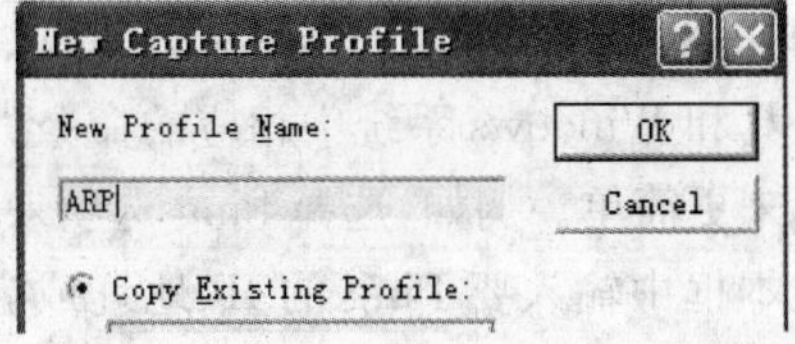

图 5.29　定义过滤器

选择 Define Filter 对话框的 Advanced 选项卡,在协议列表框中只选中 ARP 复选框。完成以后单击"确定"按钮,关闭过滤器定义窗口,一个 ARP 过滤器就设置成功了。现在就用它来捕获一些数据。在 Sniffer Pro 窗口中,选择 Capture 菜单中的 Start 选项开始捕获网络中的数据,经过一段时间后选择 Capture 菜单中的 Stop 选项停止捕获,并选择 Display 选项打开代码窗口,现在就可以开始分析捕获结果了。

2）分析 ICMP 协议来报告错误

ICMP 协议即 Internet 控制信息协议,而且是 TCP/IP 协议的一部分,它是网络设备间基于控制的报告错误的协议。ICMP 是一种非常强大的工具,允许报告 20 种以上不同的网络状况。

首先需要定义一个新的 ICMP 过滤器。在 Sniffer Pro 主窗口中,选择 Capture 菜单中的 Define Filter(定义过滤器)选项,显示 Define Filter 对话框,单击 Profiles 按钮显示 Capture Profiles 对话框,单击 New 按钮定义一个名为 ICMP 的过滤器。完成以后在 Define Filter 对话框的 Advanced 选项卡中,只选中 IP 列表中的 ICMP 协议,最后单击"确定"按钮保存。

在 Sniffer Pro 主窗口中,选择 Capture 菜单中的 Start 选项开始捕获过程,向默认网关发送 Ping 命令。选择 Stop 选项则可停止捕获。

由于 ICMP 信息是封装在 IP 数据包中的,而 IP 数据包又会封装在以太网帧中,因此,如果要彻底分析一个 ICMP 数据包,就必须查看这个数据包的所有部分,并理解 3 种不同的文件头：DLC 文件头、IP 文件头和 ICMP 文件头。

当捕获数据完成以后,在 Expert 对话框中单击 Decode 标签,展开 ICMP 列表,显示如图 5.30 所示的 ICMP 文件夹。

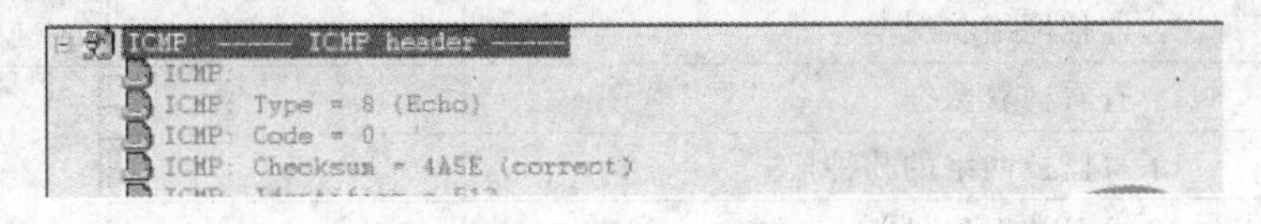

图 5.30　ICMP 文件头

现在来分析各项内容。

Type＝8(Echo)：ICMP Echo 有两种类型,类型 8 是请求,而类型 0 是响应。

Code：该代码现在在 ICMP Echo 信息中并不常用，经常设定为 0。

Checksum：IP 文件头检验和不能用来证明高层协议数据的完整性，所以 ICMP 信息用自己的检验和来确保数据在传输过程中没有被中断。

Identifier 与 Sequence number：这些数字由发送方式生成，用来将响应与请求匹配在一起。

8. Sniffer Pro 的其他工具

Sniffer Pro 内置了一些其他的网络工具，可以对网络管理起到辅助作用。展开 Sniffer Pro 的 Tools 菜单，可以看到这里有 ping、trace route、DNS lookup、finger、who is 等工具选项，这些工具和 Windows 系统中相应的命令类似，管理员使用它们可测试连接、追踪路由等，而且使用起来更简单。例如，选择 Ping 选项来使用 Ping 命令，会显示如图 5.31 所示的对话框，在 Host 文本框中输入要 Ping 的 IP 地址或者域名，单击 OK 按钮就会执行 Ping 命令，并将结果显示在 Ping 窗口中。如果想再 Ping 其他的地址，选择 Command 菜单中的 Ping 选项即可。

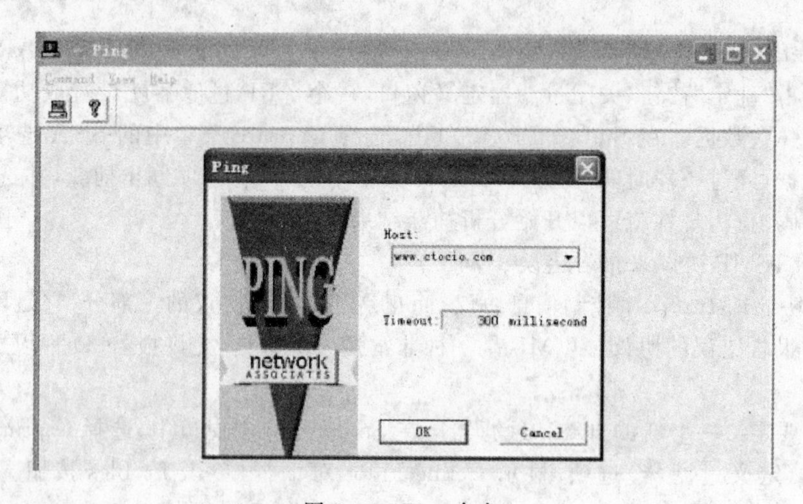

图 5.31　Ping 命令

评　估

活动任务三的具体评估内容如表 5.3 所示。

表 5.3　活动任务三评估表

	活动任务三评估细则	自　评	教　师　评
1	了解 Sniffer Pro 计算机的连接		
2	会设置监控网卡		
3	会监控网络状况		
4	会查看捕获数据		
5	了解监控网络的几种模式		
6	会设置数据包过滤		
7	会分析网络协议		
	任务综合评估		

综合活动任务 流媒体服务器的配置管理

任务背景

流媒体文件是目前非常流行的网络媒体格式之一，这种文件允许一边下载一边播放，从而大大减少了用户等待播放的时间。另外，通过网络播放流媒体文件时，文件本身不会在本地磁盘中存储，这样就节省了大量的磁盘空间。正是这些优点，使得流媒体文件被广泛应用于网络播放。

任务分析

Windows Server 2003 系统内置的流媒体服务组件 Windows Media Services(Windows 媒体服务，WMS)就是一款通过 Internet 或 Intranet 向客户端传输音频和视频内容的服务平台。WMS 支持 ASF、WMA、WMV、MP3 等格式的媒体文件。它能够像 Web 服务器发布 HTML 文件一样发布流媒体文件和从摄像机、视频采集卡等设备传来的实况流。而用户可以使用 Windows Media Player 9 及以上版本的播放器收看这些媒体文件。本节以 Windows Server 2003(SP1)系统为例，介绍如何使用 WMS 打造网络媒体中心。

任务实施

1. 安装 Windows Media Services 组件

默认情况下，Windows Server 2003(SP1)没有安装 Windows Media Services 组件。用户可以通过使用“Windows 组件向导”的和“配置您的服务器向导”两种方式来安装该组件。以使用“配置您的服务器向导”的方式进行安装为例，具体操作步骤如下。

(1) 在“开始”菜单中选择“管理工具”→“配置您的服务器向导”命令，打开“配置您的服务器向导”对话框。在此对话框中直接单击“下一步”按钮。

(2) 配置向导开始检测网络设备和网络设置是否正确，如未发现错误则打开“配置选项”对话框。选中“自定义配置”单选按钮，并单击“下一步”按钮。

(3) 打开“服务器角色”对话框，在“服务器角色”列表中显示出所有可以安装的服务器组件。选中“流式媒体服务器”选项，并单击“下一步”按钮。

(4) 在打开的“选择总结”对话框中直接单击“下一步”按钮，配置向导开始安装 Windows Media Services 组件。在安装过程中会要求插入 Windows Server 2003(SP1)系统安装光盘或指定系统安装路径，安装结束以后在“此服务器现在是流式媒体服务器”对话框中单击“完成”按钮。

2. 测试流媒体服务器

成功安装 Windows Media Services 组件以后，用户可以测试流媒体能否被正常播放，以便验证流媒体服务器是否运行正常。测试流媒体服务器的步骤如下。

(1) 在“开始”菜单中选择“管理工具”→Windows Media Services 命令，打开 Windows Media Services 窗口。

(2) 在左窗格中依次展开服务器和“发布点”目录，默认已经创建“<默认>(点播)”和 Sample_Broadcast 两个发布点。选中“<默认>(点播)”发布点，在右窗格中切换到“源”选项卡。在“源”选项卡中单击“允许新的单播连接”按钮以接受单播连接请求，然后单击“测试流”按钮。

(3) 打开“测试流”窗口，在窗口内嵌的 Windows Media Player 播放器中将自动播放测试用的流媒体文件。如果能够正常播放，则说明流媒体服务器运行正常。单击“退出”按钮关闭“测试流”窗口。

提示技巧	用户可以重复上述步骤测试 Sample_Broadcast 广播发布点是否正常。另外在 Windows Server 2003(SP1)系统中，即使安装了声卡驱动程序，系统依然没有启动音频设备。用户需要在“控制面板”窗口中打开“声音和音频设备”对话框，并选中“启用 Windows 音频”复选框。

3. 创建发布点

就像 Web 站点向网络上发布网页一样，流媒体服务器是通过建立发布点来发布流媒体内容和管理用户连接的。流媒体服务器能够发布从视频采集卡或摄像机等设备中传来的实况流，也可以发布事先存储的流媒体文件，并且发布实况流和流媒体文件的结合体。一个媒体流可以由一个媒体文件构成，也可以由多个媒体文件组合而成，还可以由一个媒体文件目录组成。

流媒体服务器能够通过点播和广播两种方式发布流媒体，其中点播方式允许用户控制媒体流的播放，具备交互性；广播方式将媒体流发送给每个连接请求，用户只能被动接收而不具备交互性。每种发布方式又包括单播和多播两种播放方式。其中单播方式是为每个连接请求建立一个享有独立带宽的点对点连接；而多播方式则将媒体流发送到一个 D 类多播地址，允许多个连接请求同时连接到该多播地址共享一个媒体流，属于一对多连接。发布方式和播放方式可以组合成 4 种发布点类型，即“广播—单播”、“广播—多播”、“点播—单播”和“点播—多播”。

创建“点播—单播”类型发布点的步骤如下。

(1) 打开 Windows Media Services 窗口，在左窗格中展开服务器目录，并选择“发布点”选项，然后在右窗格空白处右击，选择“添加发布点(向导)”命令。

(2) 打开“添加发布点向导”对话框，在此对话框中直接单击“下一步”按钮。打开“发布点名称”对话框，在“名称”文本框中输入能够代表发布点用途的名称(如 Movie)，并单击“下一步”按钮，如图 5.32 所示。

(3) 在打开的“内容类型”对话框中，用户可以选择要发布的流媒体类型。这里选中“目录中的文件”单选按钮，并单击“下一步”按钮，如图 5.33 所示。

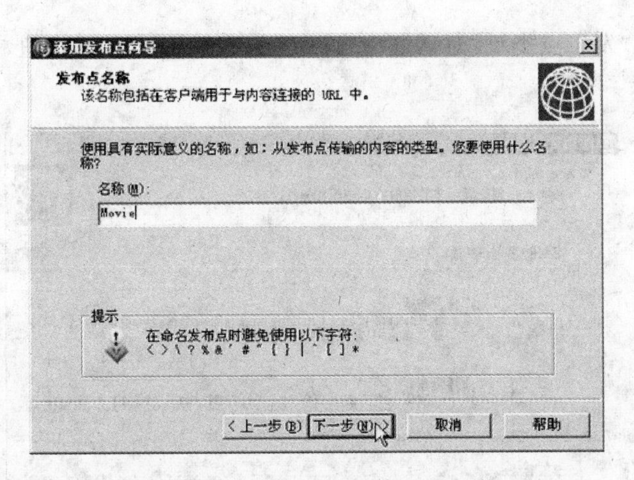

图 5.32　“发布点名称”对话框

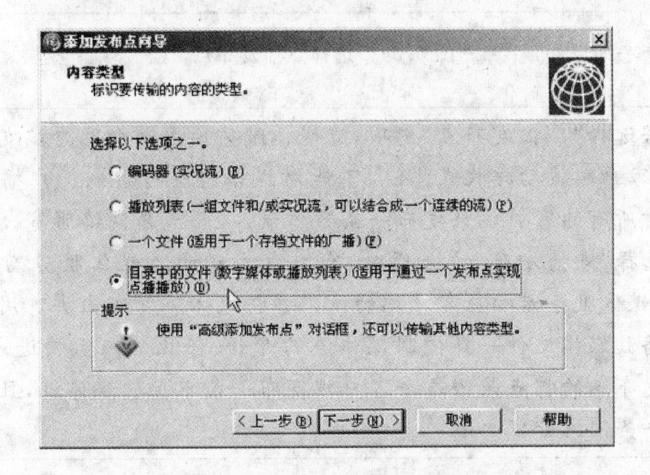

图 5.33　“内容类型”对话框

提示技巧

选择“编码器(实况流)”选项，可以将流媒体服务器连接到安装有Windows Media编码器的计算机上。Windows Media编码器可以将来自视频采集卡、电视卡、摄像机等设备的媒体源转换为实况流，然后通过发布点广播。该选项仅适用于广播发布点。

选择“播放列表”选项将创建能够添加一个或多个流媒体文件的发布点，以便发布一组已经在播放列表中指定的媒体流。

选择“一个文件”选项将创建发布单个文件的发布点。默认情况下，Windows Media Services 支持发布 WMA、WMV、ASF、WSX 和 MP3 格式的流媒体文件。

选择“目录中的文件”选项将创建能够实现点播播放多个文件的发布点，使用户能够将流媒体文件名包含在网址中来播放单个文件，或者按既定顺序播放多个文件。

(4) 在打开的“发布点类型”对话框中,选中“点播发布点”单选按钮,并单击“下一步”按钮,如图 5.34 所示。

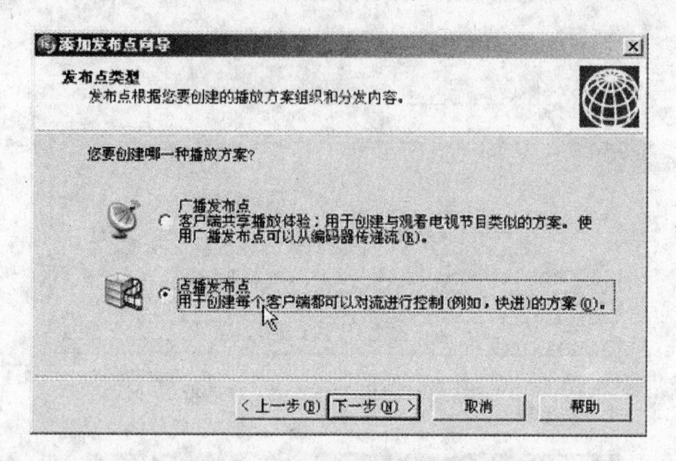

图 5.34 选择点播发布点

提示技巧

若选择“广播发布点”选项,流媒体服务器主动向客户端发送媒体流数据,而客户端被动接收媒体流,不能对媒体流进行控制。广播发布点的优点是对所有的客户端只发布一条媒体流,从而节省网络带宽。

选择“点播发布点”选项时,客户端主动向流媒体服务器发出连接请求,流媒体服务器响应客户端的请求并将媒体流发布出去。用户能够像在本机播放媒体文件一样控制媒体流的开始、停止、后退、快进或暂停操作。点播发布点的特点是给每个客户端发布一条单独的媒体流,且每个客户端独享一条网络带宽。

(5) 打开“目录位置”对话框,在这里需要设置该点播发布点的主目录。单击“浏览”按钮,打开“Windows Media 浏览”对话框。单击“数据源”文本框右侧的下三角按钮,选中主目录所在的磁盘分区,然后在文件夹列表中选中主目录,并单击“选择目录”按钮,如图 5.35 所示。

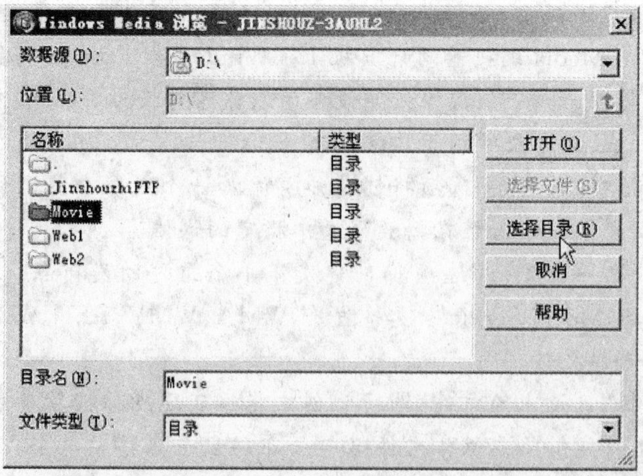

图 5.35 选择目录

(6) 返回“目录位置”对话框，如果希望在创建的点播发布点中按照顺序发布主目录中的所有文件，则可以选中“允许使用通配符对目录内容进行访问(允许客户端访问该目录及其子目录中的所有文件)”复选框，设置完毕单击“下一步”按钮，如图 5.36 所示。

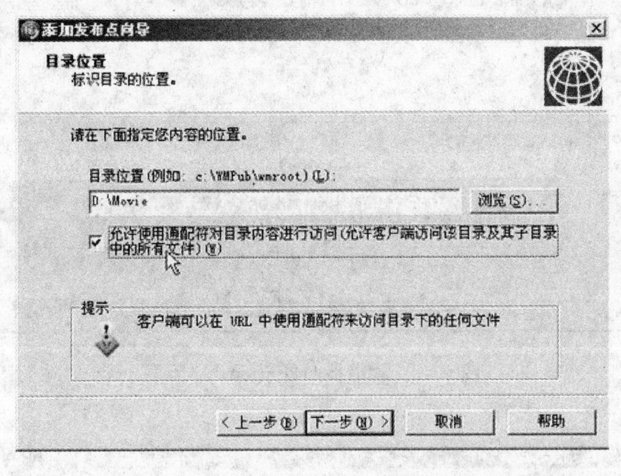

图 5.36　选择使用通配符对目录内容进行访问

(7) 在打开的“内容播放”对话框中，用户可以选择流媒体文件的播放顺序。选中“循环播放(连续播放内容)”和“无序播放(随机播放内容)”复选框，从而实现无序循环播放流媒体文件，再单击“下一步”按钮，如图 5.37 所示。

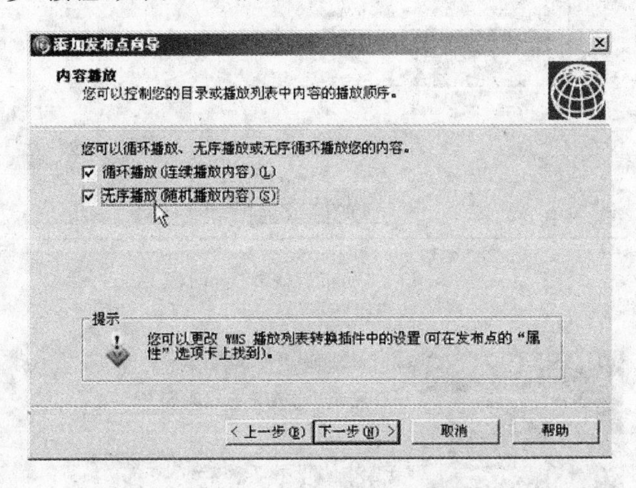

图 5.37　“内容播放”对话框

(8) 打开“单播日志记录”对话框，选中“是，启用该发布点的日志记录”复选框，启用单播日志记录。借助于日志记录可以掌握点播较多的流媒体文件以及点播较为集中的时段等信息，然后单击“下一步”按钮，如图 5.38 所示。

(9) 在打开的“发布点摘要”对话框中会显示所设置的流媒体服务器参数，确认设置无误后单击“下一步”按钮，如图 5.39 所示。

(10) 打开“正在完成‘添加发布点向导’”对话框，选中“完成向导后”复选框，并选中“创建公告文件(.asx)或网页(.htm)”单选按钮，最后单击“完成”按钮，如图 5.40 所示。

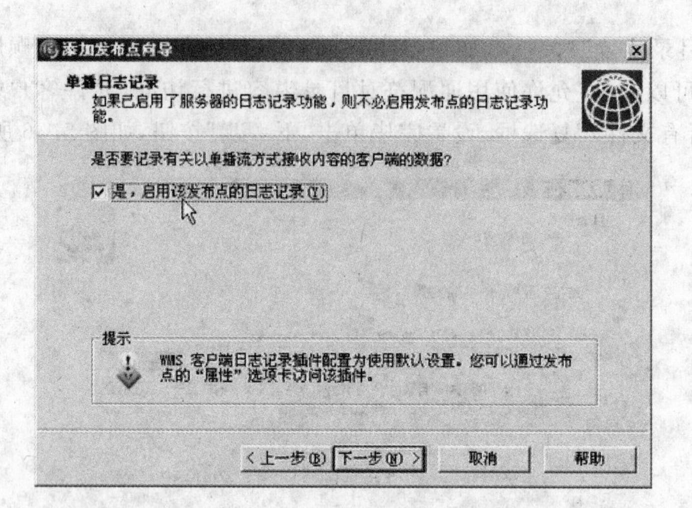

图 5.38 “单播日记记录”对话框

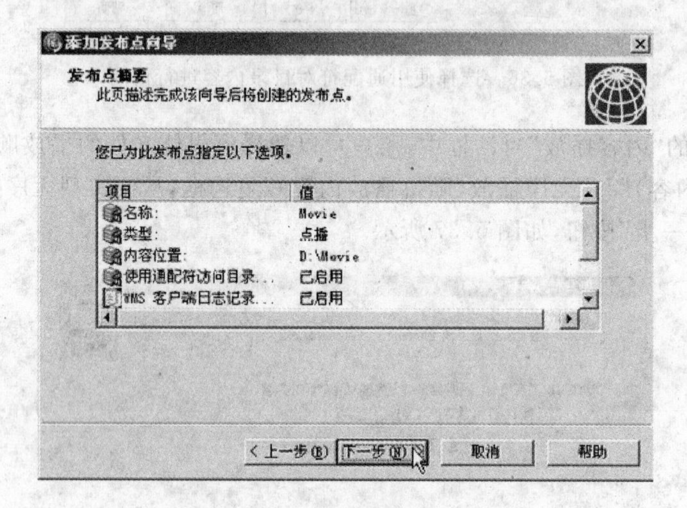

图 5.39 “发布点摘要”对话框

图 5.40 “正在完成‘添加发布点向导’”对话框

4. 创建发布点单播公告

成功创建发布点以后，为了能让用户知道已经发布的流媒体内容，应该创建发布公告告诉用户，操作步骤如下。

(1) 在完成添加发布点向导时选中了“创建公告文件(.asx)或网页(.htm)”单选按钮，因此会自动打开“单播公告向导”对话框，在此对话框中直接单击“下一步”按钮。

(2) 打开“点播目录”对话框。因为在“目录位置”对话框中选中了“允许使用通配符对目录内容进行访问”复选框，因此可以选中“目录中的所有文件”单选按钮，并单击“下一步”按钮，如图 5.41 所示。

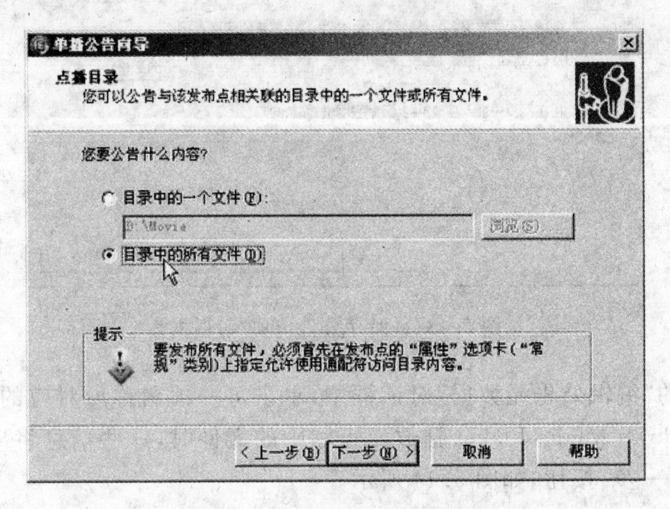

图 5.41　“点播目录”对话框

(3) 在打开的“访问该内容”对话框中显示出连接到发布点的网址，可以单击“修改”按钮将原本复杂的流媒体服务器修改为简单好记的名称，并依次单击“确定”、“下一步”按钮，如图 5.42 所示。

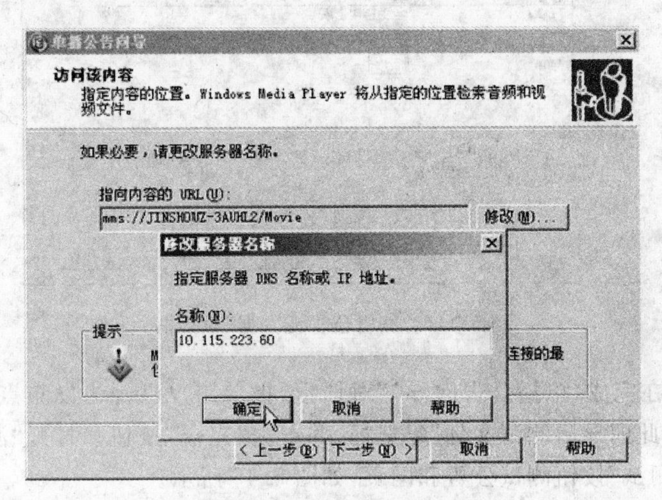

图 5.42　修改服务器名称

(4) 打开“保存公告选项”对话框，可以指定保存该公告和网页文件的名称和位置。选中“创建一个带有嵌入的播放机和指向该内容的链接的网页”复选框，然后单击“浏览”按钮选择 Web 服务器的主目录作为公告和网页文件的保存位置，设置完毕单击“下一步”按钮，如图 5.43 所示。

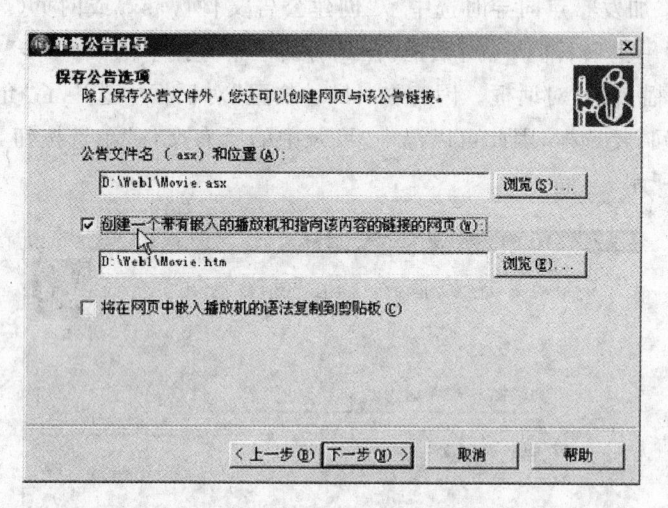

图 5.43 “保存公告选项”对话框

(5) 在打开的“编辑公告元数据”对话框中，单击每一项名称所对应的值并对其进行编辑。在使用 Windows Media Player 播放流媒体中的文件时，这些信息将出现在标题区域。设置完毕单击“下一步”按钮，如图 5.44 所示。

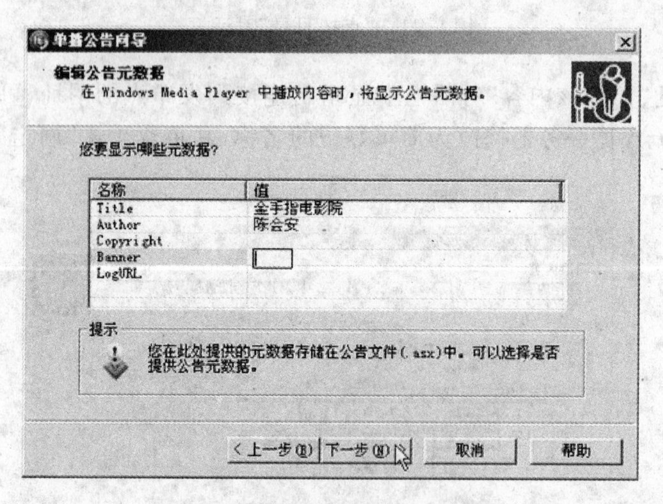

图 5.44 “编辑公告元数据”对话框

(6) 打开“正在完成‘单播公告向导’”对话框，提示用户已经为发布点成功创建了一个公告。选中“完成此向导后测试文件”复选框，并单击“完成”按钮。打开“测试单播公告”对话框，分别单击“测试”按钮测试公告和网页，如图 5.45 所示。

(7) 测试公告和带有嵌入的播放机的网页，如果都能正常播放媒体目录中的流媒体文件，则说明流媒体服务器已经创建成功，如图 5.46 所示。

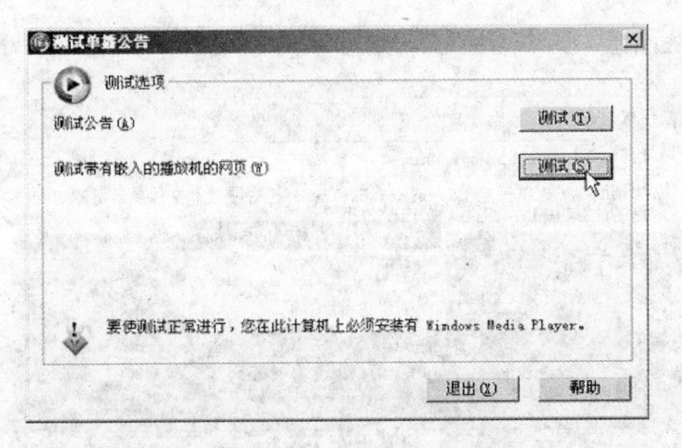

图 5.45　“测试单播公告”对话框

图 5.46　播放流媒体文件

> **提示技巧**　在测试网页文件时可能会打开“信息栏”对话框，提示用户 Internet Explorer 阻止了可能不安全的弹出窗口。此时只需单击“确定”按钮关闭该对话框，然后右击靠近浏览器顶端的信息栏，选择“允许阻止的内容”命令即可，如图 5.47 所示。

(8) 最后需要将发布点地址(例如 mms://10.115.223.60/movie)放置在 Web 站点上向网络用户公开，以便用户能够通过发布点地址连接到流媒体服务器。

5. 客户端播放流媒体

成功部署流媒体服务器以后，用户即可使用本机的 Windows Media Player 连接到流媒体服务器，以便接收发布点发布的媒体流。以 Windows Media Player 10 为例，操作步骤如下。

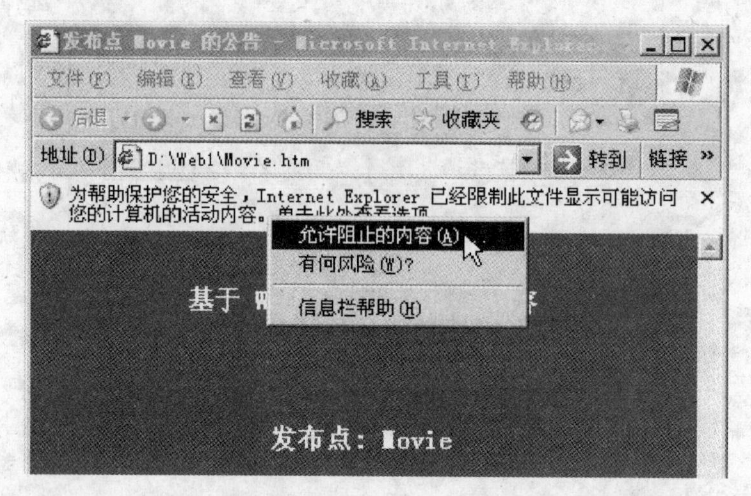

图 5.47　选择“允许阻止的内容”命令

(1) 在 Windows Media Player 10 窗口中右击窗口边框，选择“文件”→“打开 URL”命令，如图 5.48 所示。

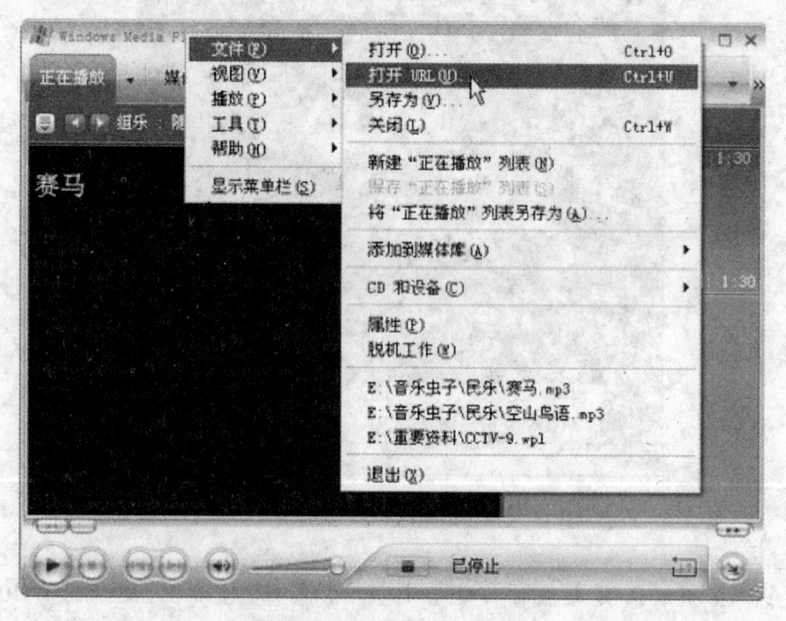

图 5.48　“打开 URL”命令

(2) 打开“打开 URL”对话框，在“打开”文本框中输入发布点连接地址(例如 mms://10.115.223.60/movie)，并单击“确定”按钮，如图 5.49 所示。

(3) Windows Media Player 将连接到发布点，并开始连续循环播放发布点中的流媒体内容。此时可以对媒体流进行暂停、播放和停止等播放控制，如图 5.50 所示。

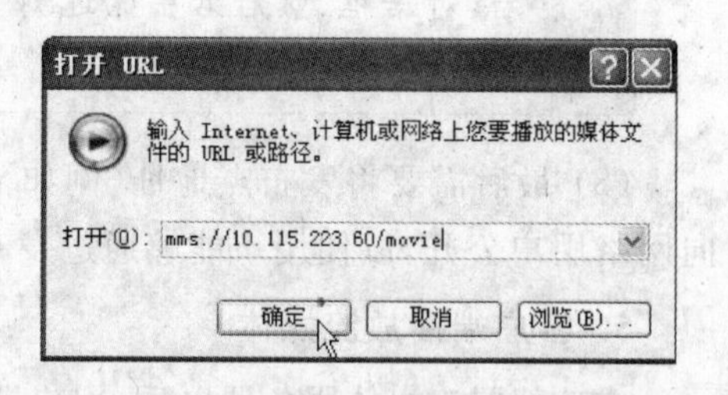

图 5.49　输入流媒体文件的 URL 或路径

图 5.50 使用 Windows Media Player 播放流媒体文件

> **提示技巧**
>
> 对于"点播"方式的发布点,可以在"打开 URL"对话框中输入以下地址连接到流媒体服务器。
>
> - mms://服务标识/发布点名(请求发布点的所有内容组成的一个流)
> - mms://服务标识/发布点名/文件名(请求指定的媒体文件或播放列表)
> - mms://服务标识/发布点名/文件名通配符(请求特定类型文件所示)
>
> 对于"广播—单播"方式的发布点,只能输入"＜协议＞://服务器标识(服务器名、IP 地址或域名)/发布点名称"形式的地址。
>
> 对于"广播—多播"方式的发布点,只能输入"http://服务标识(服务器名、IP 地址或域名)/公告文件名.asx 或多播信息文件名.nsc"形式的地址。
>
> 另外,也可以在 Web 浏览器中输入"带有嵌入的播放机和指向该内容的链接的网页"网址(如 http://10.115.236.61/movie.htm)来播放流媒体文件,当然前提条件是 Movie.htm 文件事先放在 Web 站点的主目录中。

6. 管理"点播—单播"发布点

发布点是接受用户连接请求的接口,用于管理和发布流媒体内容,对发布点的管理设置只能应用于所选中的发布点。以管理事先创建的 Movie 发布点为例,打开 Windows Media Services 窗口,在左窗格中展开服务器和"发布点"目录,并选中发布点 Movie。

1)"监视"选项卡

可以单击"允许新的单播连接"或"拒绝新的单播连接"按钮来启用或关闭发布点。如果希望断开当前已经连接到该发布点的所有客户端连接,可以单击"断开所有客户端连接"按钮。另外,还可以在该选项卡中查看当前连接的客户端数量和带宽分配情况。

2）“源”选项卡

单击“更改”按钮可以修改要发布的内容类型和位置。可以单击“测试流”按钮测试该发布点是否能正常发布流媒体。另外，单击“查看播放列表编辑器”按钮可以新建或打开播放列表。

3）“公告”选项卡

在此可以查看并记录连接到该发布点的 URL 地址。另外可以单击“运行单播公告向导”按钮新建单播公告。

4）“属性”选项卡

用户可以对“授权”、“限制”等属性进行设置，例如，要限制连接到流媒体服务器的客户端数量，可以采取限制 IP 地址的方式，操作步骤如下。

(1) 在“类别”选项区域选择“授权”选项，然后在“插件”选项区域双击“WMS IP 地址授权”图标。

(2) 在打开的“WMS IP 地址授权 属性”对话框中选中“除允许列表中的地址外，全部拒绝”单选按钮，并单击“添加 IP”按钮，如图 5.51 所示。

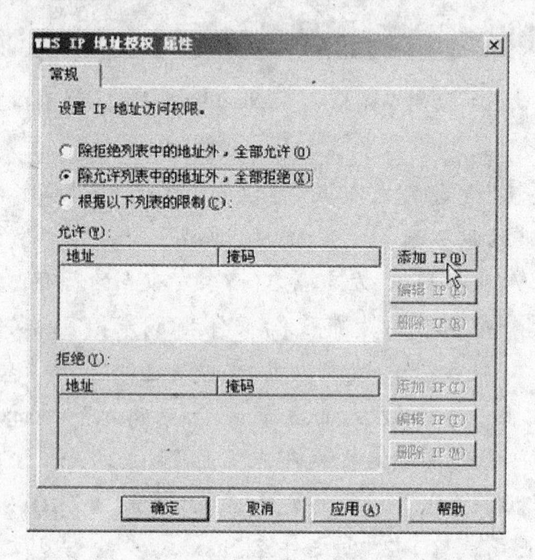

图 5.51 “WMS IP 地址授权 属性”对话框

(3) 打开“添加 IP 地址”对话框，选中“计算机组”单选按钮。在“子网地址”文本框中输入允许连接到流媒体发布点的 IP 地址段，并在“子网掩码”文本框中输入子网掩码。设置完毕单击两次“确定”按钮使设置生效，如图 5.52 所示。

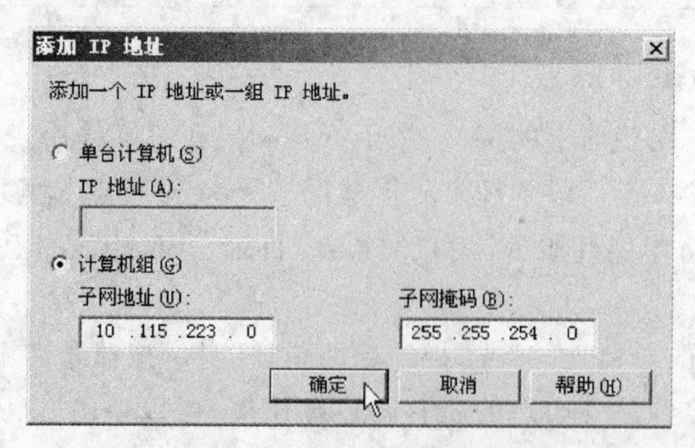

图 5.52 “添加 IP 地址”对话框

提示技巧	还可以在"属性"选项卡中限制播放机连接数和连接带宽，以及设置目录或播放列表中内容的播放顺序等。

评　估

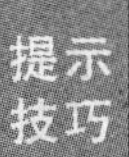

综合活动的具体评估内容如表 5.4 所示。

表 5.4　综合活动评估表

综合活动评估细则		自　评	教　师　评
1	会安装 Windows Media Services 组件		
2	会创建"广播—单播"发布点		
3	会创建"广播—多播"发布点		
4	会创建"点播—单播"发布点		
5	会创建"点播—多播"发布点		
任务综合评估			

项目评估

项目五的具体评估内容如表 5.5 所示。

表 5.5　项目五评估表

项　目	标准描述	评定分值						得分
基本要求 60 分	掌握日志的安全配置	10	8	6	4	2	0	
	掌握日志的查询与备份、删除	10	8	6	4	2	0	
	会用 Ping 命令测试局域网连接	10	8	6	4	2	0	
	会设置 Sniffer Pro 计算机的连接	10	8	6	4	2	0	
	会设置监控网卡	10	8	6	4	2	0	
	会监控网络状况	10	8	6	4	2	0	
特色 30 分	会配置流媒体服务器	20	16	12	8	2	0	
	能简单用 Sniffer Pro 监控服务器	10	8	6	4	2	0	
合作 10 分	能与其他同学合作、沟通，共同完成任务	10	8	6	4	2	0	
主观评价							总分	
项目综合评价							总分	

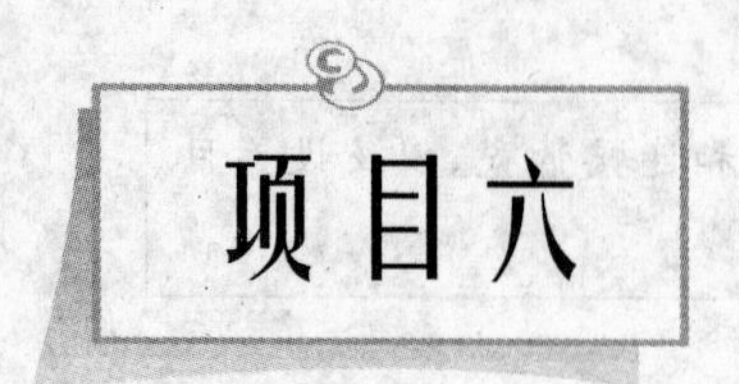

管理网络服务

职业情景描述

网络服务器的搭建是实现网络服务的基础。很显然，每种网络服务都需要相应网络服务器的支持。因此，根据企业需要搭建并实现各种类型的网络服务，应成为网络管理的首要任务，例如 Web 服务、FTP 服务、DNS 服务等，都属于网络服务管理的范畴。网络服务器的搭建、配置和管理都非常简单，本项目将着重介绍这 3 部分的内容。

通过本项目，学生将学习到以下内容。

- Web 服务器的设置与使用
- FTP 服务器的设置与使用
- DNS 服务器的设置与使用

活动任务一 Web 服务器的设置与使用

任务背景

如今，在 Internet 上最热门的服务之一就是环球信息网（World Wide Web，WWW）服务，Web 已经成为很多人在网上查找、浏览信息的主要手段。WWW 服务是一种交互式图形界面的 Internet 服务，具有强大的信息连接功能。它使得成千上万的用户通过简单的图形界面就可以访问各个大学、组织、公司等的最新信息和各种服务。

商业界很快看到了其价值，许多公司建立了主页，利用 Web 在网上发布消息，并利用它作为各种服务的界面，例如客户服务、特定产品和服务的详细说明、宣传广告以及逐渐增长的产品销售和服务。商业用途促进了环球信息网络的迅速发展。

任务分析

若想通过主页向外界介绍自己或自己的公司，就必须将主页放在一个 Web 服务器上，当然也可以使用一些免费的主页空间来发布。但是如果有条件，可以注册一个域名，申请一个 IP 地址，然后让 ISP（互联网服务提供商）将这个 IP 地址解析到服务器上，再在服务器上架设一个 Web 服务器，用户就可以将主页存放在自己的 Web 服务器上，通过它把自己的主页向外发布。

任务实施

1. 安装 IIS 6.0 及 Web 服务器

通过“管理您的服务器”或“添加或删除程序”命令安装 Web 服务器。

2. 默认网站基本配置

(1) 编辑文档页脚：这是一个自动插入到网站每一个网页底部的小型 HTML 文件。在记事本中输入＜marquee＞欢迎光临本站！＜/marquee＞，将文件保存为 welcome.htm，将该文件设置成一个网站的文档页脚，用浏览器访问该网站查看效果。

(2) 写入权限：允许用户向打开网站的主目录写入文件。主目录的写入权限需要和主目录的 NTFS 权限配合使用，必须把两者都设置成允许写入状态，用户才能向主目录写入内容。

> **提示技巧**
>
> 用文件夹方式访问网站的方法：打开浏览器，选择“文件”菜单中的“打开”命令，在地址栏中输入网站地址，选中“以 Web 文件夹方式打开”复选框。

(3) 浏览权限：当访问网站的指定目录中没有默认的网页文件时，可以看到该目录中的文件列表，用于指定要打开的文件。

> **提示技巧**
>
> 假设网站的主页文件是 index.htm，为主目录设置浏览权限，把 index.htm 文件从默认文档列表中删除，用浏览器访问该网站。

(4) 身份验证：用于限制允许访问网站的用户。默认为匿名访问，此时，所有用户都可直接访问该网站。

> **提示技巧**
>
> 某网站只允许 zhao、qian、sun、li 等用户访问，可进行如下操作。
>
> (1) 在服务器上创建一个组账户 Webusers，再创建用户账户 zhao、qian、sun、li 等，把这些账户均加入 Webusers 组。
>
> (2) 设置网站主目录的 NTFS 权限，只允许 Administrators 和 Webusers 组的用户进行访问。
>
> (3) 在网站属性的身份验证中，取消匿名访问，启用基本身份验证。
>
> (4) 在客户机上访问该网站，检查访问效果。

(5) IP 地址和域名限制：用于限制用户可以从哪些计算机上访问该网站。默认是没有限制。

提示技巧　在网站属性的IP地址和域名限制设置中，选择设置为“允许访问”或“拒绝访问”，在客户机上检查其效果。

3. 新建站点

在Web服务器中配置新建网站(如果IIS中已经有其他人配置过的网站，应删除后重新设置)。然后将所配置网站的主要参数填入表6.1。

表6.1　网站主要参数表(一)

Web网站名	IP地址	TCP端口	主目录	主文件名
(自定义)	(计算机号)	(自定义)	(自定义)	index.htm

提示技巧　在网站中放置一些网页，打开浏览器访问该网站。在本机上访问可使用地址http://localhost，在其他计算机上访问可使用http://Web服务器的IP地址。

4. 设置虚拟目录

网站的主目录外有一个文件夹D:\pic，现在要在网站中发布它，可通过虚拟目录实现。

(1) 在主目录下创建虚拟目录image，对应另一个磁盘分区(例如D:)的文件夹pic。

(2) 把主目录下的image文件夹(或其他文件夹)移到另一台计算机中。移动后用浏览器访问该网站，检查移动后的文件能否正常打开。

5. 在一台服务器上配置多个Web网站

区分各个网站有3种方法：用IP地址区分、用端口号区分、用主机头区分(需DNS配合实现)，这里只用前两种。

(1) 为计算机的网卡配置两个IP地址，创建两个网站，每个网站设置一个不同的IP地址，用浏览器查看各网站能否正常访问。

(2) 为每个网站设置相同的IP地址，不同的端口号(应使用大于1024的临时端口)，用浏览器查看各网站能否正常访问。

在IIS中再创建几个Web网站，把其主要参数填入表6.2。

表6.2　网站主要参数表(二)

Web网站名	IP地址	TCP端口	主目录	主页文件名

归纳提高

1. 安装IIS6.0

管理员可以通过“管理您的服务器”中的“应用程序服务器”角色，或使用控制面板中的

“添加或删除程序”命令来安装 IIS6.0 组件。

2. WWW 的基本概念

World Wide Web(也称 Web、WWW 或万维网)是 Internet 上集文本、声音、动画、视频等多种媒体信息于一身的信息服务系统，整个系统由 Web 服务器、浏览器及通信协议 3 部分组成。

3. 默认 Web 站点

在安装 IIS6.0 时，系统会自动创建一个名称为“默认网站”的 Web 网站，管理员通过它可以实现 Web 内容的快速发布。默认站点的主目录是系统盘\Inetpub\wwwroot。

4. 创建 Web 站点

在服务器上创建不同的 Web 网站，分别进行信息服务，使得一个站点具有一个主题，这样有利于访问者查找自己感兴趣的信息。

5. 创建虚拟目录

虚拟目录是网站中除主目录之外的其他发布目录。要从主目录以外的其他目录中进行内容发布，就必须创建虚拟目录。

6. 删除 Web 配置

卸载 IIS，删除各网站主目录，删除试验中创建的账户，把 Administrator 账户的密码设置为空。

7. 小技巧

在一台计算机上可以创建多个 Web 网站，有以下几种方法。

(1) 利用一个网卡配置多个 IP 地址，为不同的 IP 地址创建不同的 Web 网站。

(2) 利用不同的端口创建不同的 Web 网站。

(3) 利用不同的主机头创建不同的 Web 网站。

根据以上知识的学习，对自己身边的计算机进行 Web 网站配置。

活动任务一的具体评估内容如表 6.3 所示。

表 6.3　活动任务一评估表

活动任务一评估细则		自　评	教 师 评
1	了解 WWW 的基本概念		
2	会分析创建 Web 站点的方法		
3	能正确配置好 Web 服务器		
4	能处理好配置 Web 服务器中出现的问题		
任务综合评估			

活动任务二　FTP 服务器的设置与使用

任务背景

FTP 的全称是 File Transfer Protocol(文件传输协议),顾名思义,就是专门用来传输文件的协议。而 FTP 服务器,则是在互联网上提供存储空间的计算机,它们依照 FTP 协议提供服务。

一般来说,用户联网的首要目的就是实现信息共享,文件传输是信息共享非常重要的内容之一。早期在 Internet 上实现文件传输,并不是一件容易的事,因为 Internet 是一个非常复杂的计算机环境,有 PC、工作站、MAC、大型机,据统计,连接在 Internet 上的计算机已有上千万台,而这些计算机可能运行不同的操作系统,有运行 UNIX 的服务器,也有运行 DOS、Windows 的 PC 和运行 MacOS 的苹果机等,为了各种操作系统之间的文件交流,需要建立一个统一的文件传输协议,这就是所谓的 FTP。基于不同的操作系统有不同的 FTP 应用程序,而所有这些应用程序都遵守同一种协议,这样用户就可以把自己的文件传送给别人,或者从其他的用户环境中获得文件。

任务分析

作为一个 Internet 用户,可通过 FTP 在任何两台 Internet 主机之间复制文件。操作之前,首先要学习如何安装与配置 FTP 服务器。可以通过下面的内容来详细了解。

任务实施

1. 安装 FTP 服务器

首先安装 IIS6.0 中的 FTP 服务器。

2. 默认 FTP 服务器基本配置

在 FTP 服务器中新建并配置 FTP 站点(如果 IIS 中已经有其他人配置过的 FTP 站点,应删除后重新配置)。然后将所配置 FTP 的主要参数填入表 6.4。

表 6.4　主要参数表(一)

FTP 站点名	IP 地址	TCP 端口	主目录	权限

> **提示技巧**　用浏览器作为 FTP 客户端访问该 FTP 站点(在本机上访问可使用地址 ftp://localhost,在其他计算机上访问可使用 ftp://FTP 服务器的 IP 地址),访问时,注意是否与设置的权限相符合。

3. 在一台服务器上配置多个 FTP 站点

区分各个 FTP 站点有两种方法:用 IP 地址区分、用端口号区分。

(1) 为计算机配置多个 IP 地址,每个 FTP 站点设置一个不同的 IP 地址,用浏览器查看各 FTP 站点能否正常访问。

(2) 为每个 FTP 站点设置相同的 IP 地址,不同的端口号(应使用大于 1024 的临时端口),用浏览器查看各 FTP 站点能否正常访问。

在 IIS 中再创建几个 FTP 站点,把其主要参数填入表 6.5。

表 6.5　主要参数表(二)

FTP 站点名	IP 地址	TCP 端口	主目录	权限

4. 非匿名 FTP 站点的设置

如果一个 FTP 站点只允许指定的人员远程访问,则该站点是非匿名的。假设某 FTP 站点只允许 zhao、qian、sun、li 等用户访问,可进行如下操作。

(1) 在服务器上创建一个组账户 Ftpusers,再创建用户 zhao、qian、sun、li 等,把这些账户均加入 Ftpusers 组。

(2) 设置 FTP 站点主目录的 NTFS 权限,只允许 Administrators 和 Ftpusers 组的用户进行访问。

(3) 在 FTP 站点属性设置中,取消"允许匿名连接"选项的选择。

(4) 在客户机上访问该 FTP 站点,检查访问效果。

5. FTP 站点容量的限制

要想限制一个 FTP 站点可使用的磁盘容量,可通过 NTFS 磁盘配额功能来实现,这项功能一般用于具有写权限的非匿名用户。上面的 FTP 站点由 Ftpusers 组的人员进行远程管理和维护,该站点允许的最大磁盘容量为 10MB,可通过如下设置实现。

(1) 在服务器上把该站点主目录的所有者设置为 Ftpusers 组。

(2) 在主目录所在的磁盘分区上启用磁盘配额功能,并把 Ftpusers 组的配额限制为 10MB(其他用户不受限制)。

(3) 在客户机上向该 FTP 服务器上传文件,验证效果。

提示技巧

FTP 客户端软件有多种,其性能和用途各有不同,以下为常用的 FTP 客户端软件。

(1) 浏览器:功能简单易用,可上传或下载文件,但在大规模上传或下载时常出现问题。

(2) CuteFTP:是当前流行的 FTP 客户端软件,功能强大,常用于 FTP 站点的远程管理和维护。

(3) FlashGet(网际快车):是一款流行的下载工具,可以从 Web、FTP 等站点下载文件,不支持上传,可多线程下载、断点续传。

归纳提高

FTP(File Transfer Protocal)是文件传输协议的简称。用于在 Internet 上控制文件的双向传输,同时它也是一个应用程序。FTP 是一种文件传输协议,它支持两种模式,分别为主动方式和被动方式。

(1) 如果发布 FTP 资源的目录在 NTFS 文件格式的磁盘上,则可以设置相应的用户访问权限;如果是其他模式(例如 FAT32)则权限是无法设置的,会出现错误提示。

(2) 在利用 FTP 命令测试 FTP 服务器时,如果默认在 FTP 上开启了匿名登录功能,那么在用户名处输入 anonymous,密码随便填写一个 E-mail 地址或直接按 Enter 键也能登录。

(3) 如果在实际使用中,本地计算机的 21 端口已经被其他服务或程序占用,这时要对 FTP 站点的端口号进行修改。

(4) FTP 主目录最好选择 NTFS 格式的磁盘,右击 FTP 站点从弹出的快捷菜单中选择"权限"选项后会出现权限指派窗口,可以根据实际情况对系统不同用户赋予不同权限。

(5) 删除 FTP 配置。若要卸载 IIS(卸载前,应先停用各站点),则把计算机中各站点的主目录都删除,删除试验中创建的账户,把 Administrator 账户的密码设置为空。

自主创新

试在计算机上进行 FTP 站点的配置。

评　估

活动任务二的具体评估内容如表 6.6 所示。

表 6.6　活动任务二评估表

活动任务二评估细则		自　评	教　师　评
1	学会安装 FTP 服务器		
2	了解默认 FTP 服务器基本配置		
3	会在一台服务器上配置多个 FTP 站点		
4	能处理好在 FTP 站点配置中出现的问题		
任务综合评估			

活动任务三　DNS 服务器的设置与使用

任务背景

域名系统(DNS)在 TCP/IP 结构的网络中,是一种很重要的 Internet 和 Intranet 服务,它是一种组织成域层次结构的计算机和网络服务的命名系统。通过 DNS 服务可以将易于记忆的域名和不易记忆的 IP 地址进行转换,从而使得用户能够通过简单好记的域名来代替 IP 地址访问网络。承担 DNS 解析任务的网络主机称为 DNS 服务器,建立一台 DNS 服务器,需要具备的条件为：IP 地址、域名、网络与 Internet 连接(不包括使用调制解调器进行的连接)。

任务分析

DNS 服务器负责将主机名连同域名转换为 IP 地址。DNS 域名服务器可进行正向查询和反向查询。正向查询将名称解析成 IP 地址,而反向查询则将 IP 地址解析成名称。接下来学习如何对服务器进行配置。

任务实施

首先需要了解服务器和学生用计算机的配置。服务器配置如表 6.7 所示。

表 6.7　服务器配置

位　置	服务器	IP 地址	端口号	域　名
1 号服务器	主要 DNS 服务器	10.100.0.1	默认	
2 号服务器	Web 服务器	10.100.0.2	80	www.hbtvc.com
3 号服务器	网络硬盘服务器	10.100.0.3	80	net.hbtvc.com
4 号服务器	E-mail 服务器	10.100.0.4	35	mail.hbtvc.com
5 号服务器	教务管理服务器	10.100.0.5	80	jwgl.hbtvc.com
6 号服务器	FTP 服务器	10.100.0.6	21	ftp.hbtvc.com

学生用计算机配置(3 台计算机为一组)如表 6.8 所示。

表 6.8　学生用计算机配置

位　置	服务器	IP 地址	端口号	域　名
1 号学生机	主要 DNS 服务器 Web 服务器	10.10.45.X	8080	(提供 DNS 服务) jsj01.hbtvc.com
2 号学生机	辅助 DNS 服务器 Web 服务器	10.10.45.X	8080	(辅助 DNS 服务) jsj02.hbtvc.com
3 号学生机	DNS 客户机	10.10.45.X		(用于测试)

具体操作内容如下。

1. 配置 1 号学生机(主要 DNS 服务器)

(1) 安装 DNS 服务器。

(2) 添加正向搜索区域：区域类型为主要区域,区域名为 hbtvc.com。

(3) 添加反向搜索区域：区域类型为主要区域,IP 地址为 10.100.X.X。

(4) 按表 6.8 所示添加主机记录,同时创建相关的指针(RPT)记录。

2. 配置 3 号学生机(DNS 客户机)

(1) 配置 TCP/IP 协议,将首选 DNS 服务器指向 1 号学生机。

(2) 用命令行测试 DNS 服务器的正向解析和反向解析是否成功。

(3) 用浏览器访问各网站,例如查看 Web 服务器(www.hbtvc.com)网页,检查是否可以用域名访问各网站,测试 DNS 工作是否正常。

3. 配置2号学生机(辅助DNS服务器)

(1) 在2号学生机上安装辅助DNS服务器,把它与1号学生机中的主要DNS服务器相关联,进行数据传输。

(2) 停用1号学生机中的主要DNS服务器,用域名访问网站,通过3号学生机测试辅助DNS服务器是否能正常工作。

4. 配置域名的转发

在DNS服务器上配置转发功能,把几个组的DNS服务器连接起来。

> 提示技巧
>
> 转发分为全部转发和条件转发两种,用转发器或根提示方式都可实现转发,各DNS服务器之间可以用递归或迭代方式进行连接,可尝试用不同的方式进行转发。

(1) 在1号学生机(主要DNS服务器)上配置转发器并将DNS地址设置为公网DNS服务器地址(例如202.99.160.68)。

(2) 通过3号学生机测试DNS工作是否正常,例如用Ping命令行测试或用IE浏览器浏览百度网站(www.baidu.com)。当1号学生机无法解析域名时,就会向公网DNS服务器请求解析。3号学生机可以正常上网。

(3) 在其他各组的DNS服务器上配置转发器并将DNS地址设置为1号学生机(主要DNS服务器),在其他组中测试是否能上网。

(4) 把其他各组的DNS服务器都加入到全部转发列表中,这样,当本机无法解析某域名时,就会依次向各DNS服务器请求解析。用域名访问其他小组的网站,检查能否成功访问。

(5) 设置"根提示"实现迭代解析。

5. 卸载DNS

停用DNS服务器,卸载DNS服务器,把Administrator账户的密码设置为空。

归纳提高

DNS(Domain Name Server),即域名服务器。用户通过域名访问网络,而网络中的计算机根据IP地址互相区别,它们之间的转换工作称为域名解析(例如www.sina.com.cn与218.30.66.101之间的转换),域名解析需要由专门的域名解析服务器来完成,DNS就是进行域名解析的服务器。使用DNS应注意以下几个问题。

(1) 选择"控制面板"→"添加/删除程序"→"添加/删除Windows组件"命令也可以安装DNS服务器。

(2) 如果该服务器当前配置为自动获取IP地址,则Windows组件向导的"正在配置组件"对话框就会出现,提示用户使用静态IP地址配置DNS服务器。

(3) 只有当DNS服务器是域控制器时才可以选择"在Active Directory中存储区域"选项。

(4) 域和区域是有差别的。域是DNS域树中的分支,叶子一般是主机;而区域是DNS

名称空间的一个连接部分，一个服务器的授权区域可以包括多个域，也可以只有一个域。

(5) 当多项服务集成在一台服务器中时，需要使用多个域名对应一个 IP 地址，这时可以为主机记录创建别名记录，添加方法与添加主机记录相同。

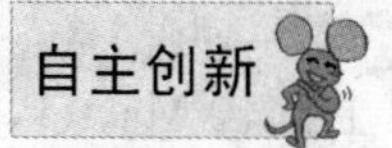

试安装配置 DNS 服务器，并测试 DNS 服务。

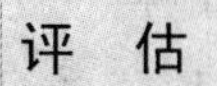

活动任务三的具体评估内容如表 6.9 所示。

表 6.9　活动任务三评估表

活动任务三评估细则		自　评	教　师　评
1	会安装 DNS 服务器		
2	会添加正向搜索区域		
3	能配置辅助 DNS 服务器		
4	能对 DNS 进行测试		
任务综合评估			

综合活动任务　在一台服务器上设置多个 Web 站点

任务背景

Windows Server 2003 安装成功后，一般会启动一个默认的 Web 站点，为整个网络提供 Internet 服务。在中小型局域网中，服务器往往只有一台，但是一个 Web 站点显然又无法满足工作需要。那么，能否在一台服务器上设置多个 Web 站点（以下简称为"一机多站"）呢？答案是肯定的，并有多种途径可以达到这一目的。众所周知，网络上的每一个 Web 站点都有一个唯一的身份标识，从而使客户机能够准确地访问。这一标识由 3 部分组成，即 TCP 端口号、IP 地址和主机头名，要实现"一机多站"就需要在这 3 个方面下工夫。

任务分析

现在有一台 Windows Server 2003 服务器，要在这台服务器上建立默认站点"教师之家"和新增站点"学生天地"（建立更多网站的原理相同）。Web 站点的默认端口一般为 80，如果改变这一端口，就能实现在同一服务器上新增站点的目的。

假设服务器名为 Master，安装有一块网卡，IP 地址为 192.168.0.1，那么安装 IIS 后会自动生成一个默认 Web 站点，可将其作为"教师之家"网站。下面介绍实现方法。

任务实施

具体操作步骤如下。

(1) 执行"开始"→"所有程序"→"管理工具"→"Internet 服务管理器"命令，出现

“Internet 信息服务”窗口。

(2) 右击“默认 Web 站点”图标，选择“属性”选项进行设置。在“Web 站点标识”中，将说明改为“教师之家”，IP 地址选择 192.168.0.1，TCP 端口保持默认的 80 不变。将制作好的网站文件复制到默认目录中，“教师之家”站点的设置就完成了。

(3) 接下来增加“学生天地”站点。在“Internet 信息服务”窗口中选中主机名 Master，然后选择“操作”→“新建”→“Web 站点”命令，出现“Web 站点创建向导”窗口，依次单击“下一步”按钮，将站点说明定为“学生天地”，IP 地址选择 192.168.0.1，在 TCP“端口”栏一定要将默认的 80 修改为其他值，例如 1050，选定主目录，设置好访问权限，“学生天地”站点的设置也完成了。

(4) 测试效果。在浏览器地址栏中输入 http://192.168.0.1(默认的端口号 80 可以省略)，按 Enter 键，就可访问“教师之家”站点。输入 http://192.168.0.1:1050(注意 IP 地址后的端口号一定不能少)，则可访问“学生天地”站点。需要注意的是，采用这种方式设置的多站点无法与 DNS 结合使用。

提示技巧	一般情况下，一块网卡只设置了一个 IP 地址。如果为这块网卡绑定多个 IP 地址，每个 IP 地址对应一个 Web 站点，那么同样可以实现“一机多站”的目的。

(5) 选择“开始”→“控制面板”命令，双击“网络和拨号连接”图标，在弹出的窗口中右击“本地连接”图标，选择“属性”命令调出“本地连接属性”对话框，选择“Internet 协议(TCP/IP)”选项，单击“属性”按钮调出“Internet 协议(TCP/IP)属性”对话框，单击下方的“高级”按钮调出“高级 TCP/IP 设置”对话框。在“IP 地址”选项区域列出了网卡已设定的 IP 地址和子网掩码，单击“添加”按钮，在弹出的对话框中填入新的 IP 地址(例如 192.168.0.2，注意不能与其他计算机的 IP 地址重复)，子网掩码与原有的设置相同(如 255.255.255.0)。然后依次单击“确定”按钮，就完成了多个 IP 地址的绑定。

(6) 按照上面的做法设置默认站点“教师之家”，然后增加“学生天地”站点。在“Internet 信息服务”窗口中选中主机名 Master，选择“操作”→“新建”→“Web 站点”命令，出现“Web 站点创建向导”窗口，依次单击“下一步”按钮，将站点说明定为“学生天地”，IP 地址选择 192.168.0.2(注意不能与默认站点的 IP 地址相同)，TCP 端口保持默认的 80 不变，选定主目录，设置好访问权限，“学生天地”站点设置完成。

提示技巧	分别在浏览器地址栏中输入 http://192.168.0.1 和 http://192.168.0.2，测试一下效果。如果觉得通过输入 IP 地址访问站点不够方便的话，完全可以通过设置 DNS，用 http://www.teacher.com 代替 http://192.168.0.1 来访问“教师之家”站点，用 http://www.student.com 代替 http://192.168.0.2 来访问“学生天地”站点。

归纳提高

也可以利用主机头法实现在一台服务器上设置多个 Web 站点。

在不更改 TCP 端口和 IP 地址的情况下，同样可以实现“一机多站”，这里需要使用主机头名来区分不同的站点。具体操作如下。

(1) 所谓“主机头名”，实际上就是指 www.student.com 之类的友好网址，因此要使用主机头法实现“一机多站”，就必须先进行 DNS 设置。在 DNS 中设置 http://www.teacher.com 和 http://www.student.com 两个网址，将它们都指向唯一的 IP 地址 192.168.0.1。

(2) 仿照上面的做法，首先设置默认站点“教师之家”，由于是默认站点，因此基本无须进行特别设置。然后进行“学生天地”站点的添加操作，IP 地址选择 192.168.0.1，TCP 端口保持默认的 80 不变，在“此站点的主机头”文本框中一定要输入 www.student.com，然后选定主目录，设置好访问权限，“学生天地”站点的设置就完成了。

(3) 分别在浏览器地址栏中输入 http://www.teacher.com 和 http://www.student.com 两个网址，测试效果。与上例不同的是，用主机头法实现的“一机多站”必须使用友好网址才能访问。

自主创新

在服务器上安装两块网卡，采用上述方法在服务器上设置多个站点，并试着在局域网内模拟运行。

评　估

根据学习服务器配置的具体情况，以及常见操作方法的使用和学习情况，完成如表 6.10 所示的评估表。

表 6.10　综合任务评估表

项　目	标准描述	评定分值						得分
基本要求 60 分	能找到管理工具	10	8	6	4	2	0	
	会使用并设置管理工具	10	8	6	4	2	0	
	会设置 IP 地址	10	8	6	4	2	0	
	会进行 DNS 配置	10	8	6	4	2	0	
	会给一块网卡设置两个 IP 地址	10	8	6	4	2	0	
	会增加站点	10	8	6	4	2	0	
特色 30 分	会用主机头法设置站点	20	16	12	8	2	0	
	能灵活处理配置中出现的各种问题	10	8	6	4	2	0	
合作 10 分	能与其他同学合作、沟通，共同完成任务	10	8	6	4	2	0	
主观评价							总分	

项目评估

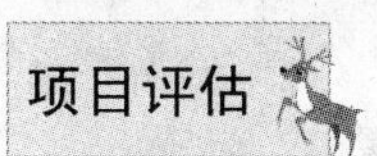

项目六的具体评估内容如表 6.11 所示。

表 6.11　项目六评估表

项　目	标 准 描 述	评 定 分 值						得分
基本要求 60 分	了解各种服务器的基本概念、基本功能	10	8	6	4	2	0	
	会进行 Web 服务器的配置	10	8	6	4	2	0	
	会进行 FTP 服务器的配置	10	8	6	4	2	0	
	会进行 DNS 服务器的配置	10	8	6	4	2	0	
	会管理各种服务器	10	8	6	4	2	0	
	会独立处理配置中出现的问题	10	8	6	4	2	0	
特色 30 分	能够独立在一台服务器上完成配置	20	16	12	8	2	0	
	会用一个服务器配置多个站点	10	8	6	4	2	0	
合作 10 分	能与其他同学合作、沟通，共同完成任务	10	8	6	4	2	0	
主观评价							总分	
项目综合评价							总分	

项目七

局域网管理与故障诊断

职业情景描述

随着网络应用规模的不断增加，网络管理工作越来越繁重。作为一个好的网络管理员，必须掌握各种网络工具知识才可以应对多种多样的网络故障。

通过本项目，学生将学习到以下内容。

- 事件查看器的使用
- 网络监视器的使用
- 常用故障诊断工具的使用
- 本地安全策略的设置

活动任务一　使用事件查看器

任务背景

无论是普通计算机用户，还是专业计算机系统管理员，在操作计算机时都会遇到某些系统错误，很多人经常为无法找到出错原因，解决不了故障问题感到困扰。事实上，利用 Windows 内置的事件查看器，加上适当的网络资源，就可以很好地解决大部分系统问题。

任务分析

事件查看器可以完成许多工作，例如审核系统事件和存放系统、安全及应用程序日志等。事件日志服务详细记录了操作系统的系统组件、应用程序和审核策略发生的事件，用户可以通过事件查看器查看计算机已经发生的所有事件，了解计算机工作状态，监视计算机性能和调整系统资源分配等。

任务实施

1. 查看事件

具体操作步骤如下。

（1）执行“开始”→“所有程序”→“管理工具”→“事件查看器”命令，显示如图 7.1 所示的“事件查看器”窗口，查看系统事件。

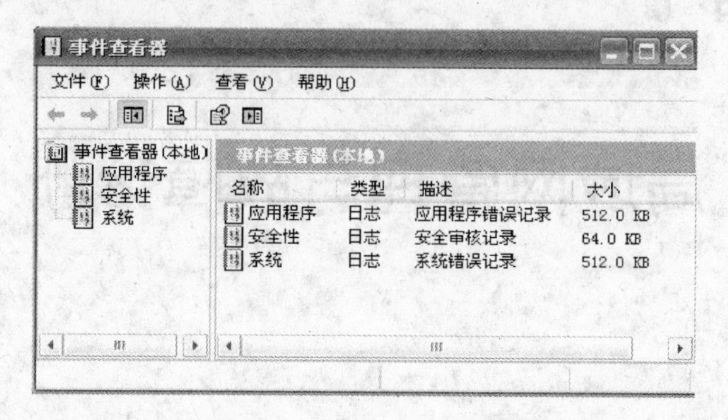

图 7.1　“事件查看器”窗口

（2）在窗口左侧控制台树形目录中选择要查看的系统事件，相关事件的简略信息将显示在右侧窗格中，如图 7.2 所示。

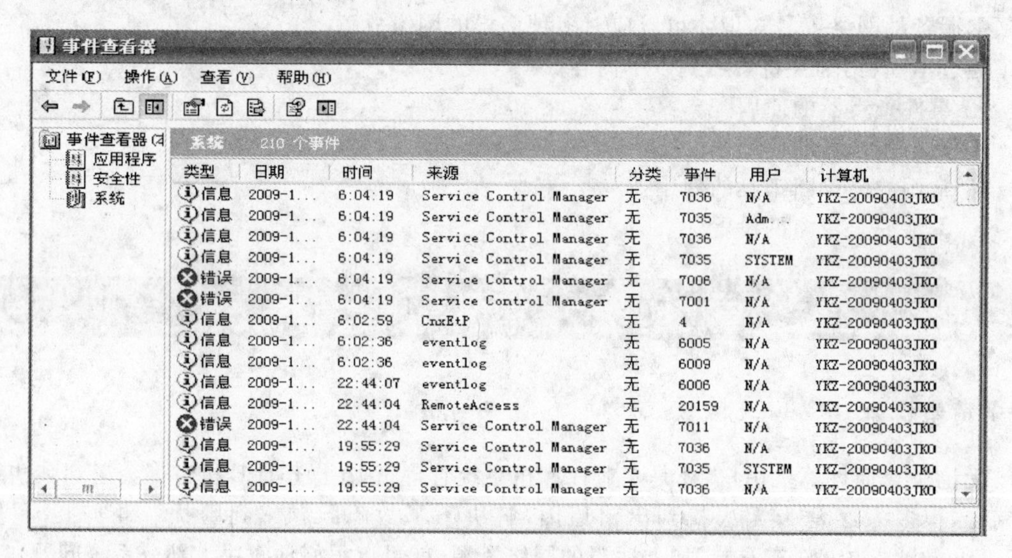

图 7.2　系统事件简略信息

（3）在右侧窗格中双击要查看的事件，显示如图 7.3 所示的“事件 属性”对话框，显示事件的详细信息。单击“复制”按钮，可将该信息复制到剪贴板。单击“↑”或“↓”按钮，可查看上一条或下一条信息。

（4）在左侧控制台树形目录中相关事件上右击，可以在快捷菜单中执行保存、清除和刷新等操作。

2. 搜索指定的事件

在“事件查看器”窗口的菜单栏中选择“查看”→“查找”命令，在“查找”对话框中根据需要选择相应的搜索参数（包括事件类型、发生日期与时间、引起事件的用户和计算机等），搜索指定的事件信息。

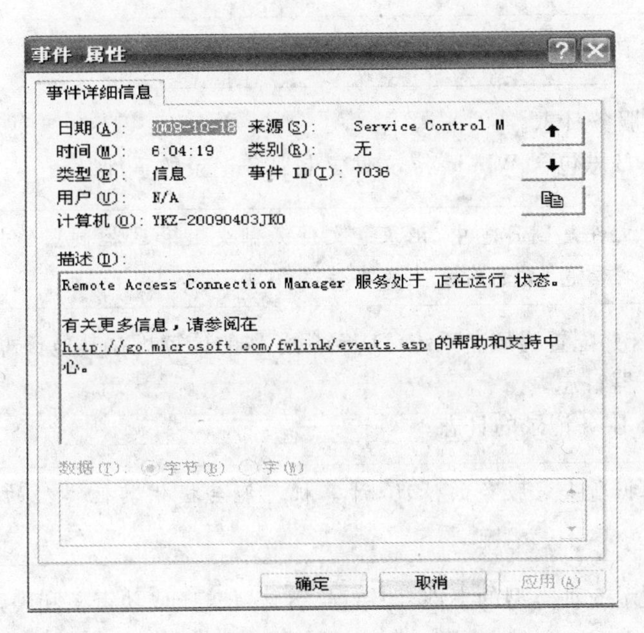

图 7.3　“事件 属性”对话框

归纳提高

默认情况下，运行 Windows Server 2003 操作系统的计算机以 3 种类型的日志记录事件。

(1) 应用程序日志。

应用程序目录包含由应用程序或系统程序记录的事件。

> **提示技巧**　数据库程序可在应用程序日志中记录文件错误。应用程序开发人员决定记录哪些事件。

(2) 安全日志。

安全日志记录诸如有效和无效的登录尝试等事件，以及记录与资源使用相关的事件，例如创建、打开或删除文件或其他对象。如果已启用登录审核，登录系统的尝试将记录在安全日志中。

(3) 系统日志。

系统日志包含 Windows 系统组件记录的事件。

> **提示技巧**　在启动过程中加载驱动程序或其他系统组件失败将记录在系统日志中。服务器预先确定由系统组件记录的事件类型。

运行 Windows Server 2003 家庭操作系统且配置为域控制器的计算机以另外两种日志记录事件。

(1) 目录服务日志。

目录服务日志包含 Active Directory 服务记录的事件。

提示技巧	在目录服务日志中记录服务器和全局编录间连接问题。

(2) 文件复制服务日志。

文件复制服务日志包含 Windows 文件复制服务记录的事件。

提示技巧	在文件复制日志中，记录着文件复制失败和域控制器（利用关于系统卷更改的信息）更新时发生的事件。

运行 Windows 并配置为域名系统(DNS)服务器的计算机在其他日志中记录事件。

(1) DNS 服务器日志。

(2) 包含 DNS 服务记录的日志。

提示技巧	根据所安装服务的情况，计算机可能会提供其他类型的事件和事件日志。

事件查看器显示 5 种类型的事件，即错误、警告、信息、成功审核和失败审核。

自主创新

利用事件查看器查看引起错误的系统信息和程序信息。

评　估

活动任务一的具体评估内容如表 7.1 所示。

表 7.1　活动任务一评估表

活动任务一评估细则		自　评	教　师　评
1	了解事件查看器的类型		
2	会分析事件查看器		
3	能通过事件查看器了解计算机的工作状态		
4	会管理事件查看器		
任务综合评估			

活动任务二　用鹦鹉螺网络助手实现远程管理

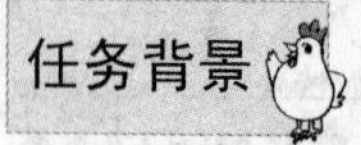

任务背景

在网络管理中，应尽可能地利用一些第三方管理软件，因为这样不仅可以降低网络管理的难度和复杂度，而且在许多时候，虽然对这些软件的操作只是一个很小的应用，但却往往能解决很多大问题。

任务分析

鹦鹉螺网络助手是一个用于 Windows 系统平台的、功能强大的、方便易用的网络工具集。它提供了上网冲浪、检查网络故障、获取账号、主机和域名等网上信息所需的各种工具。鹦鹉螺网络助手既适合于网络新手,也适合于有经验的用户使用。

任务实施

1. 启动鹦鹉螺网络助手

鹦鹉螺网络助手运行后的主界面窗口如图 7.4 所示。

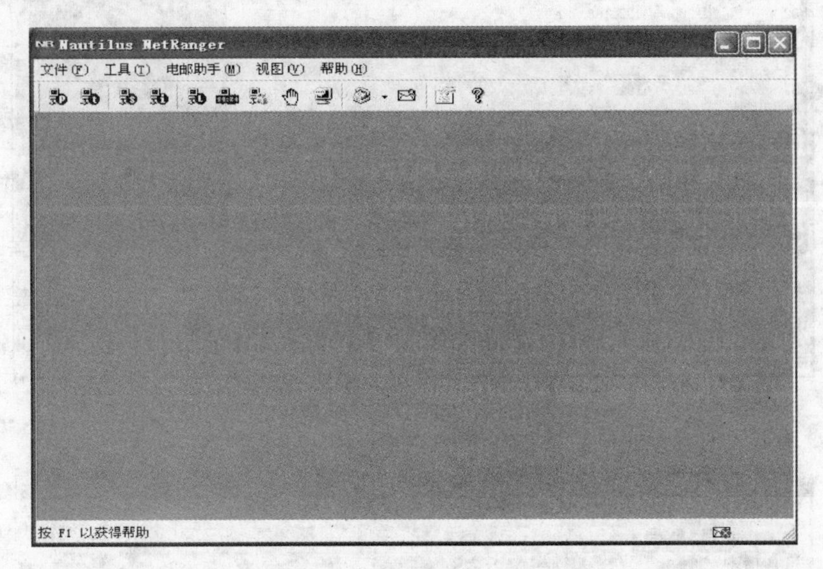

图 7.4　鹦鹉螺网络助手主界面

> **提示技巧**　除菜单栏之外,功能按钮从左到右依次是:Ping、路由跟踪(TraceRoute)、主机扫描器、网络信息、主机查询(HostLookup)、网络时钟(Time/Daytime)、域名查询(WhoIs)、账号查询(Finger)、快速拨号、电邮助手、设置、关于等。

2. 鹦鹉螺网络助手应用

(1) 单击 Ping 按钮,即可打开 Ping 对话框,在"主机名/地址"文本框中输入主机名或 IP 地址(例如输入 192.168.0.1)。选中"解析 IP 地址"复选框之后,单击"开始"按钮,即可看到输出的信息,有返回 ICMP 数据包的主机的 IP 地址、主机名、字节数、TTL、时间等,如图 7.5 所示。

(2) 单击 TraceRoute 按钮,在如图 7.6 所示的 TraceRoute 对话框中输入相应信息之后(这里在"主机名/地址"文本框中输入 192.168.0.1)单击"开始"按钮,即可跟踪路由信息。

> **提示技巧**　对于跟踪过程中经过的每一台路由器,均可获得以下信息。
> 序号:该路由器的顺序号。
> 时间:从发出数据包到收到应答包期间的时间间隔。
> IP 地址/主机名:该路由器的 IP 地址或主机名称。

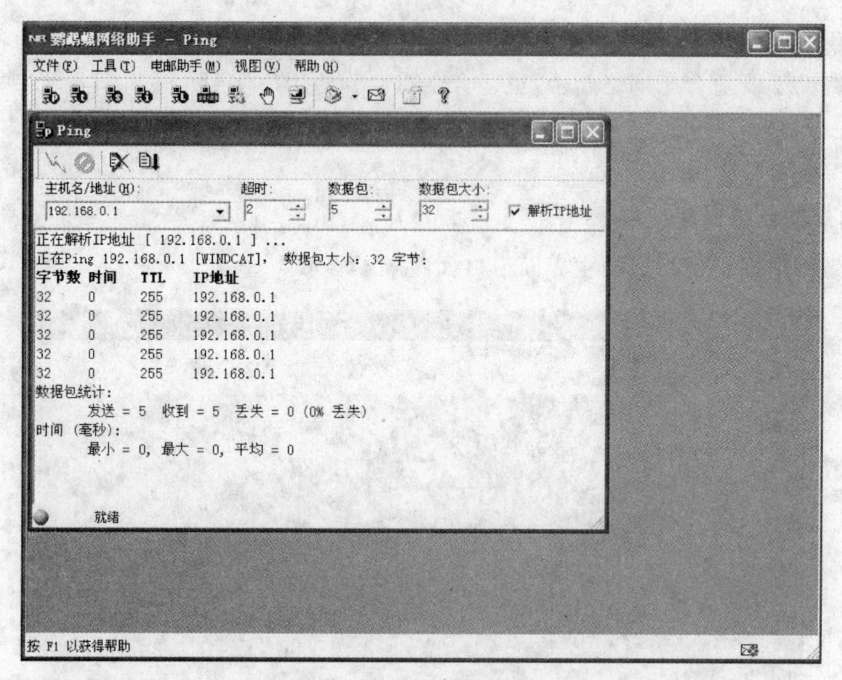

图 7.5　返回 ICMP 数据包

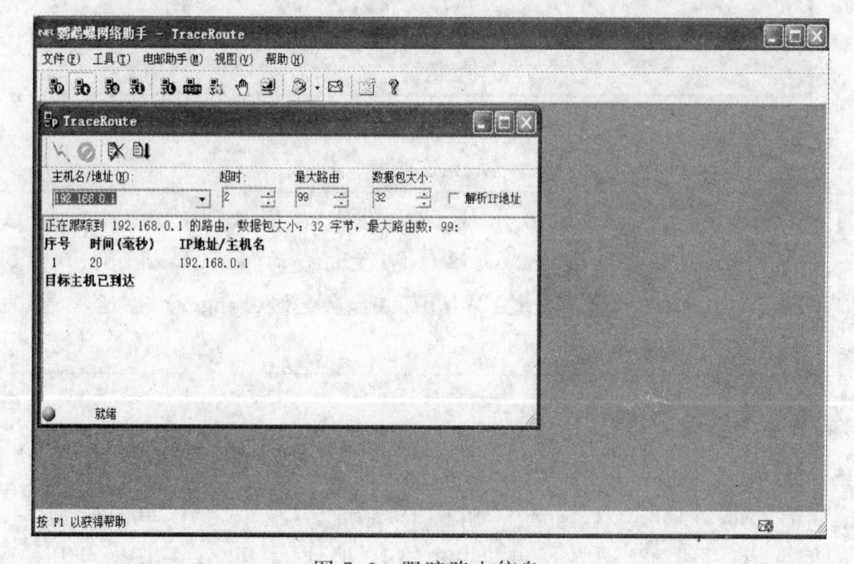

图 7.6　跟踪路由信息

(3) 单击“主机扫描器”按钮，在如图 7.7 所示的“主机扫描器”对话框中输入相应信息之后，单击“开始”按钮即可开始扫描。

> **提示技巧**　当用户使用 Ping 扫描之后，将会看到 IP 地址、主机名、平均响应时间、成功次数、失败次数和返回数据包的 TTL 值等扫描结果，这些数据显示在一个支持排序功能的输出列表中。用户可通过单击每列的列头来选择按顺序或倒序排列。

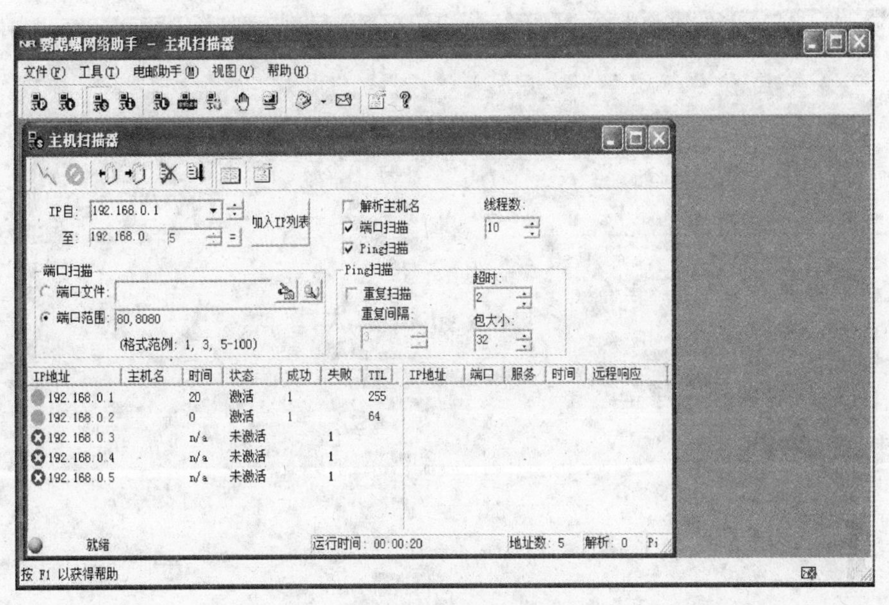

图 7.7　“主机扫描器”对话框

(4) 单击“网络信息”按钮，在如图 7.8 所示的“网络信息”对话框中，执行“网络连接”→“开始”命令，即可查询和监视当前主机上激活的 TCP 和 UDP 的连接情况。

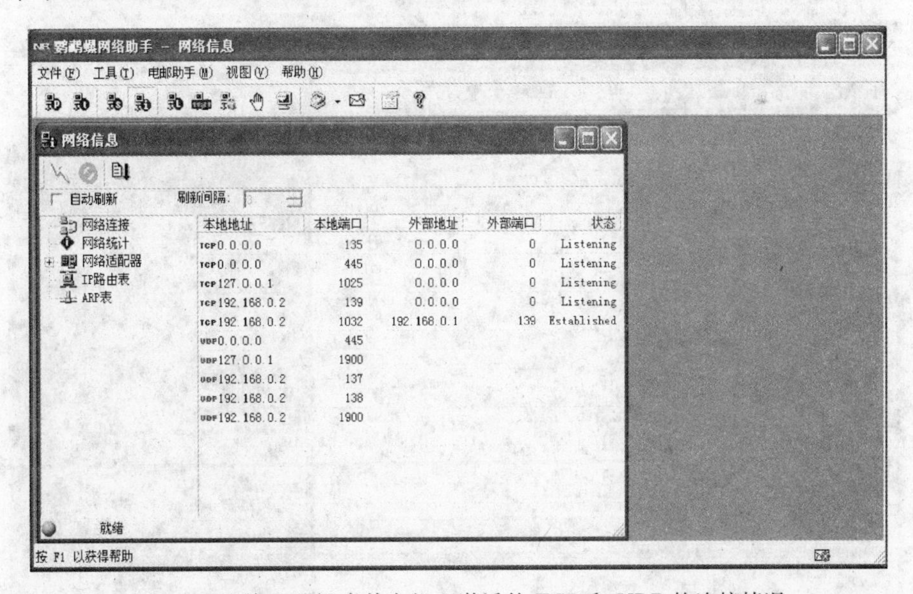

图 7.8　查询和监视当前主机上激活的 TCP 和 UDP 的连接情况

(5) 双击“网络信息”主窗口中的“网络统计”图标，即可打开“网络统计”窗格，如图 7.9 所示。其中包含 IP 参数统计、TCP 参数统计、UDP 参数统计和 ICMP 参数统计等几种列表。

(6) 双击“网络信息”主窗口中的“网络适配器”图标，即可打开“网络适配器”窗格，如图 7.10 所示。其中显示了本地主机上所有与网络适器配相关的信息，所有被检测到的适配器都将被列在“网络信息”窗口左侧树形目录的“网络适配器”项下。要查看某个特定适配器的信息时，选中该项适配器，在窗口右边的窗格中将会显示相关信息。

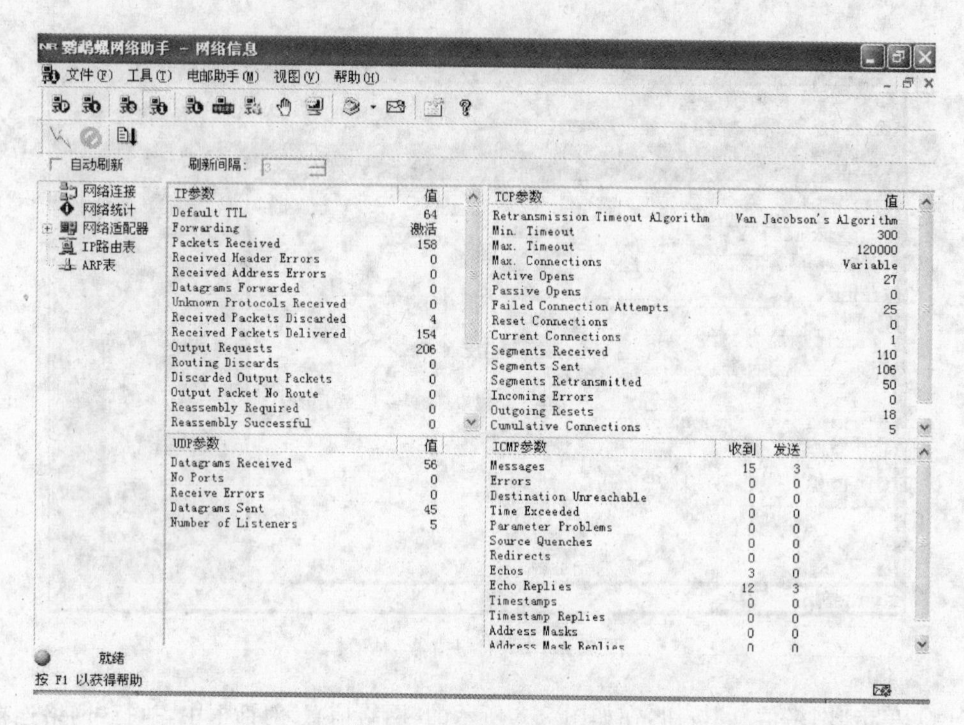

图 7.9 “网络统计”窗格

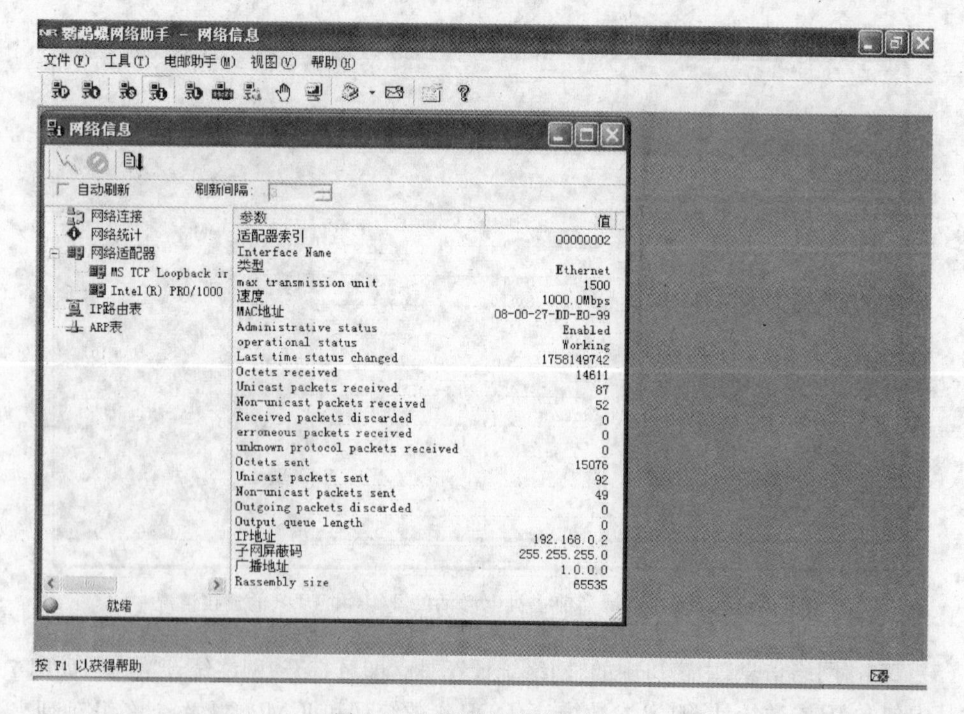

图 7.10 “网络适配器”窗格

(7) 在“网络信息”主窗口上双击“IP 路由表”图标，即可打开“IP 路由表”窗格，如图 7.11 所示。其中显示的系统 IP 路由表主要包含目标 IP 地址、子网屏蔽码、路由类型、转发协议等信息，用户只要根据需要查看相应的信息即可。

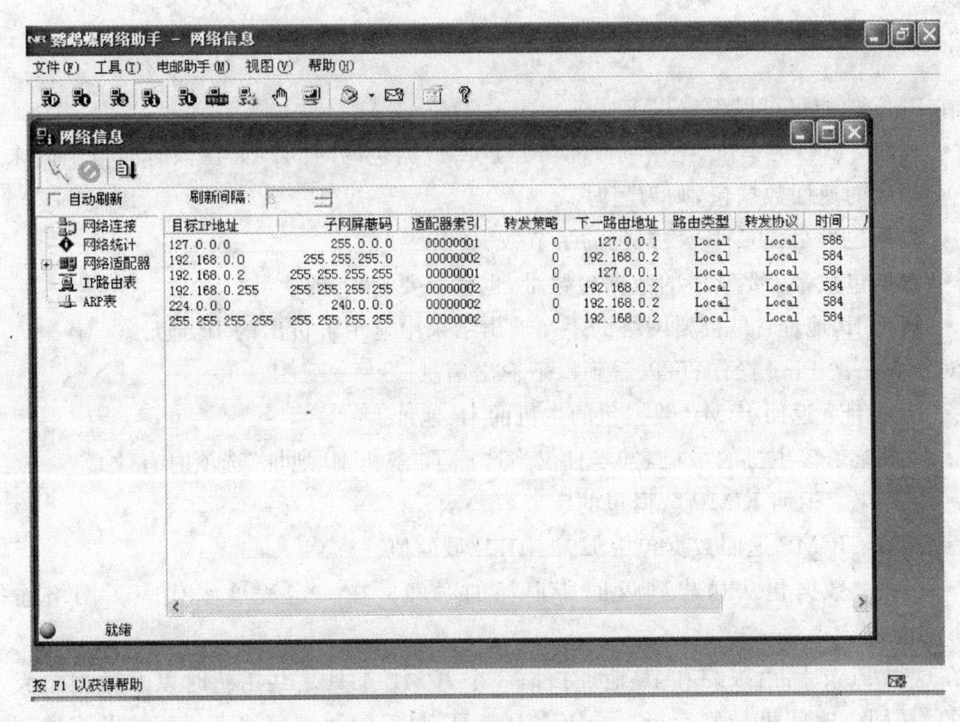

图 7.11　"IP 路由表"窗格

(8) 单击"鹦鹉螺网络助手"主窗口中的 TCP Lookup 按钮，即可打开 TCP Lookup 对话框，如图 7.12 所示，在"主机名/地址"文本框中输入一个主机名或地址之后，单击"开始"按钮，如果输入的是主机名，则可以将主机名解析成 IP 地址，反之亦然。

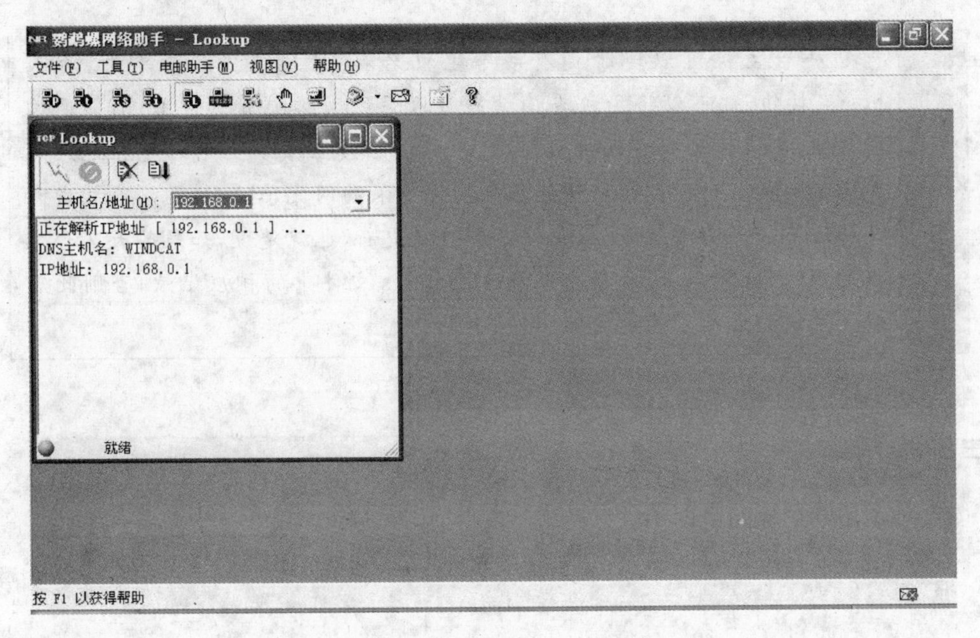

图 7.12　TCP Lookup 对话框

归纳提高

在 Ping 功能里可以设置以下选项。

- 超时：以秒为单位，网络助手将等待返回数据包的时间。如在该时间范围内未收到相应的返回数据包，则为超时。
- 数据包大小：ICMP 数据包的字节数。
- 数据包数量：要发送的数据包数量，也就是要 Ping 的次数。
- 解析 IP 地址：是否要网络助手在输出结果中显示解析出的 IP 地址。

对于每一次 Ping 操作，可以看到以下输出信息。

- IP 地址：返回 ICMP 数据包的主机的 IP 地址。
- 主机名：该主机的主机名(当且仅当选择了“解析 IP 地址”选项时有效)。
- 字节数：返回 ICMP 数据包的字节数。
- TTL：ICMP 返回数据包中 IP 头 TTL 域的值。
- 时间：数据包从送出到返回所消耗的时间。在一定程度上代表了网络连接的速度。

在这里 Ping、路由跟踪和 IP 地址扫描 3 个 ICMP 工具是共用超时以及数据包大小的配置的，在同一时间里最好运行一个 ICMP 工具，尽管鹦鹉螺网络助手强大的多线程功能完全支持它们的同时运行，但是运行超过一个 ICMP 工具可能导致所运行工具的检查结果有误。

主机查询的功能是将主机名解析成 IP 地址，或做相反的工作。对于该主机所有别名或地址均被列出。

提示技巧

一台主机可以现时拥有多个主机名和 IP 地址。只要单击“存入 hosts”按钮，就可以将主机查询结果存入系统网络配置文件 hosts。通过将该主机名/地址串存入该文件，可以相当程度上减少上网时花在地址解析上的时间。对于使用缓慢连接在网上冲浪的网民，这一措施具有相当意义。还有一点需要注意，该文件不会自动更新，也就是说，如果某天某台主机的 IP 地址改变了，必须手工修改在 hosts 文件中的相应记录，否则此后对该主机的访问可能会失败。

自主创新

安装并利用鹦鹉螺网络助手进行网络管理，当诊断故障。

评　估

活动任务二的具体评估内容如表 7.2 所示。

表 7.2　活动任务二评估表

活动任务二评估细则		自　评	教　师　评
1	熟悉鹦鹉螺网络助手的安装		
2	熟悉鹦鹉螺网络助手的设置		
3	会使用鹦鹉螺网络助手管理网络		
4	能理解对话框中各参数的含义		
任务综合评估			

活动任务三　使用常用故障诊断工具

任务背景

网络管理员最怕的就是网络出现故障。网络故障小则影响某个人或部门的正常工作，大则影响公司的整体运行，甚至带来不可估量的经济损失。一旦网络出现故障，就可能面对如潮的指责声，因此网络管理员的工作压力陡然提升。在这里就向大家介绍几款常用工具，希望对网络管理者的工作有所帮助。

任务分析

网络中的硬件瑕疵、系统 Bug、错误操作都可能导致网络服务系统中断。如果没有优秀的工具和丰富的经验，普通用户很难解决局域网当中的故障。一个好的网管若想在故障发生前敏锐捕捉到蛛丝马迹，在错误发生后迅速判断故障的位置，搞清导致故障的原因，就必须借助系统诊断、侦错和分析工具。它们就像是听诊器、CT 机和病历记录，是“药到病除”的前提和基础。

任务实施

1. 网络链路诊断工具

IP 连接测试——Ping 命令，是一个常用的网络链路诊断工具，使用步骤如下。

(1) 网络正常运行情况下，在命令提示符窗口输入命令：ping www.163.com。

(2) 按 Enter 键执行，所有发送的包均被成功接收，丢包率为 0，如图 7.13 所示。

> **提示技巧**
>
> 正常测试结果中会连续出现类似 Reply from 61.135.253.11: bytes=32 time=24ms TTL=55 的语句。其中 24ms 表示从发送数据到收到回应经历的时间，如果超出限定时间后仍未收到回应，则视为连接超时，自动发送下一个测试数据包，系统默认的超时时间为 4000ms(4s)；TTL=55 表示对方主机的 TTL 值为 55，根据 TTL 值一般可以确定该计算机使用哪种操作系统，例如 Windows XP/2000 系统的主机通常为 128，Windows 98 系统的主机通常为 64，而 UNIX 系统的主机一般为 255。

```
C:\WINDOWS\system32\cmd.exe
Microsoft Windows XP [版本 5.1.2600]
(C) 版权所有 1985-2001 Microsoft Corp.

C:\Documents and Settings\Administrator>ping www.163.com

Pinging www.cache.gslb.netease.com [61.135.253.11] with 32 bytes of data:

Reply from 61.135.253.11: bytes=32 time=24ms TTL=55
Reply from 61.135.253.11: bytes=32 time=24ms TTL=55
Reply from 61.135.253.11: bytes=32 time=24ms TTL=55
Reply from 61.135.253.11: bytes=32 time=23ms TTL=55

Ping statistics for 61.135.253.11:
    Packets: Sent = 4, Received = 4, Lost = 0 (0% loss),
Approximate round trip times in milli-seconds:
    Minimum = 23ms, Maximum = 24ms, Average = 23ms
```

图 7.13　Ping 测试结果

(3) 当网络出现故障时往往得不到上述结果。此时在命令提示符窗口中输入命令：ping www.henuet.com。

(4) 按 Enter 键执行，会显示如下所示的结果。表明网络连接不正常，所有发送的测试数据包均未被成功接收，丢包率为 100%。

```
Request timed out
Request timed out
Request timed out
ping statistics for 218.30.70.85:
    Packets: Sent = 4, Received = 0, Lost = 4 <100 % loss>
```

2. 网卡地址及协议列表工具——Getmac

Getmac 命令用于获取返回计算机中所有网卡的媒体访问控制(MAC)地址，以及每个地址的网络协议列表，它既可以应用本地计算机，也可以通过网络获取远程主机或者用户计算机的 MAC 地址等相关信息。

(1) 获取本机的网卡地址以及协议名称。

在命令提示符窗口中输入 getmac 命令并执行，显示结果如图 7.14 所示。

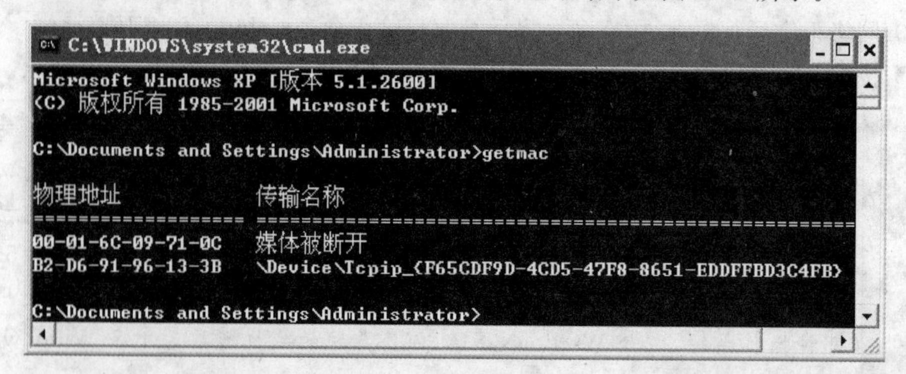
C:\WINDOWS\system32\cmd.exe
Microsoft Windows XP [版本 5.1.2600]
(C) 版权所有 1985-2001 Microsoft Corp.
C:\Documents and Settings\Administrator>getmac
物理地址
传输名称
00-01-6C-09-71-0C
媒体被断开
B2-D6-91-96-13-3B
\Device\Tcpip_{F65CDF9D-4CD5-47F8-8651-EDDFFBD3C4FB}
C:\Documents and Settings\Administrator>

图 7.14　使用 Getmac 命令获取本机的网卡地址

（2）在本地计算机上以 table 的格式输出 MAC 的详细信息。

在命令提示符窗口中输入命令：getmac /fo table /nh /v，按 Enter 键执行。通过查看结果得知，本地计算机共有 1 块网卡（每块网卡都具有一个唯一的 MAC 地址），如图 7.15 所示。

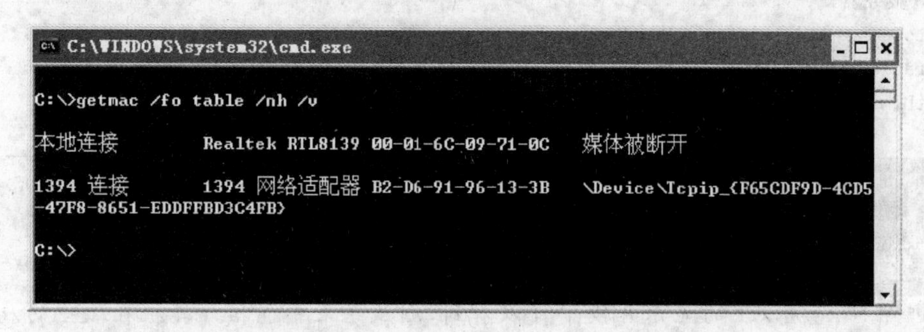
C:\WINDOWS\system32\cmd.exe
C:\>getmac /fo table /nh /v
本地连接　Realtek RTL8139 00-01-6C-09-71-0C　媒体被断开
1394 连接　1394 网络适配器 B2-D6-91-96-13-3B　\Device\Tcpip_{F65CDF9D-4CD5
-47F8-8651-EDDFFBD3C4FB}
C:\>

图 7.15　使用 Getmac 命令获取 MAC 地址的详细信息

3. 网络故障高级诊断工具——Netdiag

Netdiag 是一个基于命令行的网络故障原因诊断工具，可以用它来测试、验证网络连接。它执行一系列测试来判定网络客户端的状态和功能性，可以显示系统的 TCP/IP 配置信息、网络适配器类型、绑定的网络协议、网络 DNS 服务器，甚至可以监测系统中已经安装的 SP、Hotfix 信息。还可以使用 Netdiag 提供的测试结果和网络状态信息帮助用户在基于 Windows 2000 的工作站或服务器的计算机上，发现网络隔离状态和连接问题。

（1）输出系统的详细网络配置信息如下所示。

```
C:\tools\netdiag
..................................
计算机名称：SRV
DNS 主机名称：SRV.contoso.com
系统信息：Microsoft Windows Server 2003 R2 (Build 3790)
处理器：Processor : x86 Family 15 Model 4 Stepping 1, GenuineIntel
安装的热补丁列表：
KB890046
KB893756
KB896358
…
KB925486
Q147222
Netcard queries test...: Passed
```

其中“行尾”关键词为 Passed，表示测试通过；“行尾”关键词为 Skipped，表示跳过此项检测；如果检测失败，“行尾”关键词则显示 Failed。

（2）显示域控制器的信息如下所示。

```
Netdiag /v /1 /test:Book
    适配器：局域网连接器
Netcard queries test...: Passed
```

```
主机名称………: SRV
IP 地址……..: 172.16.11.31
子网掩码……..: 255.255.255.0
默认网关……: 172.16.11.1
DNS 服务器……..: 172.16.11.32
AutoConfiguration results...: Passed
Default gateway test...: Passed
NetBT name test...: Passed
```

> **提示技巧**
>
> [警告]：＜00＞‘工作站服务’，＜03＞‘Messenger 服务’，＜20＞‘WINS’名称至少有一个丢失了。
>
> WINS service test...：Skipped
>
> 从以上的显示片段中可以看到，测试结果中包括计算机在域中的属性、DNS 名、Guid、Sid、登录的用户、登录的域等信息。

4. 组策略健康检测工具——GpoTool

(1) 检测当前域上所有组策略的正常配置。在命令提示符下输入 gpotool，按 Enter 键，运行后的结果显示如图 7.16 所示。

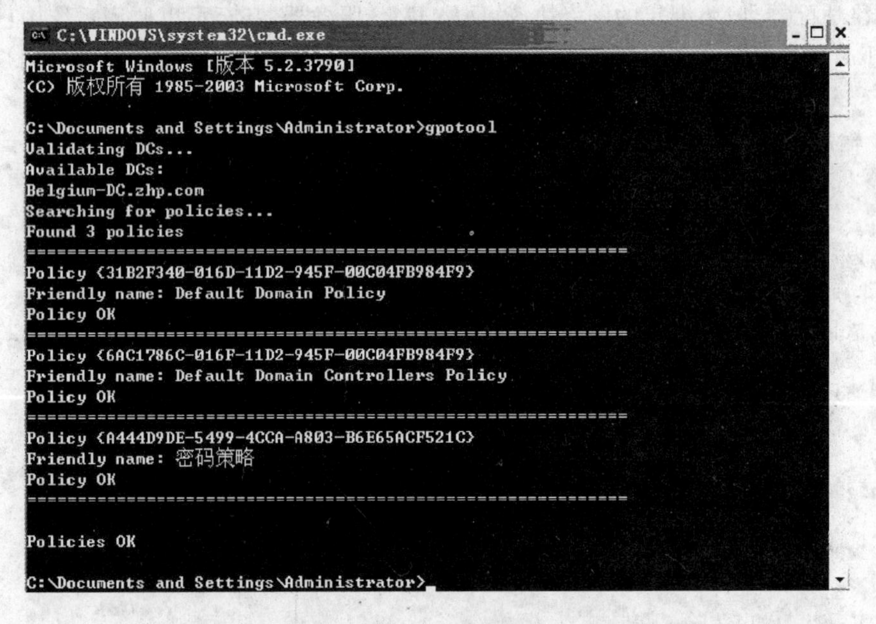

图 7.16 检测当前域上所有组策略的正常配置

> **提示技巧**
>
> 在测试中发现目前是系统域控制器，所有的组策略(2 条系统默认策略)测试成功，检测通过。

(2) 检测根域上所有组策略的正常配置。

检测根域上所有组策略的详细信息，输出到 C:\test.txt 文件文本中，并且及时打开 test.txt 文件。在命令提示符下输入 gpotool /verbose＞test.txt，按 Enter 键，运行结果显示如图 7.17 所示。

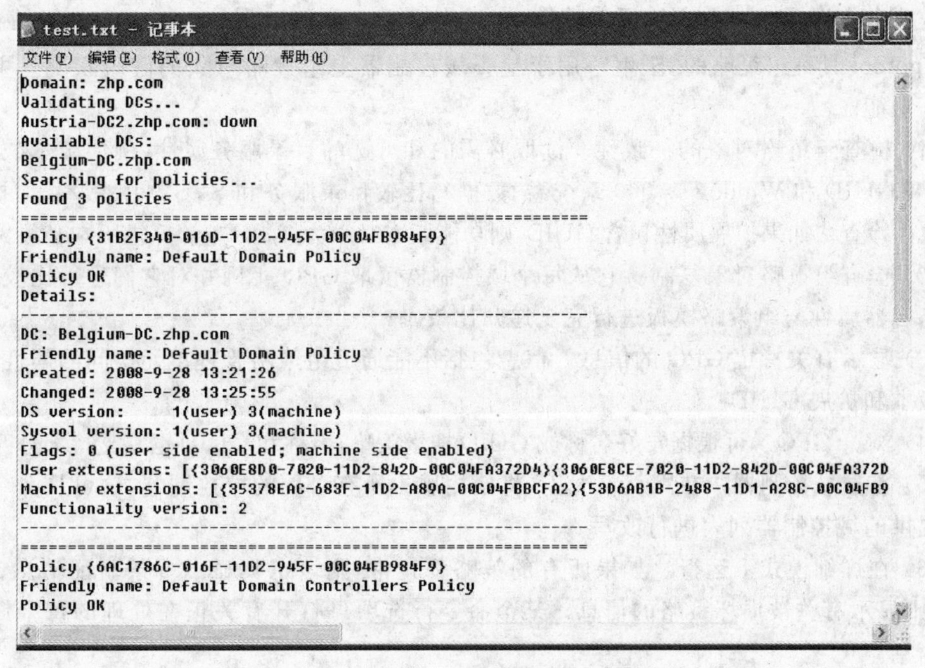

test.txt - 记事本
文件(F) 编辑(E) 格式(O) 查看(V) 帮助(H)
Domain: zhp.com
Validating DCs...
Austria-DC2.zhp.com: down
Available DCs:
Belgium-DC.zhp.com
Searching for policies...
Found 3 policies
==
Policy {31B2F340-016D-11D2-945F-00C04FB984F9}
Friendly name: Default Domain Policy
Policy OK
Details:

DC: Belgium-DC.zhp.com
Friendly name: Default Domain Policy
Created: 2008-9-28 13:21:26
Changed: 2008-9-28 13:25:55
DS version: 1(user) 3(machine)
Sysvol version: 1(user) 3(machine)
Flags: 0 (user side enabled; machine side enabled)
User extensions: [{3060E8D0-7020-11D2-842D-00C04FA372D4}{3060E8CE-7020-11D2-842D-00C04FA372D
Machine extensions: [{35378EAC-683F-11D2-A89A-00C04FBBCFA2}{53D6AB1B-2488-11D1-A28C-00C04FB9
Functionality version: 2

==
Policy {6AC1786C-016F-11D2-945F-00C04FB984F9}
Friendly name: Default Domain Controllers Policy
Policy OK

图 7.17　检测根域上所有组策略的正常配置

> **提示技巧**　测试中指定的是系统域控制器，所有的组策略（2 条系统默认策略）测试成功，检测通过。

归纳提高

1. 网络链路诊断工具 Ping

Ping 命令是 TCP/IP 中内置的一个测试工具，主要通过发送 Internet 控制消息协议（ICMP）回响请求消息，来验证与另一台 TCP/IP 计算机的 IP 级连接。对应的回响应答消息的接收情况将和往返过程的时间一起显示出来。Ping 命令是用于检测网络连接性、可到达性和域名解析的主要 TCP/IP 命令。

2. 网卡地址及协议列表工具——Getmac

Getmac 命令用于获取返回计算机中所有网卡的媒体访问控制（MAC）地址，以及每个地址的网络协议列表，此命令既可以应用于本地计算机，也可以通过网络获取远程主机或者用户计算机的 MAC 地址等相关信息。

3. 网络故障高级诊断工具——Netdiag

Netdiag 是一个基于命令行的网络故障原因诊断工具，可以用它来测试、验证网络连接。它执行一系列测试来判定网络客户端的状态和功能性，可以显示系统的 TCP/IP 配置信息、网络适配器类型、绑定的网络协议、网络 DNS 服务器，甚至可以监测系统中已经安装的 SP、Hotfix 信息。还可以使用 Netdiag 提供的测试结果和网络状态信息帮助用户在基于

Windows 2000 的工作站或服务器的计算机上,发现网络隔离状态和连接问题。

4. Windows Resource Kit 工具软件

Gpotool 号称组策略的"医生",用于检查域控制器上组策略对象的健康状况。主要完成以下功能。

(1) 检查组策略对象的一致性。读取必需的和可选的目录服务属性(例如版本、友好名称、扩展 GUID 和 Windows 2000 系统卷、数据),比较目录服务和 SYSVOL 版本号,执行其他一致性检查。如果扩展属性包含 GUID,则功能版本必须为 2,用户/计算机版本必须大于 0。

(2) 检查组策略对象复制。它从每个域控制器读取 GPO 实例并对它们进行比较(选定组策略容器属性与组策略模板进行完全递归比较)。

(3) 显示有关特定 GPO 的信息。信息包括不能通过组策略管理单元访问的属性,例如功能版本和扩展 GUID。

(4) 浏览 GPO。可根据友好名称或 GUID 搜索策略,名称和 GUID 也都支持部分匹配。

(5) 首选域控制器。在默认情况下,将使用域中所有可用的域控制器,这可从命令行中用所提供的域控制器列表进行改写。

(6) 在详细模式下运行。如果所有的策略都正常,则该工具显示一条验证消息;如果有误,则显示有关被损坏策略的信息。某个命令行选项可打开有关正在处理的每个策略的详细信息。

自主创新

使用以上各工具检测身边的网络。

评　估

活动任务三的具体评估内容如表 7.3 所示。

表 7.3　活动任务三评估表

活动任务三评估细则		自　评	教 师 评
1	熟悉网络检测工具的安装		
2	熟悉网络检测工具的操作		
3	会阅读网络检测工具的检测信息		
4	会使用其他的网络检测工具		
任务综合评估			

综合活动任务　设置本地安全策略防止恶意攻击

任务背景

随着互联网的日益普及,病毒、木马等恶意软件也开始横行网络,安全问题日益受到人们的重视。大多数人都选择杀毒软件来保护系统安全,但杀毒软件对新病毒的反应有一定的滞后,使得恶意软件有了可乘之机。其实,大多数人都忽略了系统本身的功能,只要设置好了

Windows XP 系统中自带的安全策略，就能让系统实现部分 HIPS(主机入侵防御系统)功能，对未知病毒和木马也能起到一定的防范作用，再配合其他安全软件，就可以让系统更安全了。

任务分析

下面介绍系统自带的软件"防火墙"——Windows 的安全策略，如果以前没有设置过安全策略，那么通过以下知识的学习可以掌握该方法。

任务实施

具体设置步骤如下。

(1) 在"控制面板"窗口中，依次双击"管理工具"、"本地安全策略"图标，即可打开"本地安全设置"窗口。右击"软件限制策略"文件夹，选择"创建新的策略"选项后，其下会自动创建多个子选项。选择 "其他规则"文件夹之后，可以看到微软已经预设了 4 条规则，如图 7.18 所示。这 4 条规则是微软为了预防 Windows 运行所必需的程序误被禁用而设，如果用户确定自己的规则没有问题，可以删除它们(建议保留)。

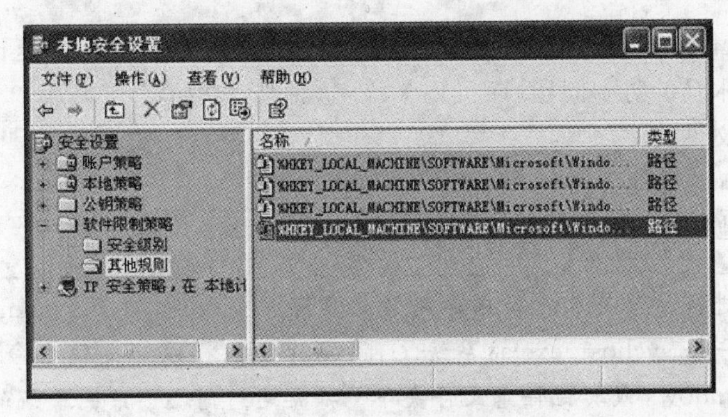

图 7.18 "本地安全设置"窗口

(2) 右击"其他规则"文件夹，会发现它的右键菜单完全不一样了，如图 7.19 所示。选择"新路径规则"选项将打开规则设置窗口。下面主要在"路径"文本框做文章，这里允许使用通配符，常见的通配符有"＊"和"?"。这里也允许使用环境变量，例如％WINDIR％表示 C:\WINDOWS 等。

(3) 杜绝阴暗角落的袭击。

① 很多病毒和木马为逃过用户的查杀，会藏在很隐蔽的地方，例如回收站、System Volume Information(系统还原文件夹)等，并且加上隐藏属性，使用户不易发觉。

> **提示技巧**
>
> 事实上，这些文件夹在正常情况下是没有任何可执行程序的，所以可以建立以下规则。
>
> - ?:\Recycled\＊.＊ 不允许的
> - ?:\System Volume Information\＊.＊ 不允许的
> - ％windir％\system32\Drivers\＊.＊ 不允许的
> - ％windir％\system\＊.＊ 不允许的

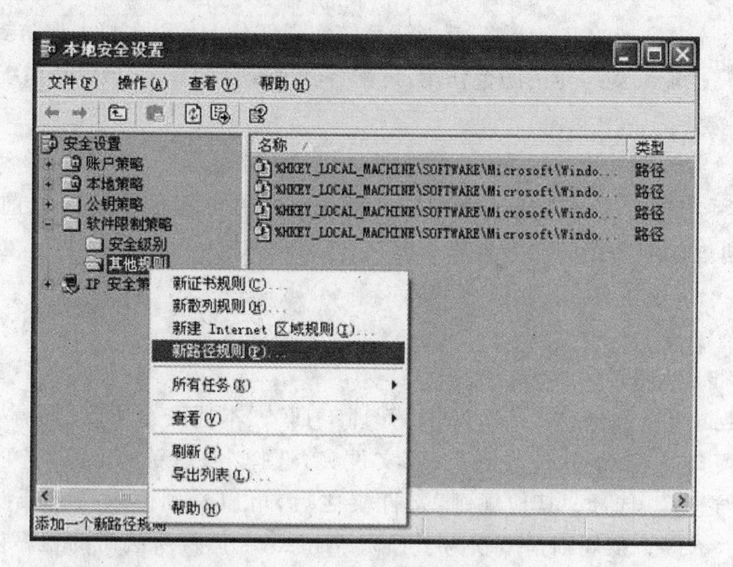

图 7.19 "其他规则"快捷菜单

② 通过以上 4 条规则就能屏蔽这 4 个文件夹下任意可执行文件的运行,完美地解决了这一类型病毒和木马的防御问题,而且用 *. * 这种格式并不会屏蔽掉.txt 或者.jpg 之类的其他非可执行文件。

(4) 杜绝仿冒的危险程序。

① 打开"本地安全设置"窗口,建立两条规则。

> **提示技巧**
>
> 进程仿冒是木马和病毒用得最多的一个手段,例如 system32 文件夹下有一个 svchost.exe 的系统文件,病毒便同样以此文件名命名,然后放到 Windows 或其他任意文件夹下。病毒运行时 XP 系统默认的任务管理器里只会显示进程名 svchost.exe,而 XP 系统本来就有很多个 svchost.exe 进程,这就很好地达到了欺骗用户的目的。普通杀毒软件还是得依托单一的病毒库,一旦换了新病毒,用同样的手法就无法识别了,安全性很差。

② 打开"新路径规则"对话框,在路径文本框中输入 svchost.exe,安全级别设置为"不允许的"。

③ 在路径文本框中输入%windir%\system32\svchost.exe,或通过"浏览"按钮查找这一文件,安全级别设置为"不受限的",如图 7.20 所示。

> **提示技巧**
>
> 由于优先级的关系,第二条使用绝对路径的规则优先级高于第一条基于文件名的路径规则,也就是说,system32 文件夹下的 svchost.exe 是允许运行的,而其他任意文件夹中文件名为 svchost.exe 的程序都无法运行。

(5) 杜绝双面佳人的诱惑。

用双扩展名迷惑用户的病毒也不在少数。例如 MM.jpg.exe、免费得 QQ 会员的方法

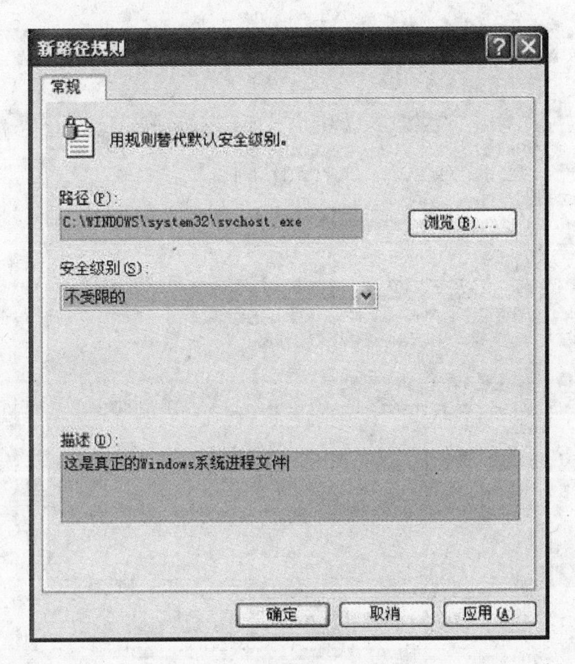

图 7.20　“新路径规则”对话框

.txt.exe 等,它们将图标改成前一个扩展名的图标,不少人会误认为是图片和文本文件而掉以轻心,再加上有诱惑力的文件名,中招就在所难免了。而用安全策略防御这种病毒也不难,可以建立以下规则。

- *.jpg.exe 不允许的
- *.txt.exe 不允许的

(6) 不禁用 U 盘也能防 U 盘病毒。

对于 U 盘病毒,同样可用系统安全策略来免疫,可以建立以下规则(假设计算机上的 U 盘盘符是 G)。

- G:*.exe 不允许的
- G:*.com 不允许的

如图 7.21 所示为可疑文件被限制访问的事件详细信息。

提示技巧

因为几乎所有的 U 盘病毒都存在于 U 优盘的根目录下,而且是 exe 或 com 后缀的应用程序,用上面两条规则就能阻止它们的运行。还有一些 USB 病毒会藏在 U 盘根目录下的一些隐藏文件夹里,例如建立一个名为 System Volume Information 的文件夹或者 Recycled 文件夹,而正常情况下 U 盘是没有系统还原文件夹和回收站的(移动硬盘有时候有)。

如果计算机上有不止一个 USB 接口,则至少要免疫 2～3 个 U 盘盘符,方法是将上面的 G 改成 H 和 I 并加入到其他规则中。

(7)“七十二变孙悟空逃不出如来神掌”。

文件名伪装虽然是比较老的技术了,不过依然有一定的“市场”,例如有些病毒将自己的

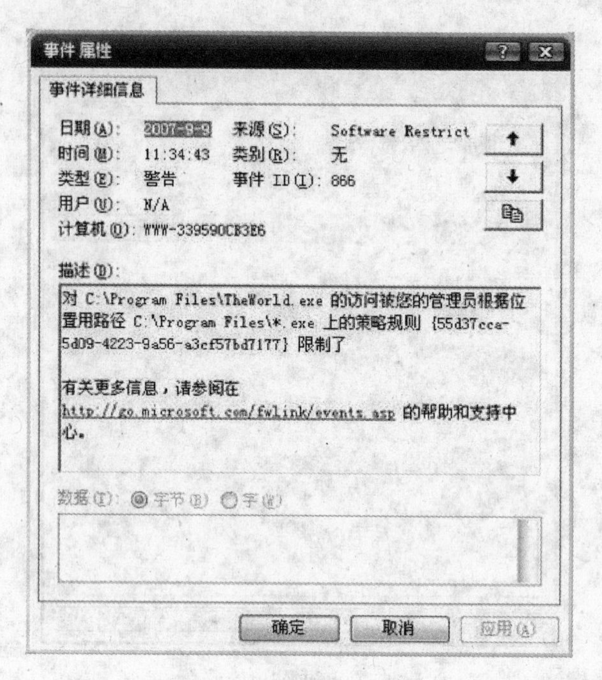

图 7.21　系统安全策略

文件名改成 expl0rer.exe,用户就不敢随随便便删除它了。如果仔细看,可以注意到"0"和"o"的差别,另外"1"和"l"等也很容易混淆。甚至有些病毒会用 pif 作为后缀,即 explorer.pif,pif 和 exe、com 一样,也是可执行文件,但即使在文件夹选项里选择了"显示文件后缀"选项,它的扩展名也不会显示出来,具有极强的隐蔽性。此时可以键立以下规则。

- expl0rer.exe 不允许的
- exp1orer.exe 不允许的
- explorer.com 不允许的
- *.pif 不允许的

> **提示技巧**
>
> 以上规则就可解决伪装 expl0rer.exe 文件的问题,pif 文件在普通计算机里一般用不到,所以也禁用。其他诸如 svchost.exe、rundll32.exe、spoolsv.exe 等规则也相似,可自行编写。

自主创新

在安装有 Windows Server 2003 的计算机上进行本地安全策略设置,以防止恶意软件的攻击。

评　估

根据学习的具体情况,以及相关知识的使用和学习情况,完成如表 7.4 所示的评估表。

表 7.4　综合活动任务评估表

项　目	标准描述	评定分值						得分
基本要求 60 分	能打开安全策略窗口	10	8	6	4	2	0	
	了解窗口中各选项的使用背景	10	8	6	4	2	0	
	了解用户可以设置的项目	10	8	6	4	2	0	
	理解窗口中各种选项的含义	10	8	6	4	2	0	
	会设置防 U 盘病毒的规则	10	8	6	4	2	0	
	会设置防伪装文件的规则	10	8	6	4	2	0	
特色 30 分	能正确设置以上的 5 种情况	20	16	12	8	2	0	
	能根据不同情况进行相应的设置	10	8	6	4	2	0	
合作 10 分	能与其他同学合作、沟通，共同完成任务	10	8	6	4	2	0	
主观评价							总分	

项目评估

项目七的具体评估内容如表 7.5 所示。

表 7.5　项目七评估表

项　目	标准描述	评定分值						得分
基本要求 60 分	能打开事件查看器	10	8	6	4	2	0	
	会设置事件查看器	10	8	6	4	2	0	
	会打开网络监视器	10	8	6	4	2	0	
	会设置网络监视器	10	8	6	4	2	0	
	会各种网络软件的使用	10	8	6	4	2	0	
	能够使用本地安全策略防止计算机被攻击	10	8	6	4	2	0	
特色 30 分	能通过事件查看器、网络监视器发现问题	20	16	12	8	2	0	
	能通过日志发现安全策略设置存在的问题	10	8	6	4	2	0	
合作 10 分	能与其他同学合作、沟通，共同完成任务	10	8	6	4	2	0	
主观评价							总分	
项目综合评价							总分	

项目八 网络的安全防范

职业情景描述

21 世纪是知识与经济新时代，网络化、信息化已成为现代社会的一个重要特征。随着网络技术的发展，网络信息的泄露、篡改、假冒和重传，黑客入侵，非法访问，计算机犯罪，计算机病毒传播等对网络信息安全已构成重大威胁。本项目将着重介绍网络安全防范的主要内容。

通过本项目，学生将学习到以下内容。

- 防病毒软件的安装与使用方法
- 网络监视器的使用
- 扫描工具的使用
- 远程 VPN 连接

活动任务一　安装与使用防病毒软件

任务背景

现代通信技术的巨大进步已使空间距离不再遥远，数据、文件、电子邮件可以方便地在各个网络工作站间通过电缆、光纤或电话线路进行传送，工作站的距离可以短至并排摆放的计算机，也可以长达上万公里，正所谓“相隔天涯，如在咫尺”，但这也为计算机病毒的传播提供了新的“高速公路”。计算机病毒可以附着在正常文件中，当从网络另一端接收到一个被感染的程序，并在未加任何防护措施的情况下运行它时，病毒就传染开来了。这种病毒的传染方式在计算机网络连接普及的国家是很常见的，而国内计算机感染一种“进口”病毒已不再是什么大惊小怪的事了。在信息国际化的同时，病毒也在国际化，大量的国外病毒随着互联网络传入国内。为更好地保护计算机信息的安全，应给计算机安装防病毒软件，这对防止病毒的入侵有较好的预防作用。

任务分析

防病毒软件专门用于防护系统，使其免受来自恶意软件的威胁。强烈推荐使用防病毒软件，因为它会保护用户的计算机系统，使其免受任何形式的恶意软件(而不仅仅是病毒)的侵害。

现如今，病毒防护软件越来越多，功能也越来越全面，主要有瑞星、江民、卡巴斯基、ESET、诺顿等。下面以瑞星杀毒软件为例，来学习防病毒软件的安装与使用方法。

1. 瑞星病毒防护软件的安装步骤

(1) 双击瑞星安装文件，如图 8.1 所示。

(2) 在语言选择对话框中，选择“中文简体”字体，单击“确定”按钮开始安装，如图 8.2 所示。

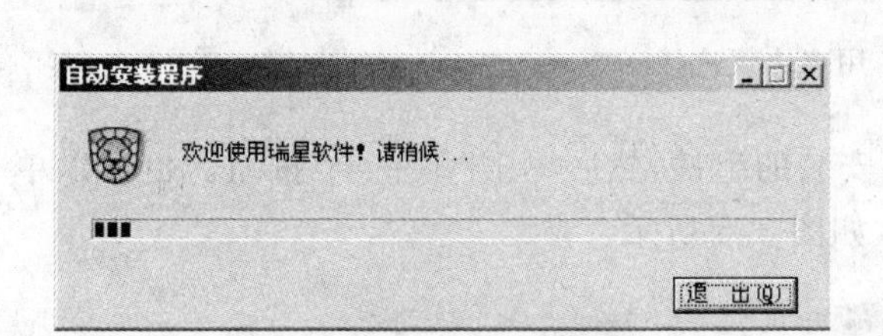

图 8.1　瑞星软件安装

图 8.2　选择字体

(3) 进入安装欢迎界面，如图 8.3 所示。

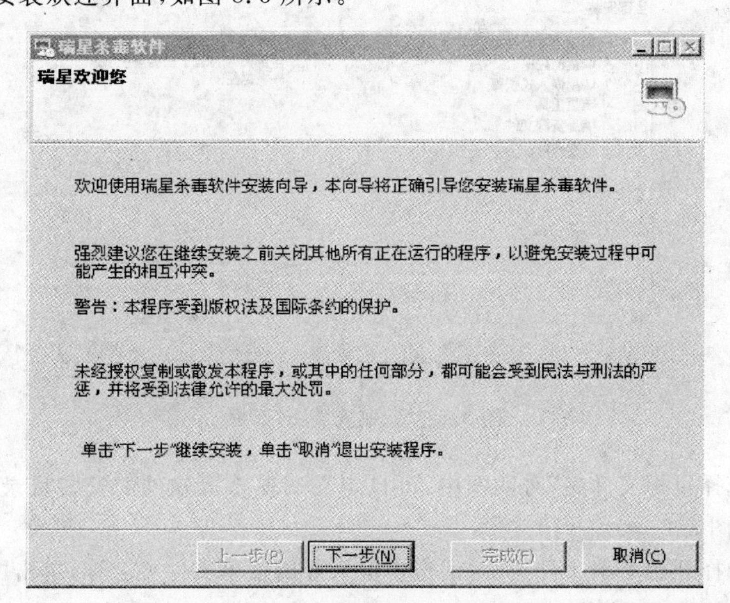

图 8.3　安装欢迎界面

(4) 阅读最终用户许可协议后，选中“我接受”单选按钮，单击“下一步”按钮，如果选中“我不接受”单选按钮则退出安装程序，如图 8.4 所示。

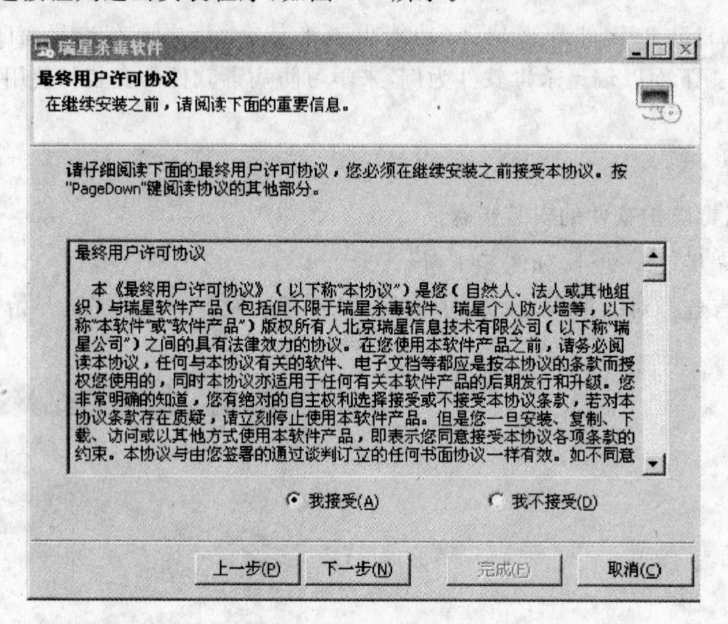

图 8.4 用户协议选择

(5) 在“定制安装”对话框中，选择需要安装的组件，然后单击“下一步”按钮。也可以单击“完成”按钮直接按照默认方式进行安装，如图 8.5 所示。

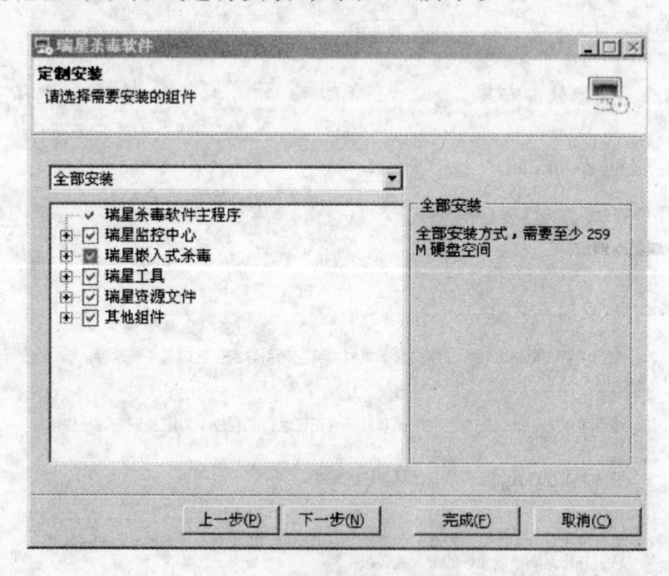

图 8.5 “定制安装”对话框

(6) 在“选择目标文件夹”对话框中，可自定义瑞星杀毒软件的安装目录，然后单击“下一步”按钮，如图 8.6 所示。

(7) 在“选择开始菜单文件夹”对话框中输入开始菜单文件夹名称，单击“下一步”按钮，如图 8.7 所示。

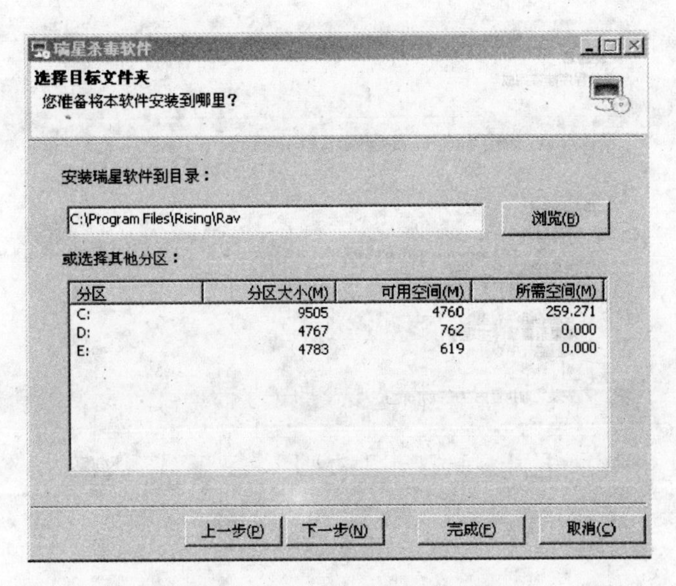

图 8.6　“选择目标文件夹”对话框

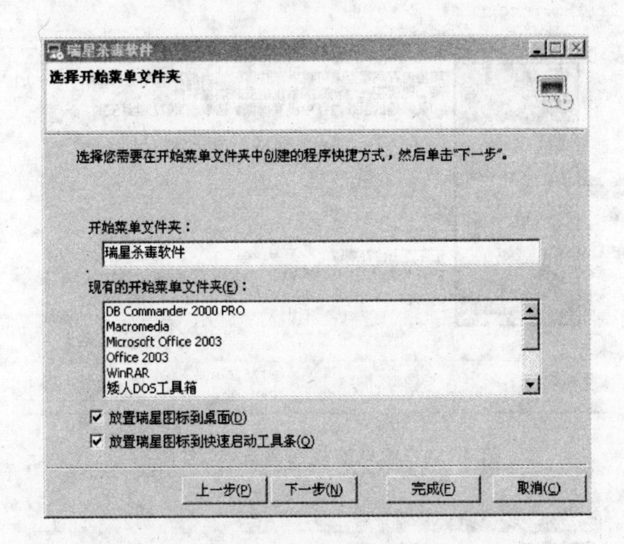

图 8.7　“选择开始菜单文件夹”对话框

(8) 在“安装信息”对话框中显示了安装路径和所选程序组件等信息，确认后单击“下一步”按钮开始复制文件，如图 8.8 所示。

(9) 如果在“安装信息”对话框中选中了“安装之前执行内存病毒查杀”复选框，在“瑞星内存病毒查杀”对话框中程序将进行系统内存查杀，如图 8.9 所示。

根据当前系统内存占用情况，此过程可能要持续 3～5 分钟。如果需要跳过此功能，可以单击“跳过”按钮继续安装。

(10) 瑞星安装过程如图 8.10 所示。

(11) 文件复制完成后，在“结束”对话框中单击“完成”按钮结束安装，如图 8.11 所示。

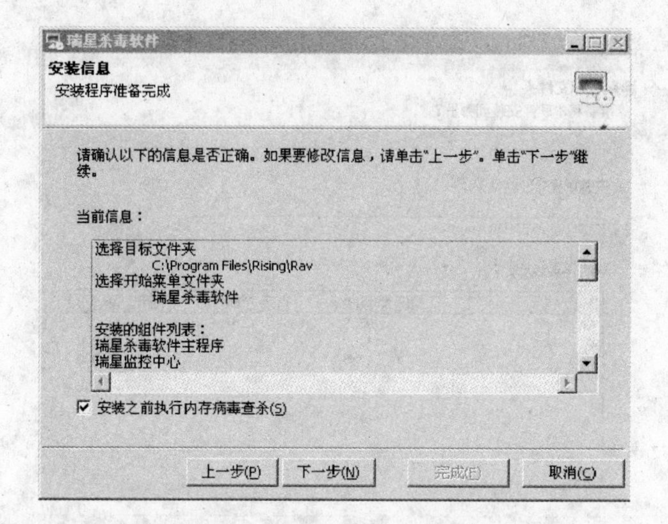

图 8.8 "安装信息"对话框

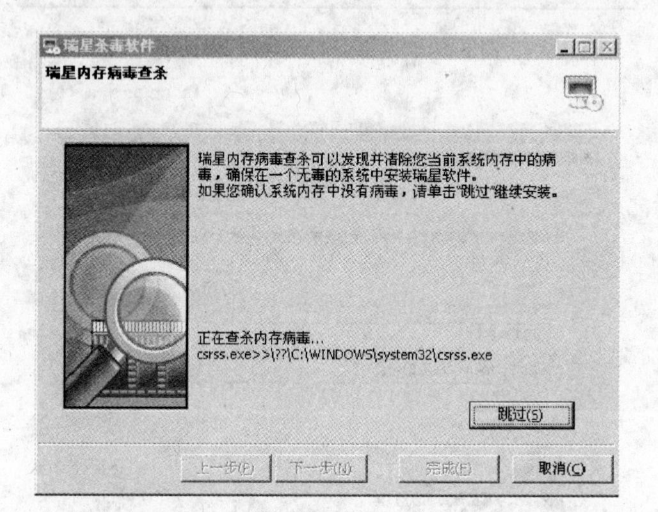

图 8.9 "瑞星内存病毒查杀"对话框

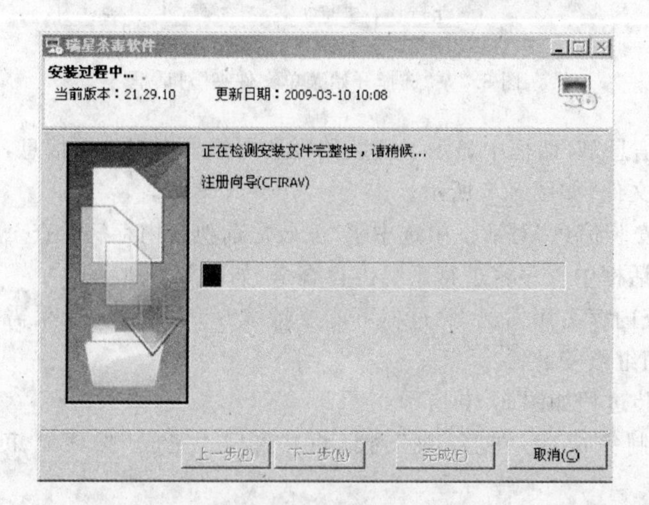

图 8.10 瑞星安装过程

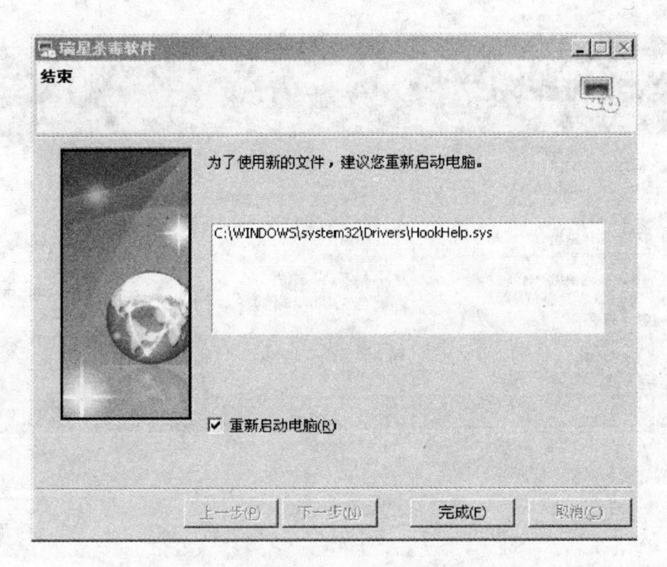

图 8.11　安装结束

2. 手动查杀病毒

(1) 启动瑞星杀毒软件，如图 8.12 所示。

图 8.12　启动瑞星杀毒软件

(2) 确定要扫描的盘符或者文件夹，选中相应的复选框即可选定查杀目标，如图 8.13 所示。

(3) 单击“开始查杀”按钮，则开始扫描相应目标，发现病毒立即清除。扫描过程中，单击“暂停查杀”按钮可以暂时停止扫描，单击“继续查杀”按钮则继续扫描，单击“停止查杀”按钮则可以停止扫描。扫描中，带病毒文件或系统的名称、所在文件夹、病毒名称将显示在查

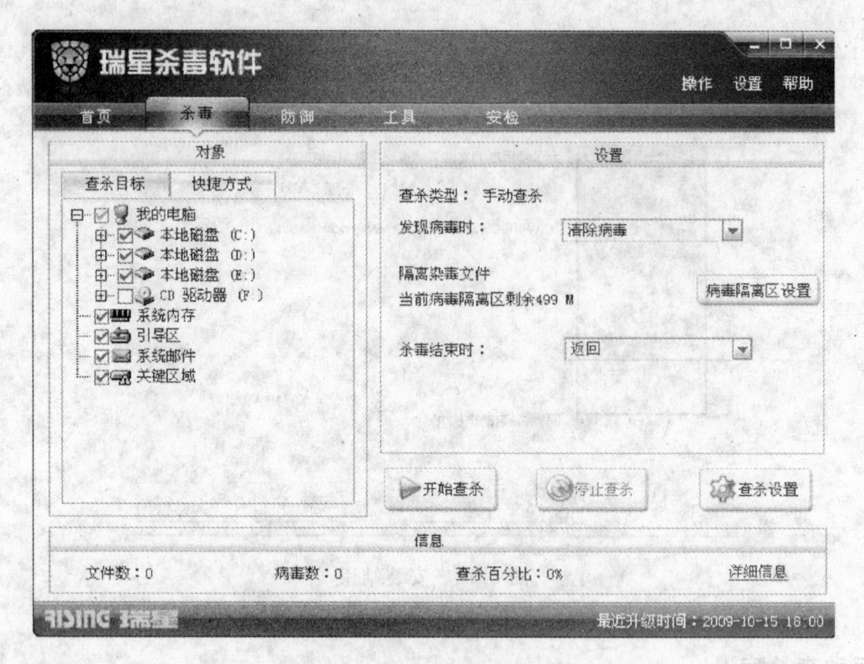

图 8.13 查杀目标的选择

杀病毒结果栏内，可以使用快捷菜单对染毒文件进行处理，如图 8.14 所示。

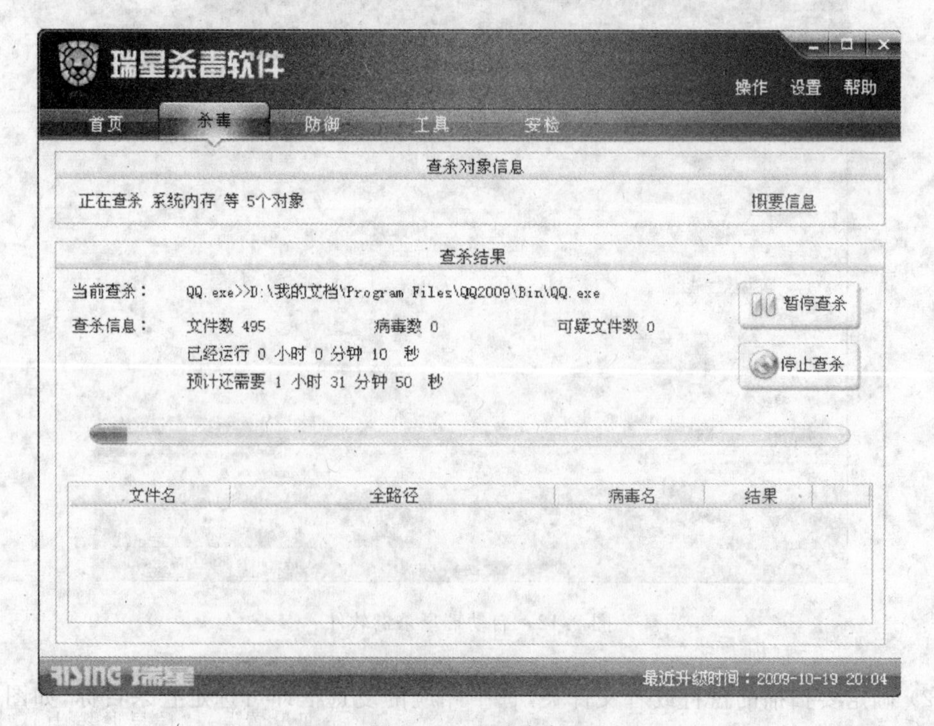

图 8.14 查杀病毒

(4) 扫描结束后，扫描结果将自动保存到杀毒软件工作目录的指定文件中，可以通过执行“操作”→“历史记录”命令来查看以往的扫描结果。

(5) 如果想继续扫描其他文件或磁盘,重复以上步骤即可。

3. 定时查杀病毒

定时扫描功能是在一定时刻,瑞星杀毒软件自动启动,对预先设置的扫描目标进行病毒扫描。此功能为用户提供了自动进行计算机病毒防御的操作。操作方法如下。

(1) 在瑞星杀毒软件主程序界面中,选择"设置"→"详细设置"→"定制任务"→"定时扫描"命令。

(2) 在"定时扫描"选项中进行设置即可。

定时杀毒为用户提供了自动化、个性化的杀毒方式,可以充分利用计算机的空闲时间。

4. 瑞星监控中心

瑞星监控中心包括文件监控、内存监控、邮件监控、网页监控、引导区监控、注册表监控和漏洞攻击监控,拥有这些功能,瑞星杀毒软件能在用户打开陌生文件、收发电子邮件和浏览网页时,查杀和截获病毒,全面保护计算机不受病毒侵害。

启动瑞星监控中心的方法如下。

(1) 在 Windows 桌面中,选择"开始"→"所有程序"→"瑞星杀毒软件"→"瑞星监控中心"命令,即可启动瑞星监控中心,如图 8.15 所示。

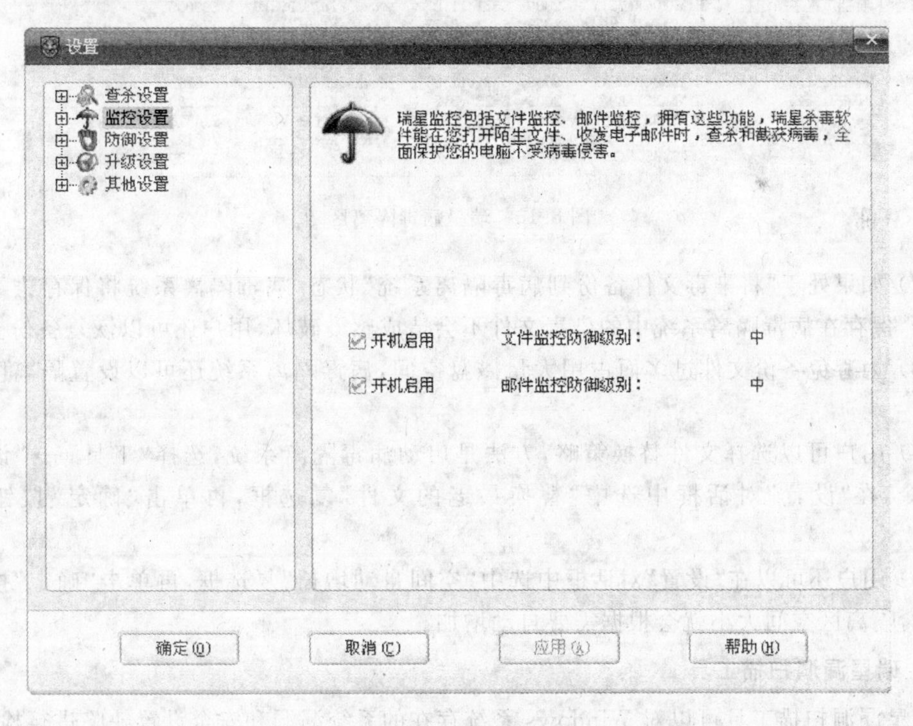

图 8.15　瑞星监控中心

(2) 在瑞星杀毒软件主程序界面中,选择"设置"→"详细设置"→"瑞星监控中心"命令,选中"启动计算机时自动启动计算机监控"复选框,单击"确定"按钮保存设置,即可在以后开机时同时启动瑞星监控中心了。

启动瑞星监控中心后,随即在通知区域出现小雨伞图标。"绿色打开的雨伞"代表所有监控均处于有效状态；“黄色打开的雨伞”代表部分监控处于有效状态；“红色收起的雨伞”代表所有监控均处于关闭状态。

5. 病毒隔离系统

(1) 首先启动病毒隔离系统。在瑞星杀毒软件主程序界面中，选择“工具列表”→“病毒隔离系统”→“运行”命令，如图 8.16 所示。

瑞星病毒隔离区

操作 选择 查看 工具 帮助

恢复 删除 清空 刷新 设置空间

名称	原路径	隔离时间	病毒名称	大小(字节)
kj.exe	H:	2009-10-14 10:47	Win32.Agent.gi	79872
海报设计课件.exe	H:	2009-10-14 10:47	Win32.Agent.gi	79872
PASSIVE.EXE	H:\LANSTAR	2009- 6-23 8:24	Win32.Virut.ab	258048
hhupd.exe	F:\hyjj.rar>>...	2009-10-21 19:34	Packer.Win32.Unk...	659284
EXPLORER.EXE	H:	2009- 6-23 8:29	Trojan.PSW.SBoy.a	86016
WSOCKHOOK.DLL	H:\PROGRAMS\W...	2009- 5-31 11:11	Trojan.Zapchast.m	25088
psd.exe	H:	2009-10-14 10:47	Win32.Agent.gi	79872
office.exe	H:	2009-10-14 10:47	Win32.Agent.gi	79872
直接硬盘访问.EXE	H:\PROGRAMS\...	2009- 5-31 11:15	RootKit.Win32.Ag...	12288
VerCheck.exe	H:\LANSTAR\Ch...	2009- 6-23 8:27	Win32.Virut.ab	147456
yishujie.html	H:\kj\wenjian	2009-10-14 10:45	Trojan.DL.Script...	7108
MDAC_TYP2.8.EXE	F:\22222\flye...	2009-10-21 19:45	Worm.Win32.DiskG...	5739020
AE7KEYGEN.EXE	D:\软件包\AFT...	2009- 9-22 14:11	Win32.Agent.gi	110592
Recycled.exe	H:	2009- 6-23 8:29	Worm.Win32.Autor...	1236083
限制仿冒系统进程...	H:\PROGRAMS\W...	2009- 5-31 11:07	Worm.Win32.DiskG...	290085
Setup.exe	H:\CAXA电子图...	2009- 6-23 8:27	Win32.Virut.ab	172544
MDAC_TYP2.8.EXE	F:\22222\flye...	2009- 8-30 10:55	Worm.Win32.DiskG...	5739020
dreamweaver.exe	H:	2009-10-14 10:47	Win32.Agent.gi	79872
QQMODIFY.EXE	H:\PROGRAMS\W...	2009- 5-31 11:08	Hack.QQModify	24576
Diag9x.exe	H:\LANSTAR	2009- 6-23 8:24	Win32.Virut.ab	225280
Setup.exe	H:\LANSTAR\Ch...	2009- 6-23 8:25	Win32.Virut.ab	214528
绘声绘影.exe	H:	2009-10-14 10:47	Win32.Agent.gi	79872

图 8.16　瑞星病毒隔离区

(2) 如果处于“将染毒文件备份到病毒隔离系统”状态，病毒隔离系统将保存染毒文件的备份，保存在病毒隔离系统中的染毒文件不会造成感染破坏，用户还可以恢复备份。

(3) 为避免备份文件过多而占用大量磁盘空间，病毒隔离系统还可以设置隔离区存储空间。

(4) 用户可以选择文件替换策略，方法是启动病毒隔离系统，选择“工具”→“设置空间”命令，在“设置”对话框中选中“替换最老的文件”复选框，再单击“确定”按钮保存设置。

(5) 用户还可以在“设置”对话框中选中“空间自动增长”复选框，再单击“确定”按钮保存设置，隔离区空间大小就会根据需要自动增加。

6. 瑞星漏洞扫描工具

瑞星漏洞扫描工具可以对 Windows 系统存在的系统漏洞和安全设置缺陷进行检查，并提供相应的补丁下载和安全设置缺陷修补的工具，如图 8.17 所示。

启动漏洞扫描的方法如下。

(1) 目前瑞星漏洞扫描工具放置在卡卡助手中，因此首先启动卡卡助手。

(2) 选中“安全漏洞”和“安全设置”两个复选框，单击“开始扫描”按钮可以进行系统漏洞扫描。

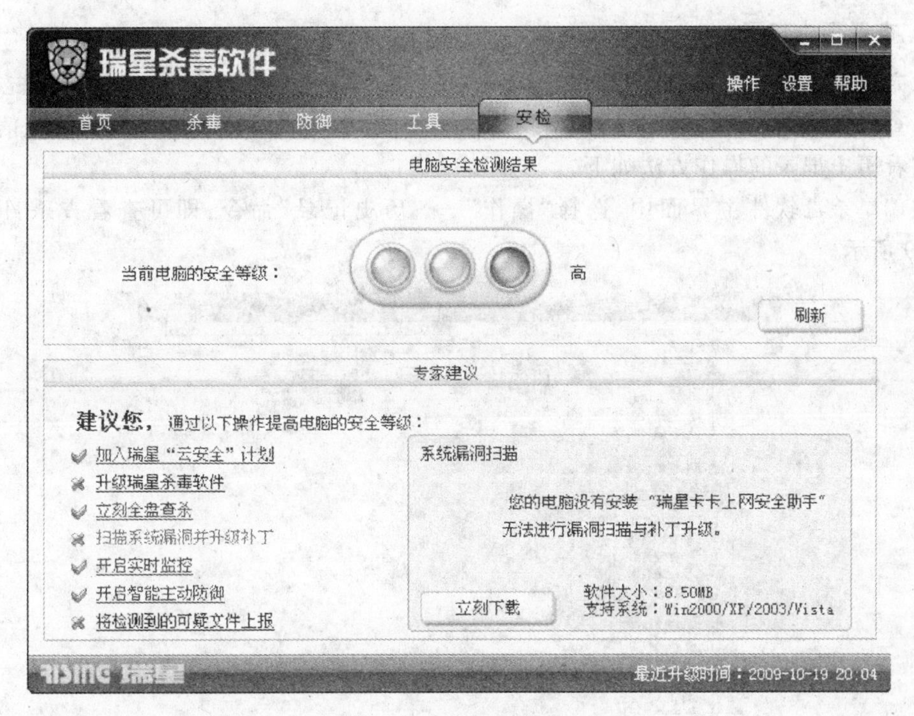

图 8.17　瑞星漏洞扫描工具

7. 安全防护级别

瑞星杀毒软件为用户设定了高、中、低 3 个安全防护级别，用户可以根据自己的实际情况设定不同的级别，如图 8.18 所示。此外，为了更方便、更灵活地使用计算机资源，还可以自定义 3 套安全防护级别。高、中、低 3 个级别是软件预先设置好的，其中各项设置用户不可更改，只有在用户自定义的状态下，才可以对各项设置进行修改。用户保存好安全防护级别后，以后程序在扫描时即根据此级别的相应参数进行扫描病毒。

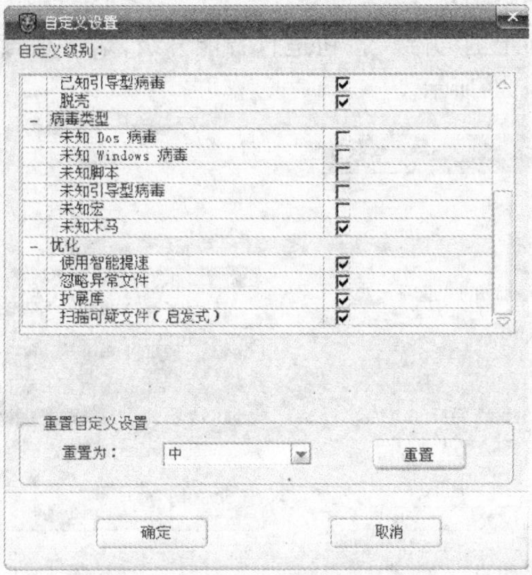

图 8.18　自定义安全级别

8. 查看历史记录

为方便用户查看扫描病毒的历史记录，瑞星杀毒软件提供了日志报告。通过日志报告，用户可查看本机扫描病毒的记录，包括发现日期、扫描方式、处理结果和病毒名称等信息。

查看历史记录的操作方法如下。

在瑞星杀毒软件主界面中，选择“操作”→“历史记录”命令，即可查看查杀日志，如图 8.19 所示。

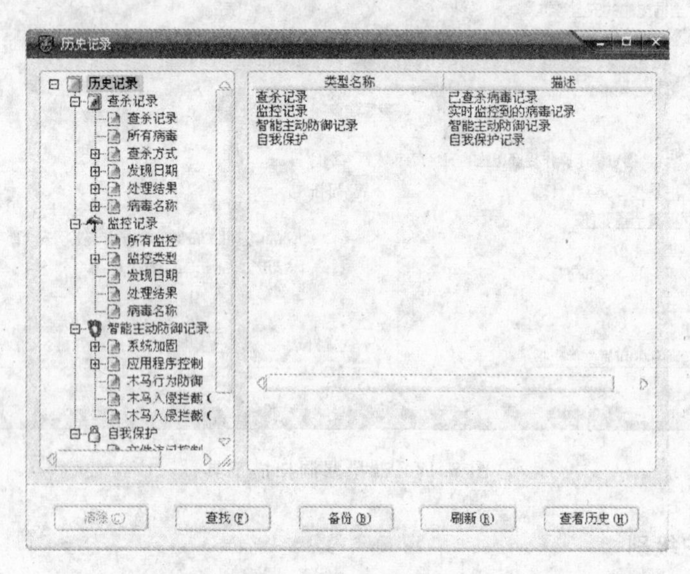

图 8.19 “历史记录”命令

9. 升级方法

升级的手动操作方法如下。

(1) 先进行网络配置。

(2) 在程序中输入用户 ID。

(3) 然后单击主界面上的“升级”按钮进行智能升级，瑞星杀毒软件会自动完成整个升级过程，如图 8.20～图 8.23 所示。

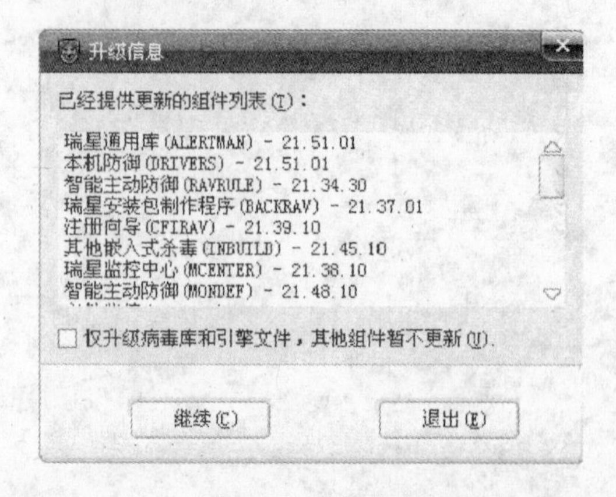

图 8.20 升级信息

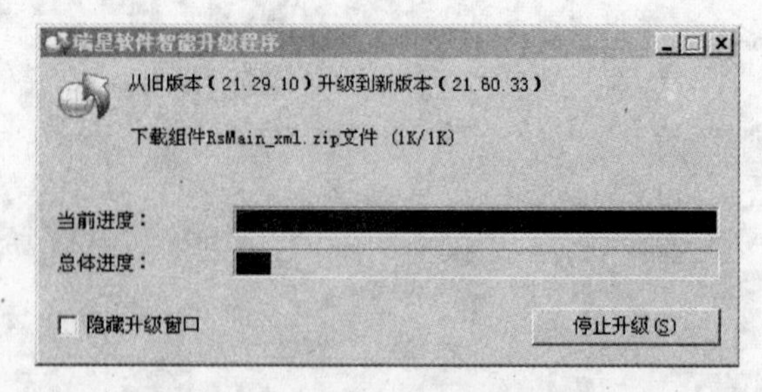

图 8.21 下载组件

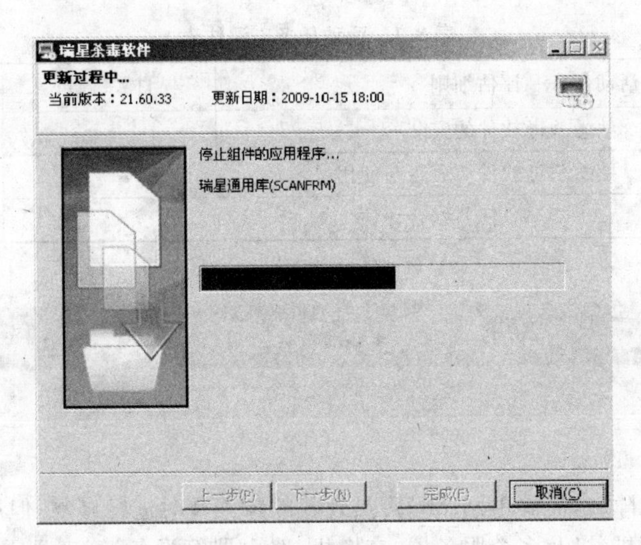

图 8.22　更新组件

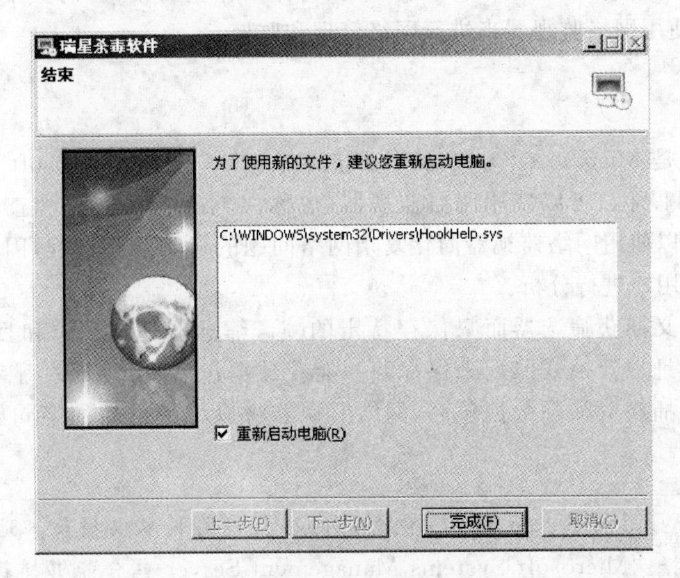

图 8.23　升级结束

除了手动升级，还可以进行定时自动升级以及上网升级。瑞星网站定期提供升级程序文件，这样，当大跨度版本升级以及重新安装瑞星软件时，可以方便用户快速地更新瑞星杀毒软件的版本。

自主创新

根据瑞星杀毒软件的安装与使用方法，尝试对其他杀毒软件进行安装、设置和使用。

评　估

活动任务一的具体评估内容如表 8.1 所示。

表 8.1　活动任务一评估表

活动任务一评估细则		自　评	教师评
1	熟悉杀毒软件的安装		
2	熟悉杀毒软件的设置与使用		
任务综合评估			

活动任务二　使用网络监视器

任务背景

当网络出现故障时，需要由网络管理员查找故障并及时进行修复，但局域网一般都有几十台到几百台计算机，以及多个服务器、交换机、路由器等设备，管理员需要检查设备，检查各个端口的连接等，检查是否是黑客或者木马所为，工作量非常大，而且排除故障也非常麻烦，而现在可以使用网络监视器来进行网络管理和监控。

任务分析

网络监视器是 Microsoft Systems Management Server 和 Microsoft Windows Server 2003 提供的实用程序。可以使用网络监视器(也称为 NetMon)捕获和查看网络的通信模式和问题。也可以使用网络监视器简化复杂网络问题的疑难解答过程，因为它可以监视并捕获通信量以便用户进行分析。

用户可以定义捕获筛选器而只保存特定的帧。筛选器是基于源和目标 MAC 地址、源和目标协议地址以及模式匹配来保存帧。捕获数据包后，可以通过显示筛选以进一步确定问题范围。捕获并筛选数据包后，网络监视器将以清楚易懂的字句解释并显示数据包数据。

> 提示技巧　Windows Server 2003 包含的网络监视器版本仅捕获本地计算机上的数据。Microsoft Systems Management Server 包含能够捕获远程计算机上的数据的网络监视器。

任务实施

1. 安装网络监视器

要在 Windows Server 2003 中安装网络监视器，可执行以下步骤。

(1) 执行“开始”→“控制面板”→“添加或删除程序”→“添加/删除 Windows 组件”命令。

(2) 在“Windows 组件向导”对话框中，选中“管理和监视工具”复选框，然后单击“详细信息”按钮。

(3) 在“管理和监视工具”对话框中，选中“网络监视器工具”复选框，然后单击“确定”按钮。

(4) 如果提示需提供其他文件，请插入产品 CD 或输入文件网络位置的路径。

> **提示技巧**　要执行此过程，必须以本地计算机管理员组成员的身份登录，否则必须已被赋予相应的权限。如果计算机加入了一个域，则域管理组的成员也能够执行此过程。

要使用网络监视器分析网络通信量，必须执行以下操作：启动捕获功能，生成要观察的网络通信量后，停止捕获功能，再查看数据。

2. 启动捕获

网络监视器使用不同的窗口以不同的方式显示数据，其中的一个主要窗口是“捕获”窗口。激活此窗口时，工具栏上会出现用于启动、暂停、停止或停止并查看捕获数据的选项。在“捕获”菜单中，选择“启动”命令即可启动捕获功能。捕获过程中，统计信息会出现在“捕获”窗口中。

3. 停止捕获

生成需要分析的网络通信量后，在“捕获”菜单中，选择“停止”命令可以停止捕获。也可以随后启动另一个捕获或显示当前的捕获数据。如果要停止捕获并立即查看捕获数据，可以在“捕获”菜单中选择“停止并查看”命令。

4. 查看数据

当查看捕获数据时，会出现一个“摘要”窗口，其中显示了捕获中帧的列表，每个帧都包含帧编号、帧接收时间、源地址与目标地址、帧中使用的最高层协议以及帧说明。

要获取特定帧的详细信息，可选择 Window 菜单中的“缩放窗格”命令。在缩放视图中，“摘要”窗口显示了另外两个窗格：“详细信息”窗格和“十六进制”窗格。“详细信息”窗格详细列出了协议信息；“十六进制”窗格显示帧中的各个字节。

自主创新

本任务是以 Windows Server 2003 系统内嵌的网络监视器为例说明监视器的使用，对于网络的监视，目前已经有许多专门的软件可以实现此功能，例如 The Dude v3.0 Beta 8、WebCam Monitor 等，学生可以选择一款软件来试用。

评　估

活动任务二的具体评估内容如表 8.2 所示。

表 8.2　活动任务二评估表

活动任务二评估细则		自　评	教师评
1	熟悉网络监视器的作用		
2	熟悉网络监视器的安装		
3	会利用网络监视器进行数据的捕获和查看		
任务综合评估			

活动任务三　使用扫描工具

任务背景

对于一个复杂的多层结构系统的网络安全规划来说，隐患扫描是一项重要的工作。隐患扫描能够模拟黑客的行为，对系统设置进行攻击测试，以帮助管理员在黑客攻击之前找出网络中存在的漏洞。这样的工具可以远程评估网络的安全级别，并生成评估报告，提供相应的整改措施。

任务分析

目前市场上有很多隐患扫描工具，按照不同的技术(基于网络的、基于主机的、基于代理的、基于 C/S 的)、不同的特征、不同的报告方法以及不同的监听模式，可以分成好几类。不同的产品之间，漏洞检测的准确性差别较大，这就决定了生成报告的有效性也有很大区别。下面以网络安全扫描工具 Nessus 为例，学习网络扫描工具的使用方法。

Nessus 是一个功能强大而又易于使用的远程安全扫描器，它不仅免费而且更新极快。安全扫描器的功能是对指定网络进行安全检查，找出该网络是否存在有可能导致对手攻击的安全漏洞。该系统被设计为 Client/Sever 模式，服务器端负责进行安全检查，客户端用来配置管理服务器。在服务器端还采用了 Plug-in 体系，允许用户加入执行特定功能的插件，这些插件可以进行更快速、更复杂的安全检查。在 Nessus 中还采用了一个共享的信息接口，称为知识库，其中保存了前面检查的结果。检查的结果可以 HTML、纯文本、LaTeX(一种文本文件格式)等几种格式保存。

任务实施

1. 安装 Nessus

(1) 下载。可以到 http://www.nessus.org/download.html 网站下载 Nessus 的最新版本。Nessus 分为服务器端和客户端两部分，而服务器端又分为稳定版和实验版两种版本。

同样，Nessus 的客户端也有两个版本，Java 版本及 C 版本，Java 版本可以在多个平台中运行，C 版本支持 Windows 系统。有了这两个客户端版本，就可以在局域网任何一台计算机上进行安全检查了。

(2) 服务器端的安装。服务器端共由 4 个安装包组成，如图 8.24 所示。

```
nessus-libraries-x.x.tar.gz

libnasl-x.x.tar.gz

nessus-core.x.x.tar.gz

nessus-plugins.x.x.tar.gz
```

图 8.24　服务器端由 4 个安装包组成

一定要按照以上的顺序安装各个软件包。首先用 tar -xzvf nessus-* 命令将这 4 个软件包解压。首先安装 Nessus 的 lib 库，如图 8.25 所示。

```
cd nessus-libaries

./configure

make
```

图 8.25　安装 Nessus 的 lib 库

以 root 身份执行安装。然后以同样的方法按照上面的顺序安装其他 3 个软件包。

(3) 安装完毕后，确认在 ld.so.conf 文件中加入已安装库文件的路径：/usr/local/lib。如果没有，只需在该文件中加入这个路径，然后执行 ldconfig 命令，这样 Nessus 运行的时候就可以找到运行库了。

2. 创建一个用户

Nessus 服务端有自己的用户资料库，其中对每个用户都做了约束。用户可以在整个网络范围内通过 Nessusd 服务端进行安全扫描。

(1) 创建用户的方法如图 8.26 所示。

nessus-adduser 是 Nessusd 的附带工具，安装完毕后，在安装目录下会产生这个程序。

(2) 配置 Nessus 服务端程序 Nessusd。它的配置文件为 nessusd.conf，位于 usr/local/etc/nessus/目录下。一般情况下，不建议改动其中的内容，除非确实有需要。

(3) 启动 Nessusd。在上面的准备工作完成后，以 root 用户的身份启动服务端 nessusd -D。

3. 安全扫描

按照上面的方法启动 Nessus 的服务进程后，就可以执行客户端程序进行安全扫描了，如图 8.27 所示。

(1) 首先登录到 Nessus 服务器，在 Nessusd host 文本框中输入 Nessus 服务器所在的 Linux 系统 IP 地址，端口号及加密方式不需要改动。然后输入用户名，单击 Log in 按钮登录。一旦登录成功，Log in 按钮会变为 Log out 按钮，对话框的旁边还会有 connected 的提示。

```
$ nessus-adduser

Addition of a new nessusd user

------------------------------

Login : admin //输入用户名

Password : secret //用户口令

Authentification type (cipher or plaintext) [cipher] :
cipher //选择认证过程是否加密,

Now enter the rules for this user, and hit ctrl-D once you
are done :

(the user can have an empty rule set)

^D

Login : admin

Pssword : secret

Authentification : cipher

Rules :

Is that ok (y/n) ? [y] y

user added
```

图 8.26　创建用户

(2) 下面通过选择 Plug ins 插件来进行相应的安全扫描,如图 8.28 所示。

在图 8.28 中,Plugin selection 选项区域中显示的是插件选择,下面的窗格中显示的是插件所能检查的攻击方法,单击每个攻击方法会弹出一个对话框介绍它的危害性及解决方法,如图 8.29 所示。

建议选择全部的插件以增加安全扫描的完整性。

(3) 下面选择扫描的目标主机,切换到 Target selection 选项卡,如图 8.30 所示。

在窗口中输入目标地址,例如输入 192.168.6.26,这里笔者用的是一个内部地址,还可以用 192.168.6.26/24 的方式指定扫描 192.168.6.1～192.168.6.255 整个网段,或者用 x.y.z 的方式及选中下面的 Perform a DNS zone transfer 复选框,通过域名系统查找目标的 IP。

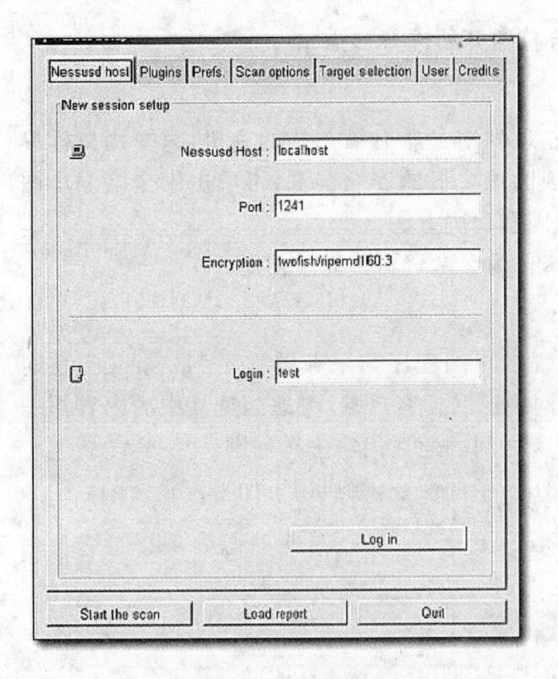

图 8.27　启动界面

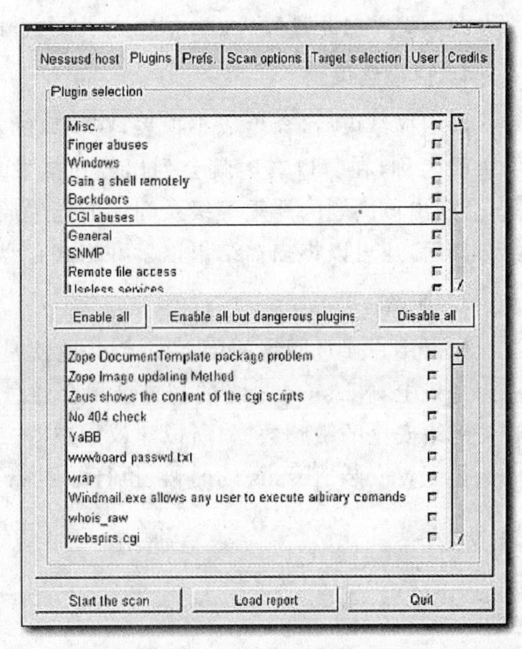

图 8.28　安全扫描

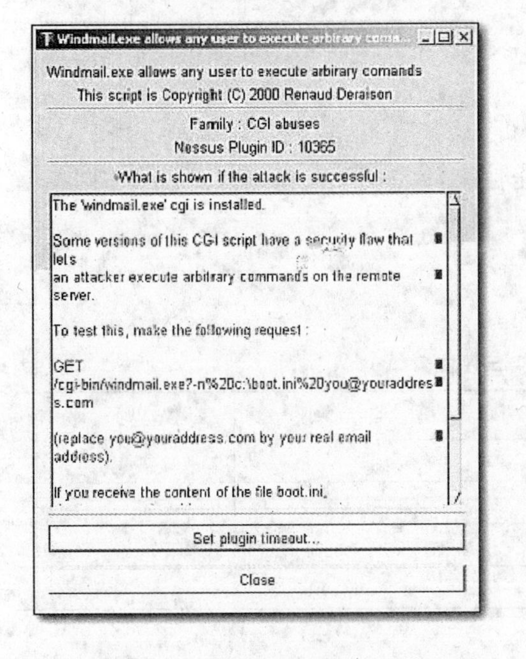

图 8.29　危害性及解决方法

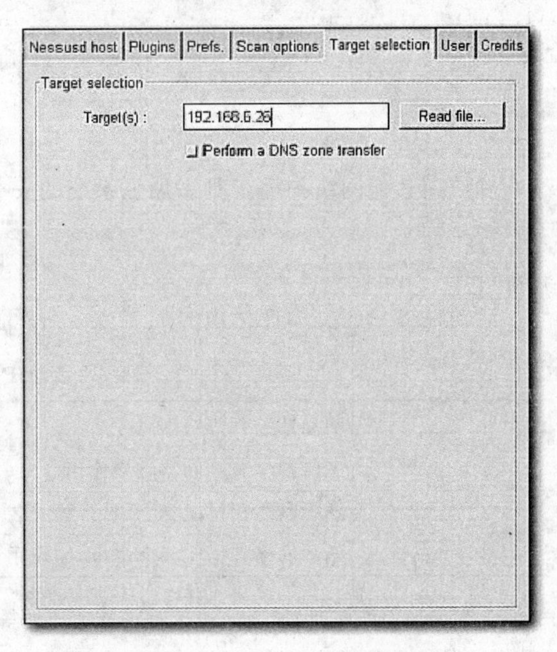

图 8.30　Target Selection 选项卡

(4) 最后还有一个可选项是用户规则，规则是用来对用户所做的扫描操作进行约束，例如想对除了 192.168.6.4 这个地址以外的所有 192.168.6 网段主机进行扫描，那就可以在规则设置中输入以下内容。

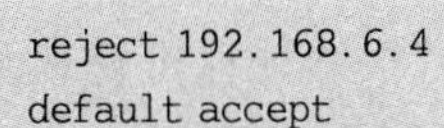

```
reject 192.168.6.4
default accept
```

(5) 这些都设置好后,单击 Start the scan 按钮开始进行扫描。

4. 扫描结果

当扫描结束后,会生成小报表,在窗口的左边列出了所有被扫描的主机,只要用鼠标单击主机名称,在窗口右边就会列出经扫描发现的该主机的安全漏洞,再单击安全漏洞小图标,会列出该问题的严重等级及问题的产生原因和解决方法。

最后,还可以将扫描结果以多种格式存盘,作为参考资料供以后使用。

5. 加密

如果用户通过网络使用 Nessusd,也就是说客户端程序与服务端程序 Nessusd 不在同一台主机上,Nessusd 最终的扫描结果会通过网络返回到客户端,考虑到这其中的内容都是有关网络安全的敏感数据,所以建议用户对二者之间的通话内容进行加密。

在配置安装 Nessus 的时候,执行如图 8.31 所示的命令,就启用了加密模式。

```
./configure -enable-cipher

./make

./make install
```

图 8.31　加密命令

试使用其他网络扫描工具来加强系统的安全性能。

评　估

活动任务三的具体评估内容如表 8.3 所示。

表 8.3　活动任务三评估表

活动任务三评估细则		自　评	教 师 评
1	了解扫描工具的特点及作用		
2	熟悉网络扫描工具 Nessus 的安装		
3	熟悉网络扫描工具 Nessus 的应用		
任务综合评估			

活动任务四　连接远程虚拟专用网络(VPN)

任务背景

计算机中的远程控制技术,始于 DOS 时代,随着网络的高度发展,根据计算机管理及技术支持的需要,远程控制一般支持的网络方式有:LAN、WAN、拨号方式、互联网方式。此外，有的远程控制软件还支持通过串口、并口、红外端口来对远程机进行控制（这里说的远程计算机，是指有限距离范围内的计算机）。传统的远程控制软件一般使用 NetBEUI、NetBIOS、IPX/SPX、TCP/IP 等协议来实现远程控制。随着网络技术的发展，目前很多远程控制软件可通过 Web 页面以 Java 技术来控制远程计算机，这样可以使不同操作系统下远程控制的接入更加安全可靠，网络管理员也更易于管理局域网上的每一台计算机。

任务分析

远程控制软件一般分为两个部分：一部分是客户端程序 Client；另一部分是服务器端程序 Server（或 Systry）。使用前需要将客户端程序安装到主控端计算机上，将服务器端程序安装到被控端计算机上。它的控制的过程一般是先在主控端计算机上执行客户端程序，像一个普通的客户一样向被控端计算机中的服务器端程序发出信号，建立一个特殊的远程服务，然后通过这个远程服务，使用各种远程控制功能发送远程控制命令，控制被控端计算机中各种应用程序的运行，这种远程控制方式称为基于远程服务的远程控制。

通过远程控制软件，可以进行多方面的远程控制，包括获取目标计算机屏幕图像、窗口及进程列表；记录并提取远端键盘事件（击键序列，即监视远端键盘输入的内容）；打开、关闭目标计算机的任意目录并实现资源共享；提取拨号网络及普通程序的密码；激活、终止远端程序进程；管理远端计算机的文件和文件夹；关闭或者重新启动远端计算机中的操作系统；修改 Windows 注册表；通过远端计算机上载、下载文件和捕获音频、视频信号等。

基于远程服务的远程控制最适合的模式是一对多（包括一对一），即利用远程控制软件，可以使用一台计算机控制多台计算机，这就使人们不必为办公室的每一台计算机都安装一个调制解调器，而只需要利用办公室局域网的优势就可以轻松实现远程多点控制了。在利用一台计算机对多台远端计算机进行控制时，远程控制软件似乎更像一个局域网的网络管理员，而提供远程控制的远程终端服务就像极了办公室局域网的延伸。这种一对多的连接方式在节省调制解调器的同时，还使得网络的接入更加安全可靠，网络管理员也更易于管理局域网上的每一台计算机。

任务实施

Windows XP 系统有一个非常人性化的功能：远程桌面。该功能可以通过选择“开始→所有程序→附件→通信”命令找到，利用这一功能，可以实现远程遥控访问所有应用程序、文件、网络资源。例如，可以在家里发出指令遥控单位的计算机完成邮件收发、系统维护、远程协助等工作，如果使用的是宽带，那么与操作本地计算机不会有多大差别。下面以 Windows XP 系统为例，介绍实现远程控制的方法。

1. Windows XP 系统远程协助的应用

“远程协助”是 Windows XP 系统附带提供的一种简单的远程控制方法。远程协助的发起者通过 MSN Messenger 向 Messenger 中的联系人发出协助要求，在获得对方同意后，即可进行远程协助。远程协助中被协助方的计算机将暂时受协助方（在远程协助程序中被称为专家）的控制，专家可以在被控计算机当中进行系统维护、安装软件、处理计算机中的某些问题，或者向被协助者演示某些操作。如果已经安装了 MSN Messenger 6.1 软件，还需要安装 Windows Messenger 4.7 才能够进行远程协助。

使用远程协助时，可在 MSN Messenger 的主对话框中执行"操作→寻求远程协助"命令，然后在出现的"寻求远程协助"对话框中选择要邀请的联系人。当邀请被接受后，会打开"远程协助"对话框，被邀人单击"远程协助"对话框中的"接管控制权"按钮，就可以操纵邀请人的计算机了。

主控双方还可以在"远程协助"对话框中输入消息和发送文件，就如同在 MSN Messenger 中一样。被控方如果想终止控制，可按 Esc 键或单击"终止控制"按钮，即可以取回对计算机的控制权。

2. Windows XP 系统远程桌面的应用

使用远程协助进行远程控制实现起来非常简单，但它必须由主控双方协同才能够进行，所以 Windows XP 专业版中又提供了另一种远程控制方式——远程桌面，利用远程桌面，可以在远离办公室的地方通过网络对计算机进行远程控制，即使主机处在无人状况，远程桌面仍然可以顺利进行，远程的用户可以通过这种方式使用计算机中的数据、应用程序和网络资源。它也可以让用户的同事访问用户的计算机的桌面，以便于进行协同工作。

1）配置远程桌面主机

远程桌面的主机必须是安装了 Windows XP 系统的计算机，主机必须与 Internet 连接，并拥有合法的公网 IP 地址。主机的 Internet 连接方式可以是普通的拨号方式，因为远程桌面仅传输少量的数据（如显示器数据和键盘数据）便可实施远程控制。

要启动 Windows XP 的远程桌面功能必须以管理员或 Administrators 组成员的身份登录进入系统，这样才具有启动 Windows XP 远程桌面的权限。

（1）右击"我的电脑"图标，选择"属性"命令，如图 8.32 所示。

（2）在出现的对话框中选择"远程"选项卡，选中"允许用户远程连接到此计算机"复选框。单击"选择远程用户"按钮，然后在"远程桌面用户"对话框中单击"添加"按钮，将出现"选择用户"对话框，如图 8.33 和图 8.34 所示。

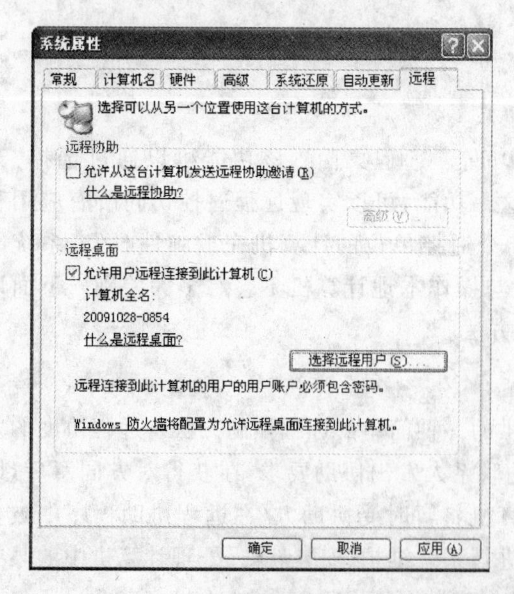

图 8.32 "系统属性"对话框

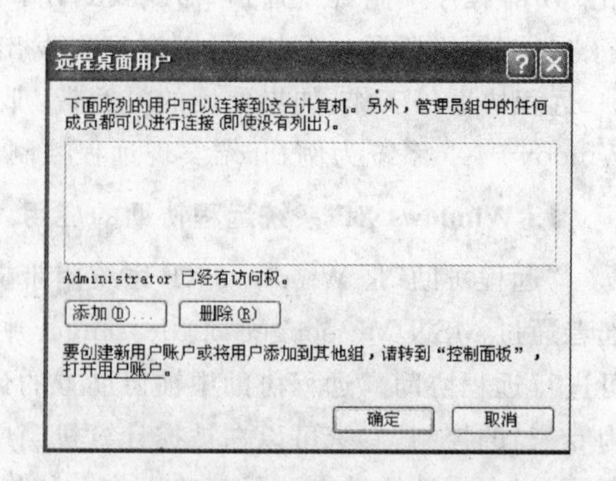

图 8.33 "远程桌面用户"对话框

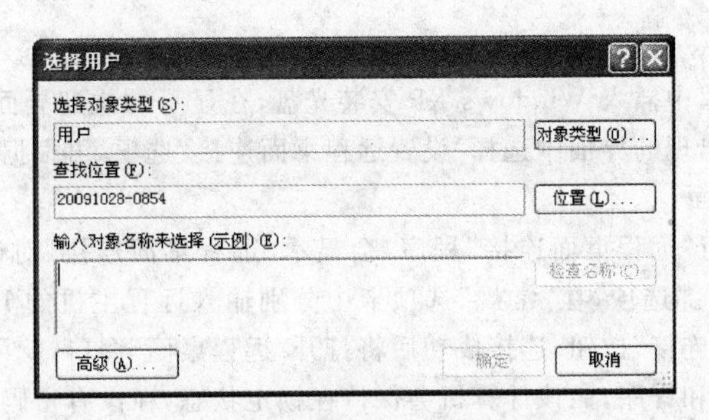

图 8.34　“选择用户”对话框

(3) 单击“位置”按钮以指定搜索位置，单击“对象类型”按钮以指定搜索对象的类型，如图 8.35 和图 8.36 所示。接下来在“输入对象名称来选择”文本框中输入要搜索对象的名称，并单击“检查名称”按钮，当找到用户名称后，单击“确定”按钮返回到“远程桌面用户”对话框，找到的用户会出现在对话框中的用户列表中。

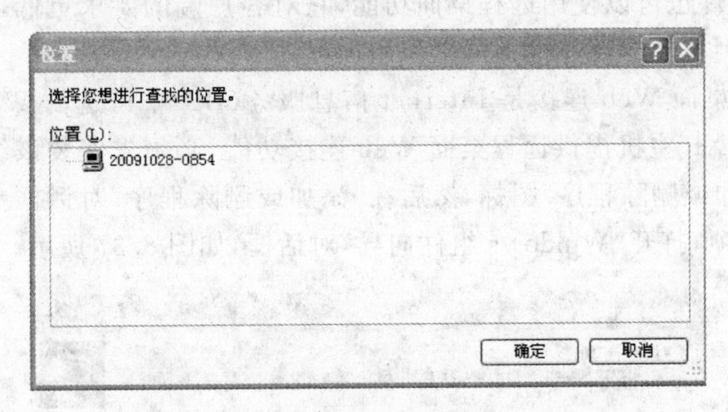

图 8.35　搜索位置

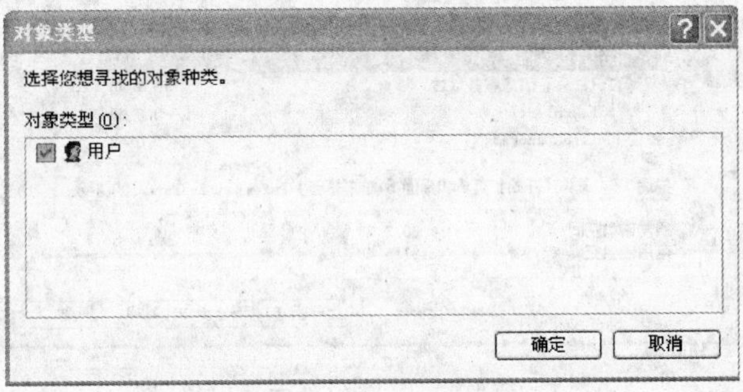

图 8.36　“对象类型”对话框

如果没有可用的用户，可以使用控制面板中的“用户账户”来创建，所有列在“远程桌面用户”列表中的用户都可以使用远程桌面连接这台计算机，如果是管理组成员，即使没在这里列出，也拥有连接的权限。

2) 客户端软件的安装

Windows XP 的用户可以通过系统自带的“远程桌面连接”程序(执行“开始”→“所有程序”→“附件”→“通信”命令)来连接远程桌面。如果客户使用的操作系统是 Windows 9x/

2000,可安装 Windows XP 安装光盘中的“远程桌面连接”客户端软件。

在客户机的光驱中插入 Windows XP 安装光盘,在显示的欢迎界面中,单击“执行其他任务”选项,然后在出现的界面中选择“设置远程桌面连接”选项,再根据提示进行安装。

3）访问远程桌面

在客户机上运行“远程桌面连接”程序,会显示“远程桌面连接”对话框,单击“选项”按钮,展开对话框的全部选项,在“常规”选项卡中分别输入远程主机的 IP 地址或域名、用户名、密码,然后单击“连接”按钮,连接成功后将打开“远程桌面”窗口,就可以看到远程计算机上的桌面设置、文件和程序,而该计算机会保持在锁定状态,在没有密码的情况下,任何人都无法使用它,也看不到用户对它所进行的操作。

如果要注销和结束远程桌面,可在远程桌面连接窗口中,单击“开始”按钮,然后按常规的用户注销方式进行注销。

4）远程桌面的 Web 连接

远程桌面还提供了一个 Web 连接功能,简称“远程桌面 Web 连接”,这样客户端无须安装专用的客户端软件也可以使用远程桌面功能,它对客户端的要求更低,使用也更灵活,几乎任何可运行 IE 浏览器的计算机都可以使用远程桌面功能。

(1) 由于远程桌面 Web 连接是 Internet 信息服务(IIS)中可选的 WWW 服务组件,因此,要让 Windows XP 主机提供远程桌面 Web 连接功能,必须先安装该组件。方法是双击控制面板中的“添加或删除程序”图标,然后在“添加或删除程序”对话框中选择“添加/删除 Windows 组件”选项,打开“Windows 组件向导”对话框,如图 8.37 所示。

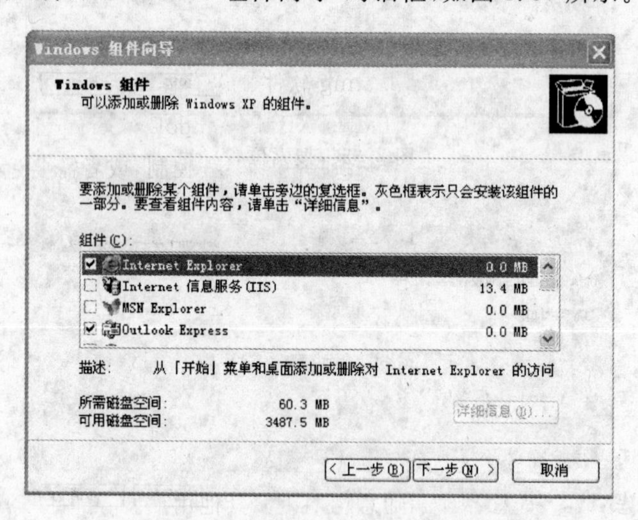

图 8.37 “Windows 组件向导”对话框

(2) 在“Windows 组件向导”对话框中选择“Internet 信息服务(IIS)”选项并单击“详细信息”按钮,选择“万维网服务”选项并单击“详细信息”按钮,再选择“远程桌面 Web 连接”选项,单击“确定”按钮后返回“Windows 组件向导”对话框,单击“下一步”按钮,即开始安装,如图 8.38 和图 8.39 所示。

(3) 接下来运行“管理工具”子选项中的“Internet 信息服务(IIS)”程序,依次展开文件夹分级结构,找到 tsweb 文件夹右击,选择“属性”命令。

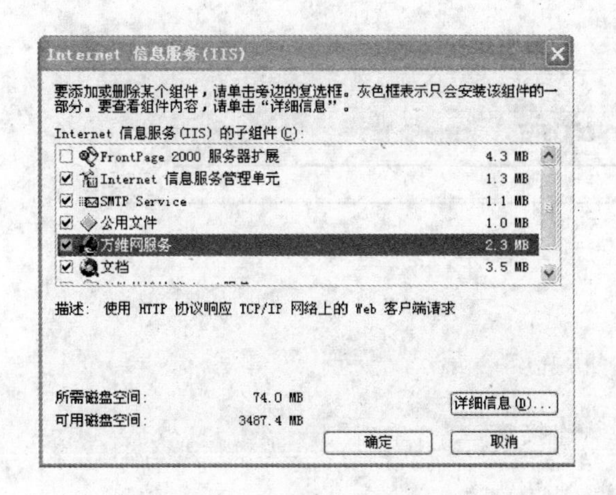

图 8.38　Internet 信息服务(IIS)

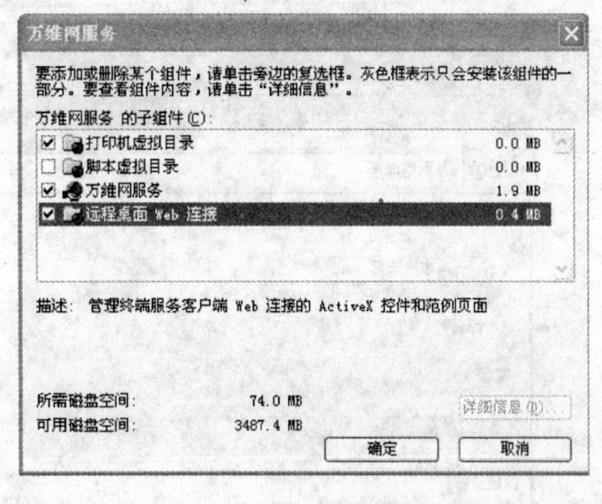

图 8.39　万维网服务

(4) 在出现的"属性"对话框中选择"目录安全"选项卡，单击"匿名访问和身份验证控制"栏中的"编辑"按钮，在出现的"身份验证方法"对话框中选择"匿名访问"选项即可。这样就可以用 IE 浏览器访问远程桌面了。

(5) 在客户端运行 IE 浏览器，在地址栏中按 "http://服务器地址(域名)/tsweb"格式输入服务器地址，例如服务器地址为 210.42.159.5，则可在地址栏中输入 http:// 210.42.159.5/tsweb/，按 Enter 键之后，"远程桌面 Web 连接"界面将出现在 IE 窗口中，在网页中的"服务器"文本框中输入想要连接的远程计算机的名称，单击"连接"按钮即可连入远程桌面。

除了远程桌面与远程协助外，Windows XP 还提供了程序共享功能，在某种意义上，它也是一种对程序的远程控制，另外 NetMeeting 软件中也有程序共享功能。

以上的远程控制方式都必须在 Windows XP 或 Windows Server 2003 系统中才能进行，而且功能相对简单。要在其他的操作系统中进行远程控制，或者需要远程控制提供更为强大的功能，就需要使用其他的第三方远程控制软件。

要实现远程协助，需要网络管理员和被协助者同时使用客户端软件连接到终端服务器上，网络管理员通过使用终端服务器上的终端服务器管理工具找到代表被协助者的会话，网络管理员通过右击被协助者的会话标签，在弹出的菜单中选择"远程控制"命令即可。

可以在实施控制之前，通过发送消息通知客户端做好准备。为了保证协助的可操作性，在实施远程控制之前，系统会询问如何快速终止远程控制会话。与此同时被协助者的屏幕上会显示一个询问是否接受远程用户的协助和控制的提示：Do you accept the request? 这主要是出于安全考虑，防止恶意客户端随意远程控制其他用户。

当被协助者接受了远程控制要求以后，终端服务器就会把被协助者的桌面显示发送给网络管理员，这时网络管理员和被协助的用户都可以控制桌面和应用程序，即此时网络管理员就可以协助客户端了。

5) 远程访问 VPN 客户端的创建

在 Windows XP 系统中建立客户端 VPN 连接的方法与在其他 Windows 系统中建立网络连接的方法类似，"网络连接"窗口如图 8.40 所示。

(1) 在图 8.39 所示的窗口中双击"新建连接向导"图标，打开如图 8.41 所示的"新建连接向导"对话框。

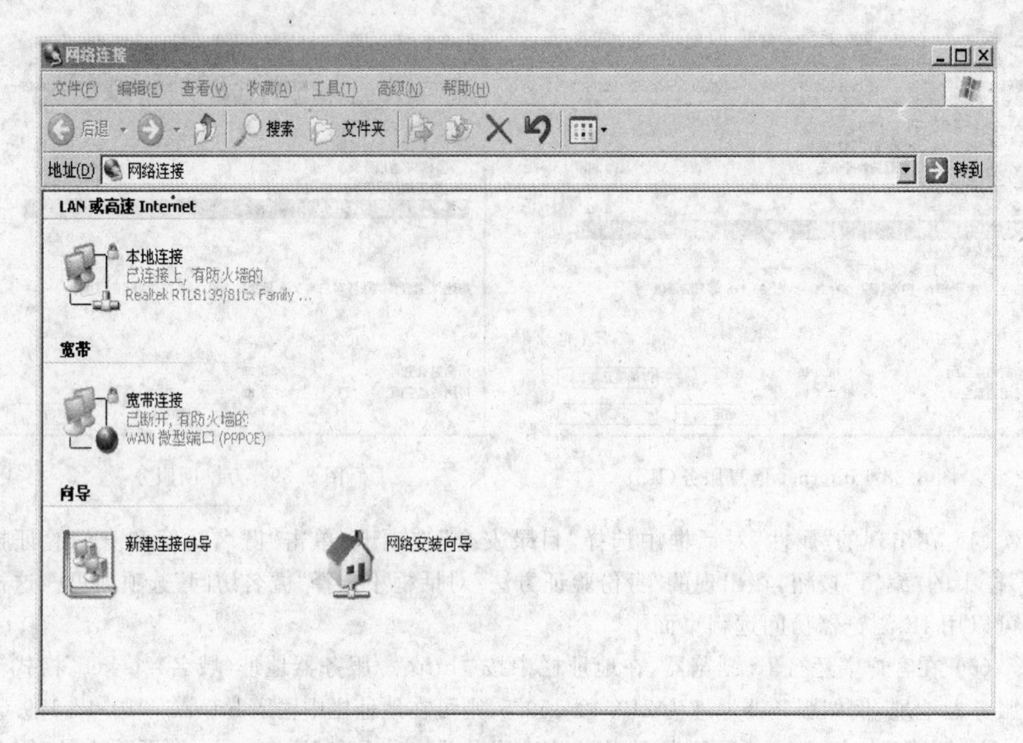

图 8.40 “网络连接”窗口

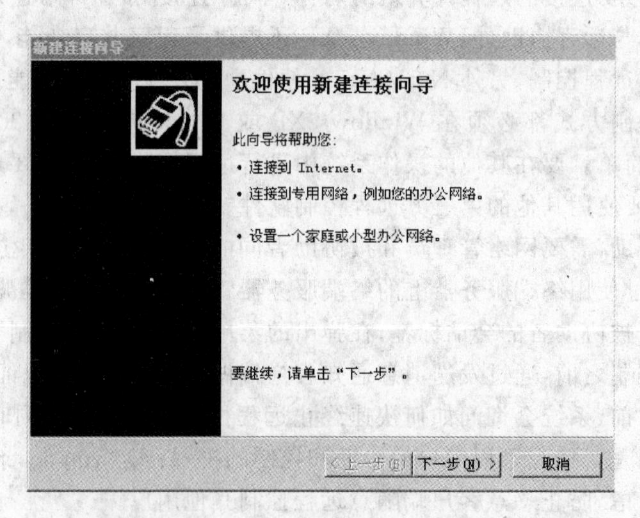

图 8.41 “新建连接向导”对话框

(2) 单击“下一步”按钮，打开如图 8.42 所示的对话框。在这个对话框中选中“连接到我的工作场所的网络”单选按钮。

(3) 单击“下一步”按钮，打开如图 8.43 所示的对话框。在这个对话框中选中“虚拟专用网络连接”单选按钮。

(4) 单击“下一步”按钮，打开如图 8.44 所示的对话框。在这个对话框中要求输入所创建的 VPN 连接名称，在此仍输入“远程访问 VPN”。

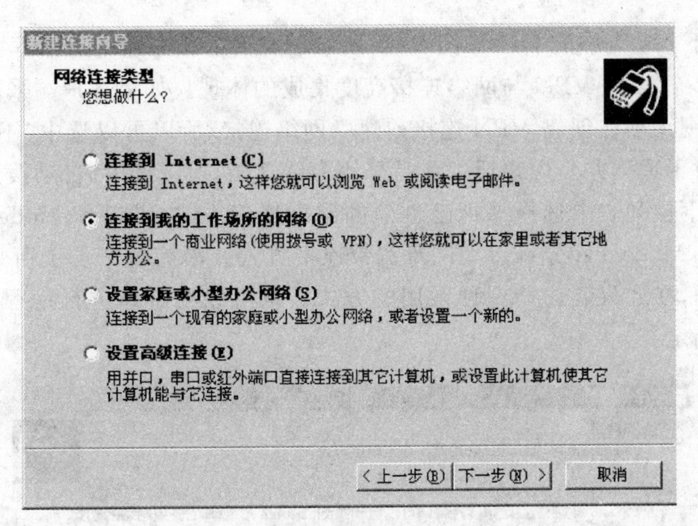

图 8.42　“网络连接类型”对话框

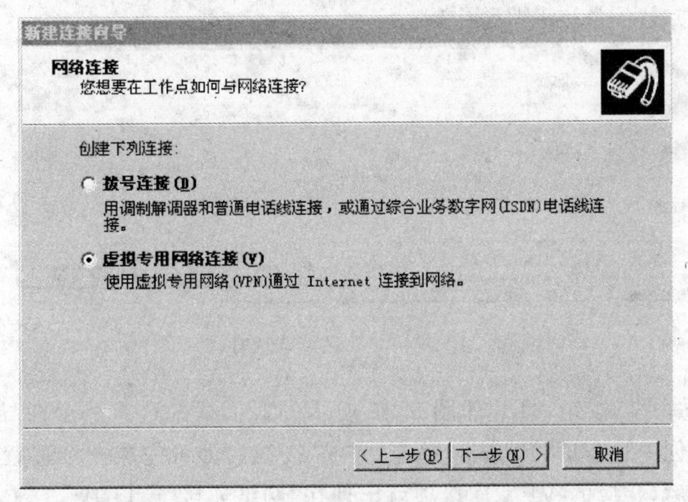

图 8.43　“网络连接”对话框

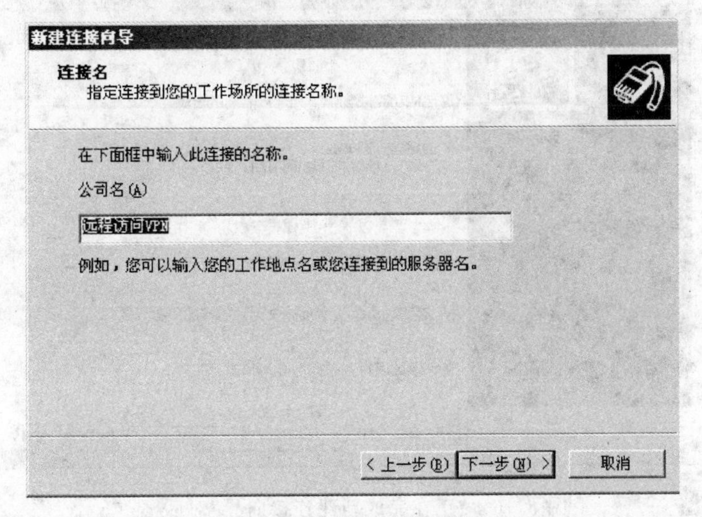

图 8.44　“连接名”对话框

(5) 单击"下一步"按钮，打开如图 8.45 所示的对话框。在这个对话框中可以选择一种 VPN 连接方式。这就是 VPN 与网络连接高度集成的体现。如果客户端采取的是与互联网专线静态连接，则无须在创建 VPN 连接前建立网络连接，所以可以选中"不拨初始连接"单选按钮。不过对于远程办公用户通常不是采用专线连接，所以选中"自动拨此初始连接"单选按钮，然后在下拉列表中选择一种已创建的网络连接方式，可以是 Modem 拨号，也可以是 ADSL、Cable Modem 和光纤以太网等宽带连接方式。因为每个员工所采用的连接方式不是固定不变的，在此只能选择一种常用的方式。也可以在具体进行远程访问 VPN 连接时由员工自行确定。

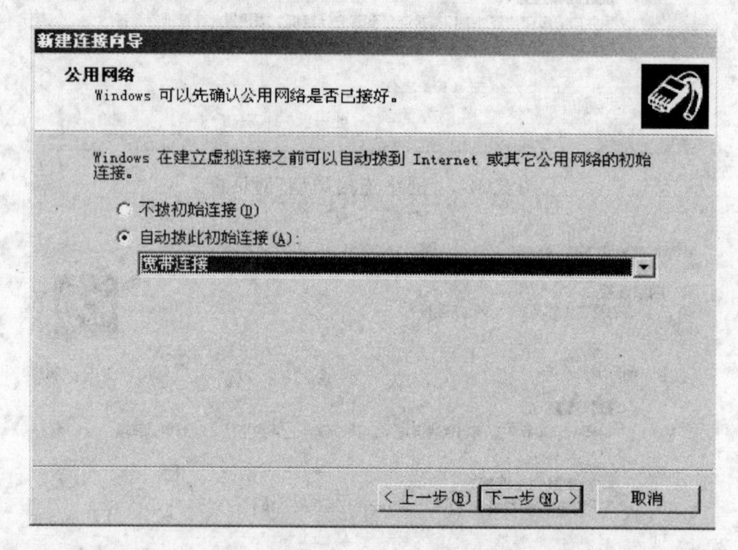

图 8.45　连接方式选择

(6) 单击"下一步"按钮，打开如图 8.46 所示的对话框。这是一个向导完成对话框，提示用户网络连接创建过程即将完成。单击"完成"按钮后即可完成整个远程访问 VPN 连接的创建。创建好后，相应的 VPN 连接项就出现在"网络连接"窗口中。

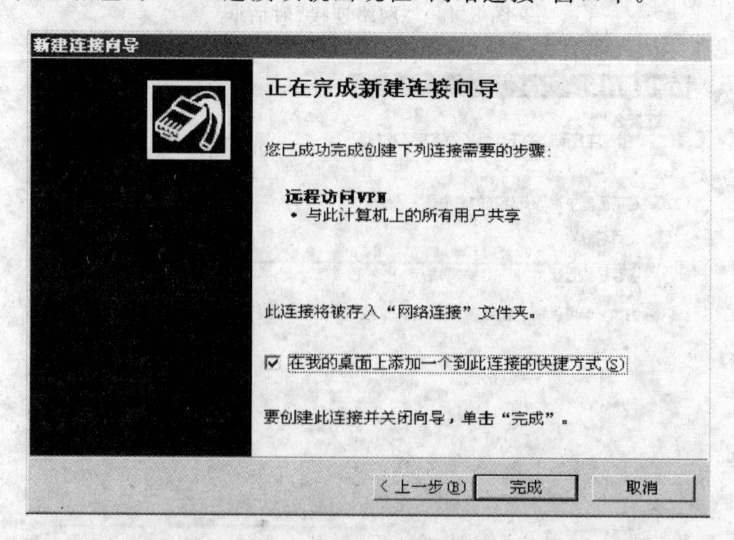

图 8.46　"正在完成新建连接向导"对话框

学生可以自己到互联网上搜索远程访问的其他知识和访问软件的使用方法。

评　估

活动任务四的具体评估内容如表 8.4 所示。

表 8.4　活动任务四评估表

活动任务四评估细则		自　评	教 师 评
1	会配置远程桌面主机		
2	熟悉远程桌面的 Web 连接		
3	熟悉远程访问 VPN 客户端的创建		
任务综合评估			

项目评估

项目八的具体评估内容如表 8.5 所示。

表 8.5　项目八评估表

项　目	标 准 描 述	评 定 分 值						得分
基本要求 60 分	掌握防病毒软件的安装与使用方法	10	8	6	4	2	0	
	掌握防病毒软件的使用方法	10	8	6	4	2	0	
	会使用网络监视器	10	8	6	4	2	0	
	了解扫描工具的特点及作用	10	8	6	4	2	0	
	掌握网络扫描工具 Nessus 的使用	10	8	6	4	2	0	
	能够配置远程 VPN 连接	10	8	6	4	2	0	
特色 30 分	能够远程访问 VPN 客户端并运用扫描工具和网络监视器进行安全防范	20	16	12	8	2	0	
	会用防病毒软件进行安全防范	10	8	6	4	2	0	
合作 10 分	能与其他同学合作、沟通，共同完成任务	10	8	6	4	2	0	
主观评价							总分	
项目综合评价							总分	

项目九

规划与设计网络

职业情景描述

随着网络应用的普及与发展，网络已经离人们越来越近。作为网络管理相关专业的学生，不仅要会利用网络，还应该学会建立网络工程。

通过本项目，学生将学习到以下内容。

- IP 地址的计算
- 企业 VLAN 网络的规划和组建
- 初识网络数据中心

活动任务一　计算 IP 地址

任务背景

IP 地址是组建网络过程中不可忽视的重要因素。原因很简单，同一网段内的可用 IP 地址是有限的，如果拥有的计算机数量超出了这个范围，则可能造成无法正常通信。因此在为客户端指定 IP 地址时，必须经过周密的测算。下面就简单介绍一个相关的计算工具。

任务分析

以 IP 地址 172.23.1.3 为例，子网掩码是 255.255.255.0，分步骤计算出网络地址、广播地址、地址范围、主机数。

任务实施

1. 常规推算方法

所谓常规推算也就是不借助任何工具直接根据 IP 地址的分配原理进行详细计算，这对于一个资历较深、有着丰富组网经验的管理员来说，应该不是什么难事。首先可以先假定一个 IP 地址和子网掩码，然后推算出网络地址、广播地址、可用 IP 地址范围，最后再结合实际拥有的计算机数量验证所选网段及子网掩码是否合适。

(1) 将 IP 地址和子网掩码换算为二进制，子网掩码连续全 1 的是网络地址，本例中的前三位为网络地址，后面的是主机地址。

(2) 将 IP 地址和子网掩码的网络地址部分进行“与”运算，最后的主机地址全部变为 0，所得的结果就是网络地址，即指定网段中的第一个 IP 地址。注意，该地址不可以指派给任何计算机。

(3) 保持上述“与”运算所得结果中的网络地址部分不变，主机地址全部变为 1，则所得的就是广播地址，该地址同样不能分配给客户端。

(4) 该网络中有效的 IP 地址范围就是 172.23.1.3～172.23.1.254，在本网段内的网络地址＋1 即为第一个有效的 IP 地址，广播地址－1 即为最后一个有效 IP 地址。由此可以看出，有效 IP 地址的范围是：网络地址(＋1)至广播地址(－1)。

(5) 网络中可以容纳的主机数量可以由以下公式计算。

$$\text{主机的数量}=2^{\text{二进制的主机位数}}-2$$

这里之所以要减 2，是因为主机不包括网络地址和广播地址。本例中二进制的主机位数是 8 位，所以主机的数量就是 $2^8-2=254$。

上述实例可以用于大多数小型局域网络的 IP 地址分配，但是在一些安全要求较高的机要部门，IP 地址的分配是相当严格的，有多少台主机就必须有多少个可用 IP 地址，既不能多也不能少。这样就可以充分保证外部计算机无法接入网络，从而也就保证了信息的安全。那么，网络中可用 IP 地址数量该如何来控制呢？最简单的方法就是设置合理的子网掩码。例如，在 IP 地址为 211.82.219.219，子网掩码为 255.255.255.128 的局域网中，通过上述方法可以得出该局域网中的网络地址为 211.82.219.128，而广播地址为 211.82.219.255，所以有效 IP 地址的数量就是 $2^7-2=126$。

如果此时得到的可用范围仍然太大，还可以继续减少主机位的位数，也就是更改子网掩码，例如将主机位修改为 4 位，子网掩码也就相应的变为 255.255.255.240，这样局域网中的可用 IP 地址范围就是 211.82.219.241～211.82.219.254，数量是 $2^4-2=14$。

2. 子网掩码计算工具——IPSubnetter

作为一个网络管理员，必须要为网络分配 IP 地址，而且在检测网络时，还要知道网络内有哪些 IP 地址可用，网络中 IP 地址的分配是否标准。但如果只知道一台计算机的 IP 地址和子网掩码，如何计算出该网段内有哪些 IP 地址可用呢？通常的做法是管理员用笔进行计算，但这比较麻烦。IPSubnetter 正是一款子网掩码计算工具，它可以根据子网内某一个 IP 地址和子网担掩码的十进制数值，计算出该子网有哪些 IP 地址可用，并可计算出 IP 地址的二进制数值，判断该 IP 地址属于哪类地址，以及其子网位、主机位、符合条件的子网数目、每个子网所包含的有效主机数目、掩码、所属子网地址、子网的广播地址(同时用二进制和十进制显示)、当前子网所包含的主机范围等各种信息。

1) IPSubnetter 界面

运行 IPSubnetter 程序，显示出它的运行界面，如图 9.1 所示。

- 主机(Host)IP：用来输入子网内的一个 IP 地址。
- 掩码位(Mask Bits)：可通过拖动滑块来选择子网掩码。

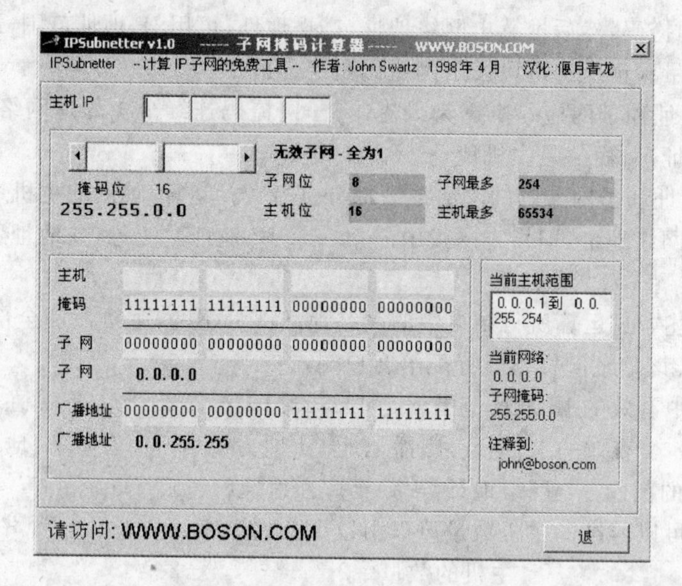

图 9.1 IPSubnetter 的运行界面

- 子网位(Subnet Bits):显示子网位。
- 子网最多(Max Subnets):显示该网段最多可分成多少个子网。
- 主机位(Host Bits):显示主机位数。
- 主机最多(Max Hosts):显示该网段内最多可以有多少台主机。
- 当前主机范围(Current Host Range):计算出该网段内计算机的 IP 地址范围。
- 子网掩码(Subnet):显示子网掩码地址。
- 广播地址(Broascast):显示广播地址。

当输入主机 IP 地址并选择子网掩码时,会在当前主机范围文本框内即时显示出 IP 地址段,不需要单击其他任何按钮,非常方便。

子网划分的难点在于十进制和二进制之间的转换、主机位的借位、子网划分后子网掩码的计算和每段子网的 IP 地址取值范围。下面具体介绍和用 IPSubnetter 软件计算子网掩码的步骤。

2) 子网划分具体步骤

(1) 首先打开子网掩码计算器 IPSubnetter,在"主机 IP"文本框输入网络地址 172.23.17.3,此时在右边会看到这是一个 B 类网址,如图 9.2 所示。

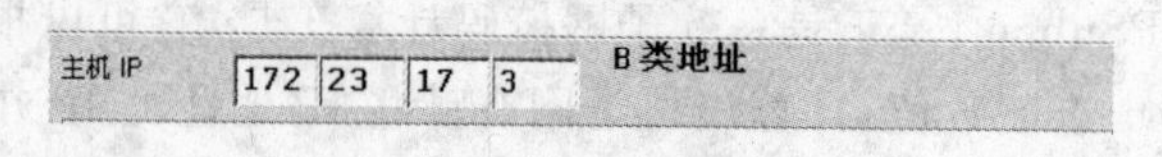

图 9.2 显示网址类型

(2) 然后滑动"掩码位"上方的滑块,同时观察掩码的数字,直到值为 255.255.255.0,下面会同步显示此二进制的 IP 地址、子网掩码(包括十进制和二进制)以及广播地址,如图 9.3 所示。

(3) 右下部分将显示当前主机范围、当前网络、子网掩码,如图 9.4 所示。

主机	10101100 00010111 00010001 00000011
掩码	11111111 11111111 11111111 00000000
子 网	10101100 00010111 00010001 00000000
子 网	172.23.17.0
广播地址	10101100 00010111 00010001 11111111
广播地址	172.23.17.255

图 9.3　二进制的 IP 地址、子网掩码以及广播地址

当前主机范围
172.23.17.1 到
172.23.17.254
当前网络:
172.23.17.0
子网掩码:
255.255.255.0

图 9.4　当前主机范围、当前网络、子网掩码

1. IP 地址的小知识

IP 地址有二进制和点分十进制两种表现形式，每个 IP 地址的长度为 32 位，由 4 个 8 位域组成，称为 8 位体。8 位体由句点(英文)分开，表示一个 0～255 之间的十进制数。IP 地址的 32 位分别分配给网络号和主机号。人们易于识别的 IP 地址格式是点分十进制数表示的。例如，一个二进制数表示的 IP 地址 11000000 10101000 00000010 00000001，用点十进制表示就是 192.168.2.1。

由于 IP 地址的每个 8 位都是 1 个字节(8 位)，所以其值必须在 0～255 之间(包含 0 和 255)，即 8 位全 0 时是 0，8 位全 1 是 255($2^7+2^6+2^5+2^4+2^3+2^2+2^1+2^0=255$)。

IP 地址包括两部分，即网络部分和主机部分。网络号类似于长途电话号码中的区号，主机号类似于市话中的电话号码。同一网络上所有主机需要同一个网络号，该号在 Internet 中是唯一的。主机号确定网络中的一个工作站、服务器、路由器、交换机或其他 TCP/IP 主机。对同一个网络号来说，主机号是唯一的。因此，即使主机号相同，但网络号不同，仍然能够区分两台不同的主机。同样，在同一网络中绝对不能有主机号完全相同的两台计算机。

如果简单地将前 2 个字节规划为网络号，那么将由于任何网络上都不可能有 2^{16}(65536)台以上的主机，而浪费非常宝贵的地址空间。为了有效地利用有限的地址空间，IP 地址根据网络号的位数划分为 5 类，即 A 类、B 类、C 类、D 类和 E 类。

2. 网络规划

IP 地址的计算只是网络规划中的一小部分内容，下面介绍网络规划的一些基本原则。

1) 网络结构设计原则

网络系统设计应遵循以下原则。

(1) 采用统一的网络协议和接口标准，例如一般选用当前主流的 TCP/IP 协议作为标准协议。

(2) 设计的网络系统要由统一规则分步实施、方便扩充。

(3) 能够集中管理和监视网络上的各种设备，为网络的正常运行提供可靠的保障。

(4) 充分考虑系统的科学性、先进性、实用性和经济性。

以合理的投资建立代表当今先进水平的网络系统，并保证若干年内不被淘汰，让计算机

网络系统能够真正发挥作用。

2）网络结构设计方案

在具体的网络结构设计方案中，通常包含主干网的设计、子网的设计和广域网的连接3个方面。

主干网是网络的中枢，考虑到网络系统的可靠性、安全性、带宽、长度限制、技术发展的继续性等因素，光纤通常作为主干网的传输媒体。

子网以网络内部具体逻辑单元为单位，通过主交换机的端口划分建立相对独立虚网。这样不但信息相对独立，而且可以防止广播风暴的发生。

此外，还需要考虑到计算机的通信方便，计划广域网的连接。

衡量一个网络设计方案的好坏，有以下一些标准。

(1) 可靠性高。由于某些计算机网络接口产生的故障不会影响到交换机上其他计算机的运行，因此具有较好的故障隔离作用。

(2) 扩充性好。可以根据实际需要，在堆叠式交换机中方便地增加交换机等网络设备，以提高网络的使用效率。

(3) 隔离性好。超五类双绞线可以支持快速以太网、FDDI、ATM 等高速传输协议，便于整个网络系统今后向新技术方向发展。

(4) 网络管理容易。

(5) 符合网络技术的发展趋势。目前在网络技术领域，一般均采用堆叠式交换机作为网络系统的主要设备，这也符合网络综合布线技术的要求。

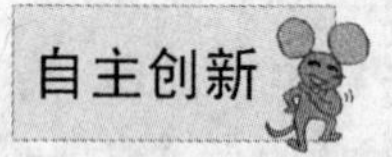

网络在人们日常生活中的应用已经非常普遍，试观察学校的机房，研究它的网络规划。

评　估

活动任务一的具体评估内容如表 9.1 所示。

表 9.1　活动任务一评估表

活动任务一评估细则		自　评	教 师 评
1	了解 IP 地址的相关知识		
2	熟悉 IP 地址二进制和十进制转换		
3	熟悉常规的 IP 地址推算方法		
4	会使用子网掩码计算器 IPSubnetter		
任务综合评估			

活动任务二　规划和组建企业虚拟局域网

任务背景

在一个规模较大的企业中，当各单位的内部网络进行互联时，为了保证网络安全和整体网络的稳定运行，需要对各个不同职能部门进行既独立又统一的管理，这时就要用到 VLAN(虚拟局域网)。

任务分析

目前某公司人员数量已经达到 50 人，3 台交换机使用级联方式。公司人员认为目前这种网络环境速度慢，也不安全，为了提高网络速度和安全性，需要各个部门使用单独的 VLAN。

任务实施

组建 VLAN 的具体步骤如下。

(1) 按拓扑图连接交换机，如图 9.5 所示。

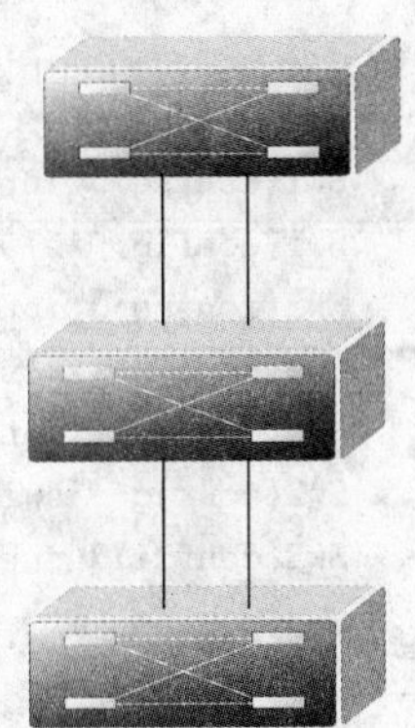

图 9.5　交换机

(2) 配置交换机的主机名，程序如下。

```
Switch# config terminal
Switch(confgi)# hostname sw1(sw2/sw3)
Sw1(config)#
```

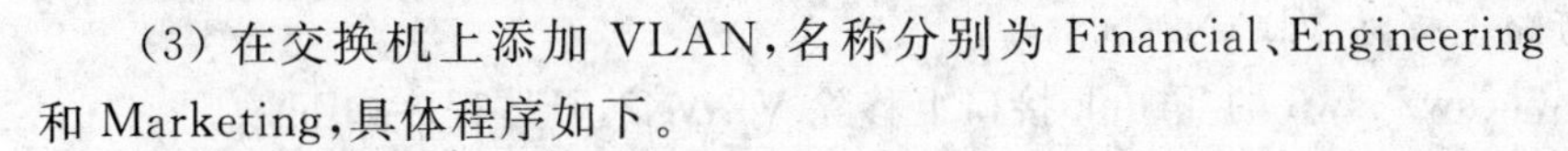

(3) 在交换机上添加 VLAN，名称分别为 Financial、Engineering 和 Marketing，具体程序如下。

```
Sw1#vlan database
Sw1(vlan)#vlan 2 name financial
Sw1(vlan)#vlan 3 name engineering
Sw1(vlan)#vlan 4 name marketing
Sw2#vlan database
Sw2(vlan)#vlan 2 name financial
Sw2(vlan)#vlan 3 name engineering
Sw3#vlan database
Sw3(vlan)#vlan 2 name financial
Sw3(vlan)#vlan 4 name marketing
```

(4) 将端口添加到相应的 VLAN 中，具体程序如下。

```
Sw1(config)#interface range f0/4   6
Sw1(config)#switchport mode access
Sw1(config-range-if)#switchport access vlan 2
Sw1(config)#interface range f0/7   9
Sw1(config)#switchport mode acces
Sw1(config-range-if)#switchport access vlan 3
Sw1(config)#interface range f0/10   12
Sw1(config)#switchport mode acces
Sw1(config-range-if)#switchport access vlan 4
Sw2(config)#interface range f0/4   6
Sw1(config)#switchport mode acces
Sw2(config-range-if)#switchport access vlan 2
Sw2(config)#interface range f0/7   9
```

```
Sw1(config)#switchport mode acces
Sw2(config-range-if)#switchport access vlan 3
Sw3(config)#interface range f0/4  6
Sw1(config)#switchport mode acces
Sw3(config-range-if)#switchport access vlan 2
Sw3(config)#interface range f0/7  12
Sw1(config)#switchport mode acces
Sw3(config-range-if)#switchport access vlan 4
```

(5) 配置 Trunk 端口,具体程序如下。

```
Sw1(config)#inter f0/24
Sw1(config-if)switchport mode trunk
Sw2(config)#inter f0/23
Sw2(config-if)switchport mode dynametic desirable
Sw2(config)#inter f0/24
Sw2(config-iswitch-if)switchport mode dynametic desirable
Sw3(confgi)#inter f0/24
Sw3(config-if)switchport mode dynametic auto
```

(6) 在 Trunk 链路上移除 VLAN2。

分别在交换机 sw1、sw2、sw3 的 Trunk 接口上移除 VLAN2,具体程序如下。

```
Sw1(config-if)#switchport trunk allowed vlanremove 2
```

归纳提高

VLAN(Virtual Local Area Network)即虚拟局域网,是一种通过将局域网内的设备逻辑地址(而不是物理地址)划分为一个个网段从而实现虚拟工作组的新兴技术。IEEE 于 1999 年颁布了用以标准化 VLAN 实现方案的 802.1Q 协议标准草案。

1. 三层交换技术

在计算机数量众多的局域网中,为了提高网络安全性和通信效率。必须划分 VLAN,而不同 VLAN 间的通信只有通过路由设备才能实现。

如果使用传统路由器作为 VLAN 间的路由设备,将由于其吞吐量太小而很难适应大规模、高速率网络传输的需求,无疑会成为快速以太网或千兆以太网网络传输的瓶颈。于是,专门用于解决 VLAN 间通信的、集第三层转发与第二层交换于一身的第三层交换技术产生了。第三层交换机实际上使用了集成电路的路由器,但比传统路由器提供了更高的速度和更低的成本,也比传统的路由器更易于管理。正因为第三层交换机集成了路由器的功能,所以,第三层交换机也被称为路由交换机(Routing Switch)。

由此可见,划分 VLAN 的网络必须拥有三层交换机,否则 VLAN 之间将无法实现彼此之间的通信。

第三层交换机根据 OSI 模型网络层(即第三层)的 IP 地址完成端到端的数据交换,主要应用于不同 VLAN 子网间的路由。当某一信息源的第一个数据流进行第三层交换(路由)后,交换机会产生一个 MAC 地址与 IP 地址的映射表,并将该表存储起来,如果同一信息源的后续数据流再次进入交换机，交换机将根据第一次产生并保存的地址映射表，直接从第二层由源地址传输到目的地址，不再经过第三路由系统处理，提高了数据报的转发效率，解决了 VLAN 子网间传输信息时传统路由器产生的速率瓶颈。

2. VLAN 技术的产生

作为发现未知设备的主要手段，广播在网络中起着非常重要的作用，然而，随着网络内计算机数量的增多，广播包的数量也会急剧增加，当广播包的数量占到通信总量的 30%时，网络的传输效率将会明显下降。特别当某块网卡或网络设备损坏后，由于不停地发送广播，从而导致广播风暴，使网络通信陷于瘫痪。所以，当局域网内的计算机达到一定数量后（通常限制在 200 台以内），就必须采取措施将网络分隔开来，将一个大的广播域划分为若干个小的广播域，以减小广播可能造成的损害。

分隔广播域的方式有两种，一是物理分隔，即将一个完整的网络物理地一分为二或一分为多，然后，再通过一个能够进行各路广播的网络设备将彼此连接起来；二是逻辑分隔，即将一个大的局域网划分为若干个小的虚拟子网，也就是 VLAN，从而使每一个子网都成为单独的广播域，减少广播包所占的比率，提高网络传输速率。

3. VLAN 的主要优势

在局域网中使用 VLAN 技术，具有以下重要意义和作用。

(1) 降低移动和变更的管理成本。VLAN 中的成员于其物理位置无关，既可连接至同一台交换机，也可连接至不同交换机。当需要把一台计算机从一个子网转移到另一个子网时，迁移工作将只是由网络管理员在用作网络管理的计算机上重新定义一下 VLAN 成员既可。

(2) 控制广播。由于所有的广播都只在本 VLAN 内进行，而不再扩散到其他 VLAN 上，所以将大大减少广播对网络带宽的占用，提高带宽传输效率，并可有效地避免广播风暴的产生。

(3) 增强安全性。VLAN 的一个重要好处就是提高了网络安全性。由于交换机只能在相同 VLAN 内的端口之间交换数据，不同 VLAN 的端口不能直接相互访问，因此，通过划分 VLAN，就可以在物理上防止某些非授权用户访问敏感数据。

(4) 数据监督和管理的自动化。由于网络管理员可以通过网管软件，查到 VLAN 间和 VLAN 内通信数据报的细目分类信息，以及应用数据报的细目分类信息，而这些信息对于确定路由系统和经常被访问的服务器的最佳配置十分有用，因此，通过划分 VLAN，可以使网络管理变得更简单、更轻松、更有效。

4. VLAN 工作原理

VLAN 充分体现了现代网络技术的重要特征：高速、灵活、管理简便和扩展容易。是否具有 VLAN 功能是衡量局域网交换机性能的一项重要指标，那么 VLAN 的工作原理究竟是怎样的？下面将详细进行介绍。

1) Trunk 技术

不同交换机上具有相同 ID 的 VLAN 之间，可借助一条链路实现彼此之间的连接，用于连接 VLAN 的链路，称为 VLAN 中继（VLAN Trunk）。

2) VTP 协议

VTP（VLAN Trunking Protocol）是一种消息协议，用于在 VTP 域内同步管理 VLAN

信息(VLANs的添加、删除和重命名),而不必在每个交换机上配置VLAN信息的一致性。使用VTP可以在一个或多个交换机上建立配置修改中心,并自动完成与网络中其他所有交换机的通信,可以有效地减少交换网络中的管理事务。

VTP域(也称为VLAN管理域)由一个或多个相互连接的、使用相同VTP域名的交换机所组成。一台交换机能够被配置而且也只能被配置一个VTP域。使用命令行界面或SNMP,可以修改全局VLAN的域配置。

默认状态下,交换机处于VTP Server模式,并且在收到由中继连接传来的VTP通告(VTP Advertisement)或配置一个管理域之前,一直出于非管理域状态。不能在VTP服务器上建立或修改VLAN,直到管理域名被指定或被学习。

如果交换机收到一个从中继连接传来的VTP通告,它将继承管理域名和VTP配置版本号,并且不再理睬不同的管理域名或更早的配置版本号。

如果将交换机配置为VTP透明模式,可以建立可修改的VLAN,但修改将只影响到个别的交换机。

当修改位于VTP服务器上的VLAN配置时,该修改将传播至VTP域中所有的交换机。VTP通告被发送至所有的中继连接,包括Inter-Switch Link (ISL)、IEEE 802.1Q、IEEE 802.10和ATM LAN Emulation。

3) VTP模式

可以将交换机配置在以下任何一种VTP模式下操作。

(1) Server。

在VTP Server(服务器)模式下,可以为整个VTP域建立、修改和删除VLAN,并指定其他配置参数(例如VTP版本和VTP修剪)。VTP服务器向其他处于相同VTP域的交换机通告它们的VLAN配置,并同步VLAN配置。VTP Server是默认模式。

(2) Client。

VTP Transparent(透明)交换机不参与VTP工作VTP Transparent交换机不通告它的VLAN配置,并且不同步它的VLAN配置。然而,在VTP版本2(VTP Version2)中,Transparent交换机向其中继器端口转发它接收到的VTP通告。

(3) VTP通告。

VTP域中的每一台交换机都利用保留的多播地址,定期向其每一个中继器端口发送通告。VTP通告被相邻的交换机接收,并必然地更新它们的VTP和VLAN。

在VTP通告中,以下全局配置信息被分布:VLAN ID(ISL和802.1Q)、Emulated LAN名(应用于ATM VLAN)、802.10 SAID值(FDDI网络)、VTP域名、VTP配置版本号、VLAN配置(包括每个VLAN的MTU大小)以及帧格式。

4) VTP修剪

VTP修剪(VTP Pruning)通过减少不必要的泛洪(Flooded Traffic),例如免于接收广播(Broadcast)、多播(Multicast)、未知(Unknown)和单播泛洪(Flooded Unicast)的包,从而提高网络带宽。

VTP修剪通过访问适当设备的方式,限制了到中继器的泛洪,增加了网络的有效带宽。默认状态下,VTP修剪未被启用。在启用VTP修剪之前,必须确认管理域中所有的设备都支持该功能。当在VTP Server上为整个管理域启用VTP修剪后,VTP修剪将在几秒钟内实现。

默认状态下，从 VLAN 版本 2 到 VLAN 版本 1000 均可修剪，VLAN 版本 1 通常不可修剪。VTP 修剪不能在一个管理域中的一两台交换机上设置，因为如果一个交换机设置了 VTP 修剪，那么，在该管理域中的所有交换机都将被设置为 VTP 修剪。

如表 9.2 所示为 VTP 修剪默认值。

表 9.2　VTP 修剪默认值

功　能	默　认　值	功　能	默　认　值
VTP 域名	空	VTP 密码	无
VTP 模式	Server	VTP 修剪	禁用
VTP 版本 2 可用状态	Version 2 禁用		

5. VLAN 划分方法

当 VLAN 在交换机上进行划分后，不同 VLAN 间的设备就同时被物理地分隔。也就是说，连接到同一交换机、然而处于不同 VLAN 的设备，就如同被物理地连接到两个位于不同网段的交换机上一样，彼此之间的通信一定要经过路由设备，否则，相互之间将无法进行任何联系。通常，划分 VLAN 可以使用以下 4 种方法。

1）基于端口的 VLAN

基于端口的 VLAN 是最常用的划分 VLAN 的方式，几乎被所有的交换机所支持。所谓基于端口的 VLAN，是指由网络管理员使用网管软件或直接设置交换机，将某些端口直接强制性的分配给某个 VLAN。除非网管人员重新设置，否则，这些端口将一直保持对该 VLAN 的从属性，即属于该 VLAN，因此，这种划分方式也称为静态 VLAN。虽然这种方法在网络管理员进行 VLAN 划分操作时会比较麻烦，但相对安全，并且容易配置和维护。同时，由于不同 VLAN 间的端口不能直接相互通信，因此，每个 VLAN 都有自己独立的生成树。此外，交换机之间在不同 VLAN 中可以有多个并行链路，能提高 VLAN 内部的交换速率，增加交换机之间的带宽。

需要注意的是，不仅可以将同一交换机的不同端口划分为同一 VLAN，还可以设置跨越交换机的 VLAN，即将不同交换机的不同端口划分至同一 VLAN，这就完全解决了位于不同物理位置和连接至不同交换机的用户如何使之处于同一 VLAN 的难题。例如，在一个拥有数百台计算机的校园网中，为了提高网络传输效率，可以将所有用户划分为行政、教学和教辅 3 个 VLAN。虽然各学院、系、教研室位于不同的建筑物内，连接至不同的交换机，但仍然能够根据其连接的端口将其划分至同一 VLAN。

2）基于 MAC 的 VLAN

所谓基于 MAC 的 VLAN，是指借助智能管理软件、根据 MAC 地址来划分 VLAN。该划分方式一般是用在每一交换机端口只连接一个终端的情况。也就是说，当端口连接至集线器或傻瓜交换机时，该种划分方式并不适用。端口借助网络包的 MAC 地址、逻辑地址或协议类型来确定其 VLAN 的从属，将端口划分至不同 VLAN。

当一个网络节点刚连接到交换机时，此时交换机端口尚未分配，于是，交换机通过读取网络节点的 MAC 地址，动态地将该端口划入某个虚拟网。一旦动态 VLAN 配置完成，用户的计算机就可以随意改变其连接的交换机端口，而不会由此而改变自己的 VLAN。当网络中出现未定义的MAC地址时，交换机可以按照预先设定的方式向网管人员报警，再由网管人员作相应的处理。

例如，网络管理员有一台笔记本电脑，由于工作性质的关系，需要经常带到各部门联机工作。当该笔记本电脑从端口A移动到端口B时，交换机能够自动识别经过端口B的源MAC地址，自动把端口A从当前VLAN中删除，而把端口B定义到当前VLAN中。这种定义方法的优点是，当终端在交换式网络中移动时，不必重新定义虚拟网，交换机能够自动进行识别和定义。因此，基于MAC的VLAN也称为动态VLAN。由于MAC地址具有世界唯一性，因此，该VLAN划分方式的安全性也较高。

3）基于IP的VLAN

所谓基于IP的VALN，是指根据IP地址来划分的VLAN。交换机属OSI第二层，因此，普通交换机不能识别帧中的网络层报文，但随着第三层交换机的出现，将第二层的交换功能和第三层的路由功能结合在一起，从而使交换机也能够识别网络层报文，可以使用报文中的IP地址来定义VLAN。因此，当某一用户设置有多个IP地址，或该端口连接到的集线器中拥有多个TCP/IP用户时，通过基于IP的VLAN，该用户或该端口就可以同时访问多个虚拟网。

在该模式下，位于不同VLAN的多个业务部门(每种业务设置成一个虚拟网)均可同时访问同一台网络服务器，也可以同时访问多个虚拟网的资源，还可让多个虚拟网间的连接只需一个路由端口即可完成。这种定义方法的优点是，当某一终端使用的网络层协议或IP地址改变时，交换机能够自动识别，重新定义VLAN，不需要管理员干预。但由于IP地址可以人为地、不受约束地自由设置，因此，使用该方式划分VLAN会带来安全上的隐患。

4）基于组播的VLAN

基于组播的VLAN，就是动态地把那些需要同时通信的端口定义到一个VLAN中，并在VLAN中用广播的方法解决点对多点通信的问题。这种划分的方法将VLAN扩大到了广域网，因此，这种方法具有更大的灵活性，而且也很容易通过路由器进行扩展，主要适用于不同地理范围的局域网用户组成一个VLAN，但不适用于局域网，主要是因为效率不高。

6. 三层交换机VLAN配置

三层交换机的配置主要涉及设置VTP域、配置链路聚合和配置交换机端口3个部分，下面分别加以介绍。

1）设置VTP域(VTP Domain)

(1) VTP配置策略。

在网络中执行VTP时，应当遵守以下策略。

① 一个VTP域中的所有计算机必须运行相同的VTP版本。

② 在安全模式(Secure Mode)下，必须为管理域中的每台交换机配置一个密码。因为如果不为域中的每个交换机都分别指定一个管理域密码，管理域将不能实现全部功能。

③ 在同一VTP域中，如果能够执行VTP版本2的交换机没有启动版本2，也就是说，版本2是被禁用的，那么，它将被视为运行VTP版本1的交换机。

④ 不应当在交换机上启动VTP版本2，除非同一VTP域中的所有交换机都能够执行VTP版本2。当在交换机上启动VTP版本2时，同一域中所有能够运行VTP版本2的交换机都将启用VTP版本2。

⑤ 在 Token Ring 环境中必须启用 VTP 版本 2,以保证 Token Ring VLAN 交换机能够实现全部功能。

⑥ 在 VTP Server 上启用或禁用 VTP 修剪将导致整个管理域启用或禁用 VTP 修剪。

(2) 配置 VTP 服务器。

其主要步骤如下。

① 进入全局配置模式。

```
Switch# configure terminal
```

② 将交换机配置为 VTP 服务器模式(默认)。

```
Switch(config)# vtp mode server
```

③ 配置 VTP 管理域名,名称为 1～32 个字符。只有拥有相同域名的 VTP 服务器和客户端才可被统一管理。

```
Switch(config)# vtp domain domain-name
```

④ 设置 VTP 域密码。密码长度为 8～64 个字符。

```
Switch(config)# vtp password password
```

⑤ 返回至特权配置模式。

```
Switch(config)# end
```

⑥ 查看并校验配置。

```
Switch# show vtp status
```

⑦ 保存 VTP 配置。

```
Switch# copy running-config startup-config
```

若要取消 VTP 域密码,可以使用 no vtp password 全局配置命令。

(3) 配置 VTP 客户端。

① 进入全局配置模式。

```
Switch# configure terminal
```

② 将交换机配置为 VTP 客户端模式。

```
Switch(config)# vtp mode client
```

③ 指定 VTP 管理域名称,必须与 VTP 服务器拥有相同的域名称。

```
Switch(config)# vtp domain domain-name
```

④ 输入 VTP 域密码。

```
Switch(config)# vtp password password
```

⑤ 返回至特权配置模式。

```
Switch(config)# end
```

⑥ 查看并校验配置。

```
Switch# show vtp status
```

⑦ 保存 VTP 配置。

```
Switch# copy running-cofig startup-config
```

若要恢复至 VTP 服务器模式,可以使用 no vtp mode 全局配置命令。

(4) 配置 VTP 透明模式。

① 进入全局配置模式。

```
Switch# configure terminal
```

② 将交换机配置为 VTP 透明模式,即禁用 VTP。

```
Switch(config)# tvp mode transparent
```

③ 返回至特权配置模式。

```
Switch(config)# end
```

④ 查看并校验配置。

```
Switch# show vtp status
```

⑤ 保存 VTP 配置。

```
Switch# copy running-config stratup-config
```

若要恢复至 VTP 服务器模式,可以使用 no vtp mode 全局配置命令。

(5) 启用 VTP 版本 2。

默认状态下,VTP 版本 2 被禁用。当在 Server 上启用 VTP 版本 2 时,所有位于该 VTP 域中支持 VTP 版本 2 的设置都将启用 VTP 版本 2。需要注意的是,在同一 VTP 域中,不能同时使用 VTP 版本 1 和 VTP 版本 2 设备,因此需要所有设备都支持 VTP 版本 2,否则,VTP 版本 2 将无法启用。启用 VTP 版本 2 的步骤如下。

① 进入全局配置模式。

```
Switch# configure terminal
```

② 在交换机上启用 VTP 版本 2。

```
Switch(config)# vtp version 2
```

③ 返回至特权配置模式。

```
Switch(config)# end
```

④ 查看并校验配置模式。

```
Switch# show vtp status
```

⑤ 保存 VTP 配置。

```
Switch# copy running - config statup - config
```

若要禁用 VTP 版本 2,可以使用 no version 全局配置命令。

(6) 启用 VTP 修剪。

① 进入全局配置模式。

```
Switch# configure terminal
```

② 在 VTP 管理域中启用 VTP 修剪。使用 no 关键字可以在管理域中禁用 VTP 修剪。

```
Switch# vtp pruning
```

③ 返回至特权配置模式。

```
Switch(config)# end
```

④ 查看并校验配置。

```
Switch# show vtp status
```

⑤ 保存 VTP 配置。

```
Switch# copy running - config startup - config
```

若要禁用 VTP 修剪,可以使用 no vtp pruning 全局配置命令。

(7) 将 VTP 客户端添加至 VTP 域。

① 查看 VTP 状态,检查 VTP 配置版本号。如果版本号是 0,将交换机添加到 VTP 域;如果大于 0,则先记录域名,记录配置版本号,然后在该交换机上重新设置版本号。

```
Switch# show vtp status
```

② 进入全局配置模式。

```
Switch# configure terminal
```

③ 修改域名,将原来的记录域名修改为一个新的域名。

```
Switch(config)# vtp domain domain - name
```

④ 返回至特权配置模式。

```
Switch(config)# end
```

⑤ 校验配置版本号已经重新设置为 0。

```
Switch# show vtp status
```

⑥ 进入全局配置模式。

```
Switch# configure terminal
```

⑦ 修改域名，恢复原来记录的域名。

```
Switch(config)# vtp domain domain-name
```

⑧ 返回至特权配置模式。

```
Switch(config)# end
```

⑨ 保存 VTP 配置。

```
Switch # copy running-config startup-config
```

2）配置链路聚合(Trunk)协议

当在交换机上划分了多个 VLAN 时，若要借助一条链路实现与其他交换机的通信，就必须要创建 Trunk。默认状态下，第二层接口(即借助于双绞线或光纤连接在一起的两个端口)支持 Trunk，并且配置为 Trunk 连接。

(1) 配置 Trunk 端口。

① 进入全局配置模式。

```
Swith# configure terminal
```

② 指定要设置为 Trunk 的接口。当然，Trunk 应当在交换机级联端口上配置。

```
Switch(config)# interface interface-id
```

③ 将接口配置为第二层 Trunk。只有当接口是第二层访问接口，或者指定 Trunk 模式时，才需要使用命令 dynamic auto，如果相邻接口设置为 trunk、desirable 或 auto 模式，则将该接口设置为 Trunk 连接。Trunk 将接口设置为永久 Trunk 模式，并协商将连接转换为 Trunk 连接，即使相邻接口不是 Trunk 接口。

```
Switch(config-if)#switchport mode {dynamic{auto|desirable}|trunk}
```

④ (可选)指定默认 VLAN，即当 Trunk 失效后，允许哪一个 VLAN 使用 Trunk 链路继续通信。既可指定某一个 VLAN，也可以指定一个 VLAN 范围。访问 VLAN 不能作为本地 VLAN。

```
Switch(config-if)# switchport access vlan vlan_id
```

⑤ 为 802.1Q Trunk 指定本地 VLAN。若不指定本地 VLAN,默认将使用 VLAN1。

```
Switch(config-if)# switchport trunk native vlan vlan_id
```

⑥ 配置 Trunk 上允许的 VLAN 列表。默认状态下,Trunk 端口允许所有 VLAN 的发送和接口传输。当然,根据需要,也可以拒绝某些 VLAN 通过 Trunk 传输,从而限制该 VLAN 与其他交换机的通信,或者拒绝某些 VLAN 对敏感数据的访问。需要注意的是,不能从 Trunk 中移除默认的 VLAN 版本 1。使用 add(添加)、all(所有)、except(除外)和 remove(移除)关键字,可以定义允许在 Trunk 上传输的 VLAN 列表,它既可以是一个 VLAN,也可以是一个 VLAN 组。当同时指定若干个 VLAN 时,不要在“,”或“-”间使用空格。

```
Switch(config-if)# switchport trunkallowed
vlan{add|all|except|remove}vlan-list
```

⑦ 返回至特权配置模式。

```
Switch(config-if)# end
```

⑧ 查看并校验配置。

```
Switch# show interface interface-id switchport
Switch# show interface interface-id trunk
```

⑨ 保存 VLAN 配置。

```
Switch# copy running-config startup-config
```

若要将接口恢复至默认值,可以使用 default interface interface-id 接口配置命令;若要将 Trunk 接口中的所有特征恢复为默认值,可以使用 no switchport trunk 接口配置命令;若要禁用 Trunk,可以使用 switchport mode access 接口配置命令,端口将作为一个静态访问端口;若允许所有 VLAN 都通过该 Trunk,可以使用 no switchport trunk allowed vlan 接口配置命令。

Trunk 应当在相互连接的两台交换机上分别设置,否则 Trunk 端口将无法生效。也就是说,当在接入交换机的级联端口上设置了 Trunk 端口后,还应当在汇聚交换机的相应端口上设置 Trunk。同时,在汇聚交换机上必须创建 Trunk 中所包含的全部 VLAN ID。

(2) 配置本地 VLAN 的非标签传输。

802.1Q Trunk 端口能够接收标签和非标签传输。默认状态下,在本地 VLAN 中,交换机端口转发非标签传输。本地 VLAN 默认为 VLAN 版本 1。

① 进入全局配置模式。

```
Switch# configure terminal
```

② 指定要配置的接口。

```
Switch(config)# interface interface-id
```

③ 在 Trunk 端口上，配置指定的 VLAN 接收和发送非标签传输。

```
Switch(config-if)# swichport trunk native vlan vlan-id
```

④ 返回至特权配置模式。

```
Switch(config-if)# end
```

⑤ 查看并校验配置。

```
Switch# show interfaces interface-id switchport
```

⑥ 保存 VLAN 配置。

```
Switch# copy running-config startup-config
```

若允许恢复默认的本地 VLAN，可以使用 no switchport trunk native vlan 接口配置命令。

3）配置三层交换机端口

通常情况下，端口的传输速率和双工模式无须另行配置，可以采用系统默认值。但是，为了便于实现对端口的远程管理，应当为每个端口输入描述文字。同时，为了降低端口配置的复杂性，可以将若干端口指定为端口组。

（1）端口基本配置。

端口基本配置的内容包括速率、全双工模式和端口描述。操作步骤如下。

① 进入全局配置模式。

```
Switch# configure terminal
```

② 选择要配置的端口，进入接口配置模式。

```
Switch(config)# interface interface-id
```

③ 设置接口速率。1000 和 auto 关键字只对 1000Base-T 端口有效；1000Base-SX 端口和 GBIC/SFP 模块端口只能工作于 1000Mbps；nonegotiate 关键字只对 1000Base-ZX GBIC/SFP 端口有效。

```
Switch(cofig-if)# speed[10|100|1000|auto|nonegotiate]
```

④ 设置全双工模式。1000Base-SX 和 1000Base-T 端口只能工作于全双工模式；duplex 关键字对 GBIC/SFP 端口和 Catalyst 2950T-24 的 1000Base-T 端口无效。

```
Switch(config-if)# duplex[auto| full| half]
```

⑤ 设置描述文字，可以直观地了解该端口所连接的设备（例如 Connects to Web Server 或 Connects to qihuabu），从而便于进行配置和管理。

```
Switch(config-if)# description string
```

⑥ 返回特权配置模式。

```
Switch(config-if)# end
```

⑦ 显示接口状态和文字描述。

```
Switch# show interfaces interface-id
Switch# show interfaces interface-id description
```

⑧ 保存配置。

```
Switch# copy running-config starup-config
```

（2）配置端口组。

因为许多端口的配置完全相同，若一个端口一个端口地分别配置，既太过烦琐，也容易出错。将若干个端口定义成一个端口组后，只需设置该端口组，所包含的端口即可拥有相同的配置。

指定端口范围的操作步骤如下。

① 进入全局配置模式。

```
Switch# configure terminal
```

② 选择要配置的端口范围，进入接口配置模式。

```
Switch(config)# interface range port-range
```

③ 输入 CLI 命令，将对所有指定的端口生效。

④ 返回特权配置模式。

```
Switch(config-if)# end
```

⑤ 显示当前运行的配置。

```
Switch# show running-config
```

⑥ 保存配置。

```
Switch# copy running-config startup-config
```

另外，在指定端口范围时，应注意以下几个方面的问题。

a. 有效的端口范围。

Vlan vlan-ID：VLAN ID 的取值范围为 1～1005（SI 版软件），或 1～4094（EI 版软件）。

Fastethernet slot/{first port}-{last port}：slot 的值为 0。

Gigabitethernet slot/{first port}-{last port}：slot 的值为 0。

Port-channel port-channel-number-port-channel-number：port-channel-number 的取值范围为 1～6。

b. 连字符。

连续的端口号可以在起止端口号间使用连字符表示，不过，必须在连字符的前后都添加一个空格。例如，fastethernet 0/1-5 是正确的，而 fastetthernet0/1-5 则是错误的。

c. 端口类型。

端口组内的所有端口都必须是相同类型的，可以全部为 Fast Ethernet 端口、Gigabit Ethernet 端口、EtherChannel 端口，或者全部为 VLAN。

d. 端口组宏。

如果需要频繁地配置某个端口组，可以将该端口组设置为端口组宏，针对该宏所做的设置，将应用至每个端口。

① 进入全局配置模式。

```
Switch# configure terminal
```

② 定的若干端口定义端口组宏名称，并将其保存在 NVRAM 中。宏名称最大为 32 个字符。一个宏最多可以使用 5 个逗号来指定端口范围，并且不需要在逗号之间加入空格。不过，每个端口组都必须由相同类型的端口组成。

```
Switch(config)# define interface-range macro_name interface-range
```

③ 使用宏名称选择被配置的端口组。保存的用于指定端口范围的宏称为宏名称。即可使用 CLI 命令对这些端口进行配置，命令将对指定的所有端口生效。

```
Switch(config)# interface range macro macro_name
```

④ 返回特权配置模式。

```
Switch(config-if)# end
```

⑤ 显示当前运行的配置。

```
Switch# show running-config
```

⑥ 保存配置。

```
Switch# copy running-config startup-config
```

(3) 检查模块或端口状态。

对于多插交换机而言，可以使用 show module all 命令检查已经安装的模块，以及每个模块的 MAC 地址、版本号及工作状态。当然，也可以只检查指定的模块。

① 检查所有模块状态的命令如下。

```
Switch# show module all
```

② 检查指定模块状态的命令如下。

```
Switch# show module mod_num
```

当需要查看端口工作状态时，可以使用 show interfaces status 命令。

```
Switch# show interfaces status
```

(4) 关闭并重启接口。

① 进入全局配置模式。

```
Switch# configure terminal
```

② 指定要配置的接口。

```
Switch(config)# interface interface-id
```

③ 关闭接口。

```
Switch(config-if)# shutdown
```

④ 重新启用端口。

```
Switch(config-if)# no shutdown
```

评　估

活动任务二的具体评估内容如表 9.3 所示。

表 9.3　活动任务二评估表

活动任务二评估细则		自　评	教　师　评
1	了解 VLAN 的相关理论知识		
2	会用命令配置 VLAN		
3	真正理解 VLAN 的实际应用		
4	会划分 VLAN		
任务综合评估			

活动任务三　初识互联网数据中心

任务背景

如今,越来越多的企业工作成果以数据形式表现,这些数据承载着企业生产、收入结算、财务、人事管理等运营核心内容,是宝贵的企业资源。随着业务的扩展和客户量的猛增,这些数据每天都在以惊人的速度增长。只有通过管理手段实现数据资源共享,通过交叉分析的方式将业务数据加工整理成有价值的信息,并对这些信息进行快速综合处理分析,同时做到将各个历史时期的业务数据进行有机、有序的联系,才能保证信息的高可用性。企业数据中心的出现使企业可以实现异构数据环境无法支持的有效数据交换,全面、集中、主动并有效地管理和优化 IT 基础架构,实现信息系统的高可管理性和高可用性,保障了业务的顺畅运行和服务的及时传递,最终以良好的服务赢得用户。

任务分析

IDC(Internet Data Center,互联网数据中心)是指一种拥有完善的设备(包括高速互联网接入带宽、高性能局域网络、安全可靠的机房环境等)、专业化的管理、完善的应用级服务的服务平台。在这个平台基础上,IDC服务商为企业和ISP、ICP、ASP等客户提供互联网基础平台服务以及各种增值服务。

任务实施

IDC的建设主要包括以下几个方面。

1. 网络建设

IDC主要依靠高性能的网络为客户提供服务,这个高性能的网络包括其LAN、WAN和与Internet的接入情况等方面。

IDC的网络建设主要包括以下几个方面。

IDC的LAN的建设、WAN的建设、IDC的用户接入系统建设、IDC与Internet互联的建设、IDC的网络管理建设。

2. 服务器建设

IDC的服务器建设可分为多个方面,总体上分为基础服务系统服务器建设和应用服务系统服务器建设。

基础系统服务器是保障IDC为用户提供各种服务的前提,主要包括DNS服务器、目录服务器、网络管理服务器、防火墙服务器、各类安全服务器、IDC系统性能监控服务器等。

另外还包括数据库服务器建设、数据备份服务器建设、应用服务器建设、服务器负载均衡的建设。

3. 存储系统的建设

存储系统是IDC的重点建设内容之一。作为一个IDC,其存储系统是相当庞大的,特别是在现在的企业中,数据的容量已由GB级增长到TB级,如此大的数据,需要有一个更加安全、可靠的存储系统。由于系统的访问量是相当庞大的,所以对存储系统的效率也有很高的要求,而且存储系统应具有很好的扩展性,以满足IDC的发展的需求。

4. 软件系统的建设

软件系统的建设是IDC需要大量投入的建设方面,它是在网络、服务器和存储系统建设的基础上,IDC开展对外服务的手段。IDC在软件系统方面需要进行建设的主要有以下几种。

Web系统、电子邮件系统、数据库系统、安全系统、应用开发系统。

5. IDC自身服务系统建设

IDC是靠其优质的服务来占有市场和赢得客户的,为了做到优质高效的服务,IDC在其自身服务器系统的建设上也必须有大量的投入。IDC自身服务系统建设主要包括以下几种。

客户关系管理系统(CRM)、计费系统、IDC的内部管理系统。

6. 机房场地建设

机房场地的建设是IDC前期建设投入最大的部分。由于IDC的用户可能把其重要的数据和应用都存放在IDC的机房中，所以对IDC机房场地环境的要求是非常高的。IDC的机房场地建设主要包括以下几个方面。

机房装修、供电系统、空调系统、安全系统、布线系统、通信系统等。

1. 数据中心(IDC)网络建设规划设计原则

1) 可扩展性

为适应业务的发展、需求的变化、先进技术的应用，数据中心网络必须具备足够的可扩展性来满足发展的需要。例如采用合理的模块化设计，尽量采用端口密度高的网络设备，尽量使网络各层上具备三层路由功能，使得整个数据中心网络具有极强的路由扩展能力。功能的可扩展性是IDC随着发展提供增值业务的基础。

2) 可用性

冗余设计包括网络设备和网络本身的冗余设计。为了提高数据的可用性，关键设备均采用电信级全冗余设计。采用冗余网络设计时，每个层次均采用双机方式，层次与层次之间采用全冗余连接。为了达到冗余设计效果，可提供多种冗余技术，在不同层次间可提供增值冗余设计。

3) 灵活性

灵活性是指，可根据数据中心不同用户的需求进行定制服务，网络/设备能够灵活提供各种常用网络接口，能够根据不同需求对网络模块进行合理搭配。

4) 可管理性

网络的可管理性是IDC运营管理成功的基础，应提供多种优化的可管理信息。完整的QoS功能为SLA提供了保证。可管理性要求有完整的SLA管理体系，多厂家网络设备管理能力，网络性能分析以及准确及时的网络故障报警、计费等。

5) 安全性

安全性是IDC用户最为关注的问题，也是IDC建设的关键，它包括物理空间的安全控制及网络的安全控制。

2. 数据中心网络布线规划

对于动态的、不断演进的数据中心环境来说，更强大的网络连接是不变的需求。无论是企业或公共服务数据中心，都要尽可能保障网络基础设施能够提供可扩展带宽、冗余业务备份，以及保证足够的灵活性、安全性并方便数据的移动、增加和变更。为保障服务的可信赖性，数据中心必须使用高密度、方便使用与部署的高品质布线系统。

数据中心机房应当采用光纤网络布线，使企业更经济地应用数据中心，来进一步满足数据存储以及局域网内服务器和交换机之间数据快速交换的要求，便于网络的升级换代，也能节省投资，避免浪费，为企业提供一个灵活、安全、高性价比的布线系统。

1) 数据中心KVM网络集中管理规划

KVM的意思是“键盘、显示器及鼠标”，这3项加起来称为一组KVM操作台。KVM

切换器的主要作用是让同组 KVM 操作台可以连接到多台设备(包括网络设备和服务器),这可以让使用者从操作台访问及控制多台计算机或服务器。数据中心 KVM 解决方案可以使多重使用者实现远程访问及控制,并且服务可靠、灵活、安全。数据中心一般采用数字式与模拟式 KVM 切换器集合,来实现网络的集中管理,使 IDC 的机房环境变得简洁明亮,且有一个高效、安全、扩容简单有序的集中控制环境。"独立于网络外"的模拟式 KVM 解决方案通常最适合中小型的数据中心;至于"网络内"的数字式 KVM 解决方案,则最适合支持全国或全球的大型分布式数据中心。结合 KVM 切换器与集中管理软件,可为多个数据中心提供控制与管理的功能。无论对于地区性或是全球性的管理,数据中心人员都可以从单一界面使用单一 IP 地址,完全控制企业里的多个数据中心。

2) 数据中心网络存储和集群规划

按照存储设备与服务器的连接方式分类,目前网络存储主要有 3 种形式:DAS(Direct Attached Storage,直接连接存储)、NAS(Network Attached Storage,网络附加存储)、SAN(Storage Area Network,存储区域网络)。SAN 特别适合于服务器集群、灾难恢复等大数据量传输的业务环境。SAN 是位于服务器后端,为连接服务器、磁盘阵列、磁带库等存储设备而建立的高性能网络。SAN 将各种存储设备集中起来形成一个存储网络,以便于数据的集中管理。SAN 以数据存储为中心,采用可伸缩的网络拓扑结构,通过具有高传输速率的光通道的直接连接,提供 SAN 内部任意节点之间多路可选择的数据交换,并且将数据存储管理集中在相对独立的存储区域网内。

数据中心为整个网络提供应用服务,通常包括一些关键业务(例如 ERP、HIS、PACS 等)和其他功能服务(例如 Web、FTP、Mail、DHCP、DNS、WINS 等)。对于关键业务和重要的功能服务采用集群技术提供冗余和负载均衡,可以有效保证网络的高效、安全运转。一个配置完善的应用服务器群,可以将应用平台与服务平台分离,降低网络管理的难度,提高网络运行效率,以最少的用户端干预,达到最高的可用性,从而降低管理成本。集群是两台或更多台服务器(节点)在一个群组内共同提供一种或多种应用服务。与单独工作的服务器相比,集群系统能够提供更高的可用性和可扩充性,是提供高可用性和增强企业应用软件可管理性的有效途径。高可用性表现在,当一台节点服务器或一个应用服务发生故障时,这台服务器上所运行的应用程序将被集群系统中其他服务器自动接管,客户端将能很快连接到新的应用服务上,最大限度地缩短服务器和应用程序的宕机时间。高可扩充性表现在,集群允许在不中断服务的情况下增加处理能力或存储容量,从而提高系统的可扩充性。企业中的关键业务均可采用集群系统以提供高可用性的稳定应用服务。

3) 数据中心全面的网络管理规划

网络管理系统是网络管理员了解网络性能的一个窗口,也是评估和调整网络可用性的重要工具。网络管理可以识别关键资源、网络流量以及网络性能,还能配置设备故障的阈值、提交精确的端到端分析报告。更重要的是,通过网络管理可以让企业设置可用性策略,在系统出现故障或性能下降时自动启动。

网络管理系统按使用功能可分为两种:一种是网络设备管理,主要安装网管软件、服务器管理软件、磁盘磁带机管理软件,以监视网络流量、设备运转状态等情况;另一种是网络桌面管理,可对服务器或客户机提供远程管理、远程配置、远程遥控等功能,使管理人员不用离开数据中心就可以完成大部分技术支持工作。

随着数据中心的发展，对系统和网络管理也提出了新的要求。网络管理必须走出设备管理的圈子，提供应用性能的清晰视图，然后提供帮助用户保证应用性能的工具。此外，网络管理还将面对更好地支持移动设备、网络集成和安全管理的需要。由于数据中心控制的疆界可能超出了传统机房的边界，网络管理必须确保分布式的应用和无处不在的数据存取的强大性能。数据中心的网络管理应当有效、合理，协调好各种品牌的网络设备以及服务器，让设备发挥最大作用，全面实现网络功能。

自主创新

通过上网查找相关网络实施方案，了解具体的网络实施方案。

评　估

活动任务三的具体评估内容如表 9.4 所示。

表 9.4　活动任务三评估表

活动任务三评估细则		自　评	教　师　评
1	数据中心的作用		
2	数据中心建设的方面		
3	数据中心的规划原则		
任务综合评估			

项目评估

项目九的具体评估内容如表 9.5 所示。

表 9.5　项目九评估表

项　目	标准描述	评定分值						得分
基本要求 60 分	了解网络规划的基本原则	10	8	6	4	2	0	
	计算机的 IP 地址	10	8	6	4	2	0	
	VLAN 的相关理论知识	10	8	6	4	2	0	
	真正理解 VLAN 的实际应用	10	8	6	4	2	0	
	会划分 VLAN	10	8	6	4	2	0	
	了解数据中心	10	8	6	4	2	0	
特色 30 分	能够自主创新、综合应用 VLAN	20	16	12	8	2	0	
	会设置路由器	10	8	6	4	2	0	
合作 10 分	能与其他同学合作、沟通，共同完成任务	10	8	6	4	2	0	
主观评价							总分	
项目综合评价							总分	

项目十

不断打造完善的网络

职业情景描述

随着网络应用的普及与发展，网络运用的安全性也越来越受到重视，本项目将着重介绍网络安全的主要内容。

通过本项目，学生将学习到以下内容。

- 使用漏洞修复工具安装系统安全补丁
- 加密文件及文件夹
- 申请数字证书并用于 E-mail 系统

活动任务一　安装系统安全补丁

任务背景

系统漏洞是指应用软件或操作系统软件在逻辑设计上的缺陷或在编写时产生的错误，这个缺陷或错误可以被不法者或者电脑黑客利用，通过植入木马、病毒等方式来攻击或控制整个计算机，从而窃取计算机中的重要资料和信息，甚至破坏计算机系统。

任务分析

系统漏洞是不可避免的。一般来说，软件供应商一旦发现供应的软件存在漏洞，马上会设置一些补丁来挽救，当然操作系统也是如此。为了防止黑客利用系统漏洞对计算机进行攻击，就需要对系统漏洞进行评估，并为那些可能带来严重损害的漏洞安装补丁。下面就介绍一些扫描漏洞的软件以及为系统漏洞安装补丁的方法。

任务实施

微软公司为了方便用户查找系统存在的漏洞，推出了 MBSA（Microsoft Baseline Security Analyzer）漏洞扫描器，它可以帮助用户找到系统存在的漏洞，并提供漏洞补丁的下载链接，方便用户保护系统的安全。下面介绍 MBSA 的扫描方法。

1. 安装 MBSA

MBSA(Microsoft Baseline Security Analyzer)的英文版下载地址为 http://download.microsoft.com/download/9/0/7/90769f0c-c025-48bf-a9c7-60072d0cb717/MBSASetup-EN.msi。

MBSA 的安装方法和其他软件一样，并没有什么特别之处。需要注意的是，MBSA 并不是一个杀毒软件，也不是一个扫描木马的软件，它只能扫描出系统存在的漏洞，如图 10.1 所示。安装步骤如下。

(1) 双击安装程序，进入 MBSA 安装主界面，单击 Next 按钮。

(2) 选中 I accept the license agreement 单选按钮。

(3) 再单击 Next 按钮。

(4) 选择安装路径。

(5) 单击 Next 按钮。

(6) 单击 Install 按钮完成安装。

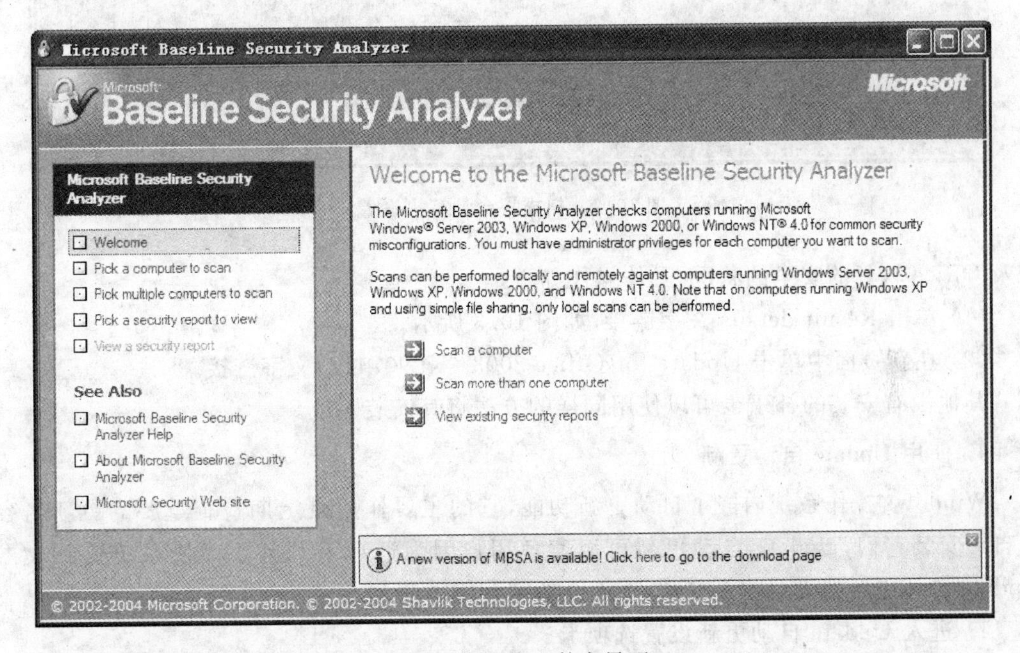

图 10.1　MBSA 的主界面

2. 扫描系统

MBSA 主要的作用是扫描系统中存在的漏洞，并提供补丁下载链接，即使如此，微软还是加入了一些系统安全方便的扫描，例如 MBSA 可以扫描到系统开放的一些危险端口及正在共享的一些文件、IIS 以及 SQL 安全漏洞等相关选项。扫描步骤如下。

(1) 进入 MBSA 主界面，单击 Scan a computer 文字链接。

(2) 设置好后单击 Start scan 按钮进行扫描，如图 10.2 所示。

3. 选择需要安装的补丁

扫描后的详细结果会显示出来，因此可以从结果中评估系统的安全程度，并能够掌握系

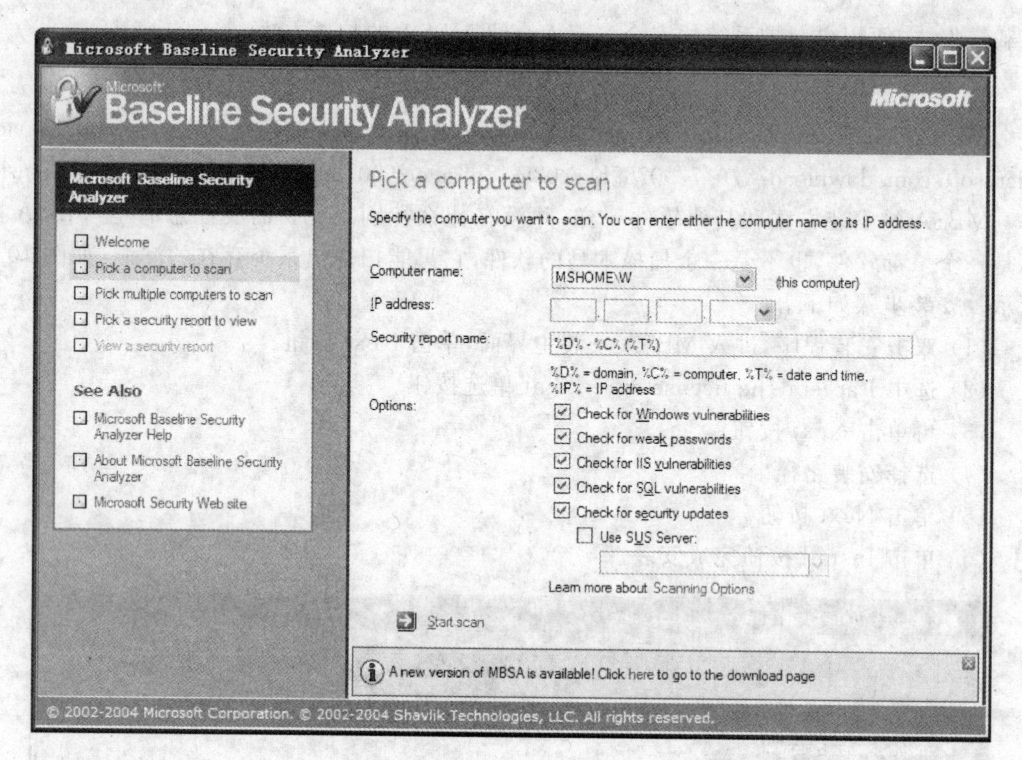

图 10.2　扫描一台计算机设置

统及 Office 软件的安全的状况，具体操作如下。

(1) 单击 Result details 文字链接，如图 10.3 所示。

(2) 在新页面中单击 Update for Office 2003 (KB907417)文字链接。

其他没有安装的补丁也可以使用同样的方法将其安装完成。

4. 使用 Update 自动更新

Windows 操作系统内嵌了自动更新功能，它的主要作用是定期检查重要的更新内容，并自动安装它们，Update 自动更新可以避免用户因为遗忘下载补丁而使系统受到攻击，Update 自动更新的设置比较简单，下面介绍其使用方法。

1) 进入 Update 自动更新设置选项卡

Update 自动更新程序是 Windows 内嵌的，因而进入该程序的方法很多，下面就介绍一种比较简单的进入方法。

(1) 单击"开始"按钮，在"我的电脑"图标上右击，执行"属性"命令。

(2) 切换到"自动更新"选项卡，如图 10.4 所示。

2) 设置 Update 自动更新

在默认的条件下，Update 自动更新是关闭的，用户可以设置为打开，并设置下载的日期和时间，以免妨碍正常的工作，具体操作如下。

(1) 选中"自动(建议)"单选按钮，设置自动下载的日期。

(2) 设置自动下载的时间。

(3) 单击"确定"按钮，如图 10.5 所示。

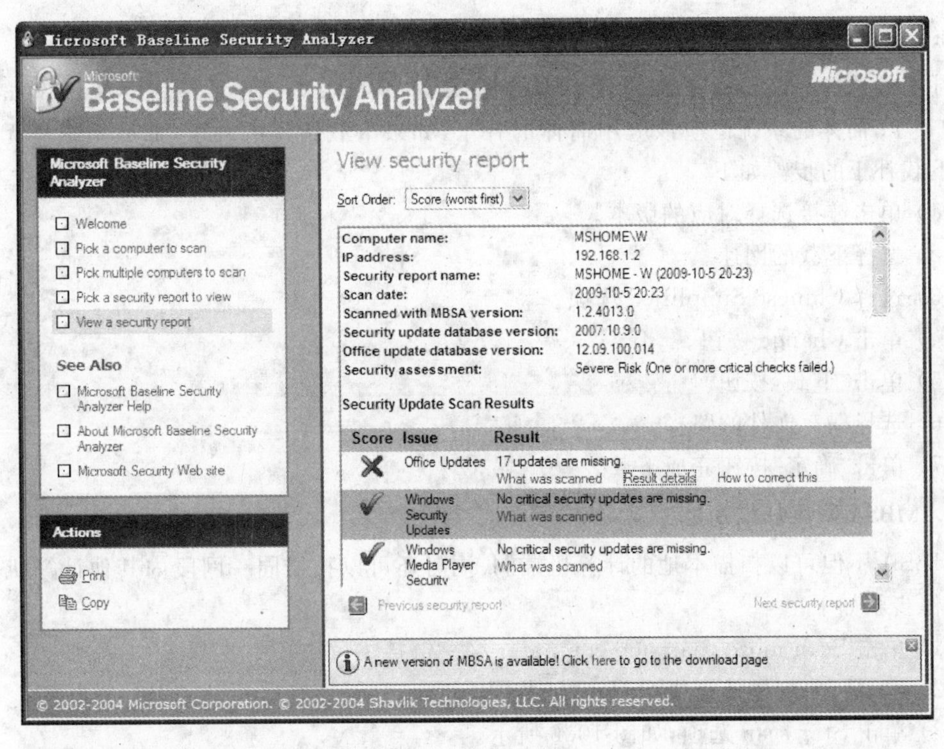

图 10.3　扫描结果

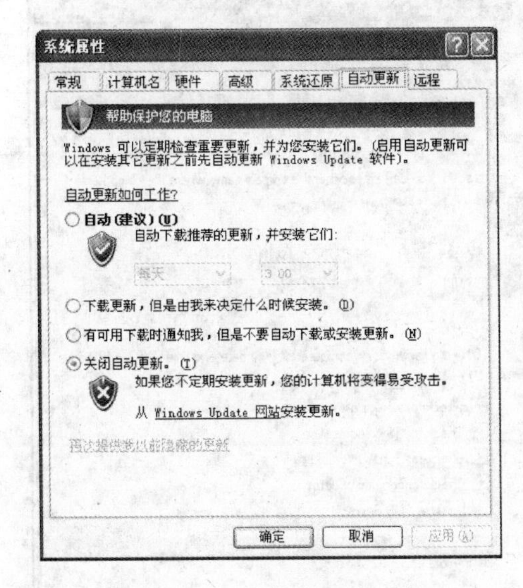

图 10.4　“自动更新”选项卡

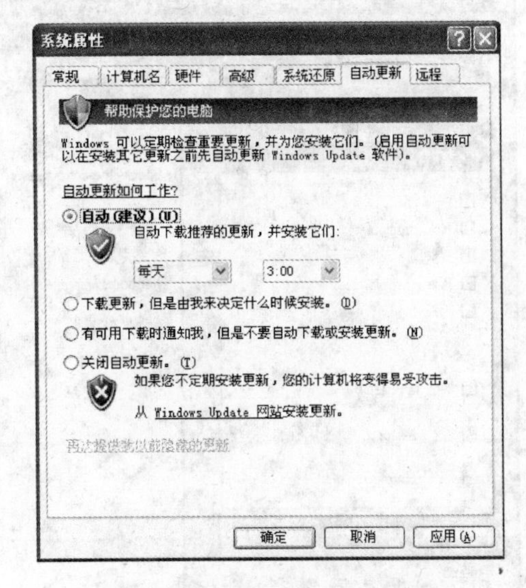

图 10.5　设置 Updater 自动更新

归纳提高

1. 按钮功能说明

在扫描结果中，☒按钮表示系统存在的漏洞；☑按钮表示系统已经安装的补丁；⊛按钮表示可能存在漏洞的警告；①按钮表示存在可能威胁到系统安全的设置。

2. 下载补丁

补丁的选择一定要以系统的版本为依据，例如 Windows XP 系统就要使用 Windows XP 的补丁，简体的系统也应该应用简体的补丁，如果下载错误的补丁，那么系统将无法安装。下载补丁的步骤如下。

(1) 单击链接选择对应的版本。

(2) 选择下载的网速。

(3) 选择 Chinese Simplified 选项。

(4) 单击 Change 按钮。

(5) 单击"下载"按钮。

(6) 选择保存文件的路径。

(7) 单击"确定"按钮完成下载。

3. MBSA 网络扫描功能

MBSA 不但可以扫描本地的计算机漏洞，同时还可以扫描同一网段内其他计算机的漏洞，操作步骤如下。

(1) 单击 Scan more than one computer 文字链接。

(2) 填写所要扫描计算机的 IP 地址范围。

(3) 单击 Star scan 选项，如图 10.6 所示。

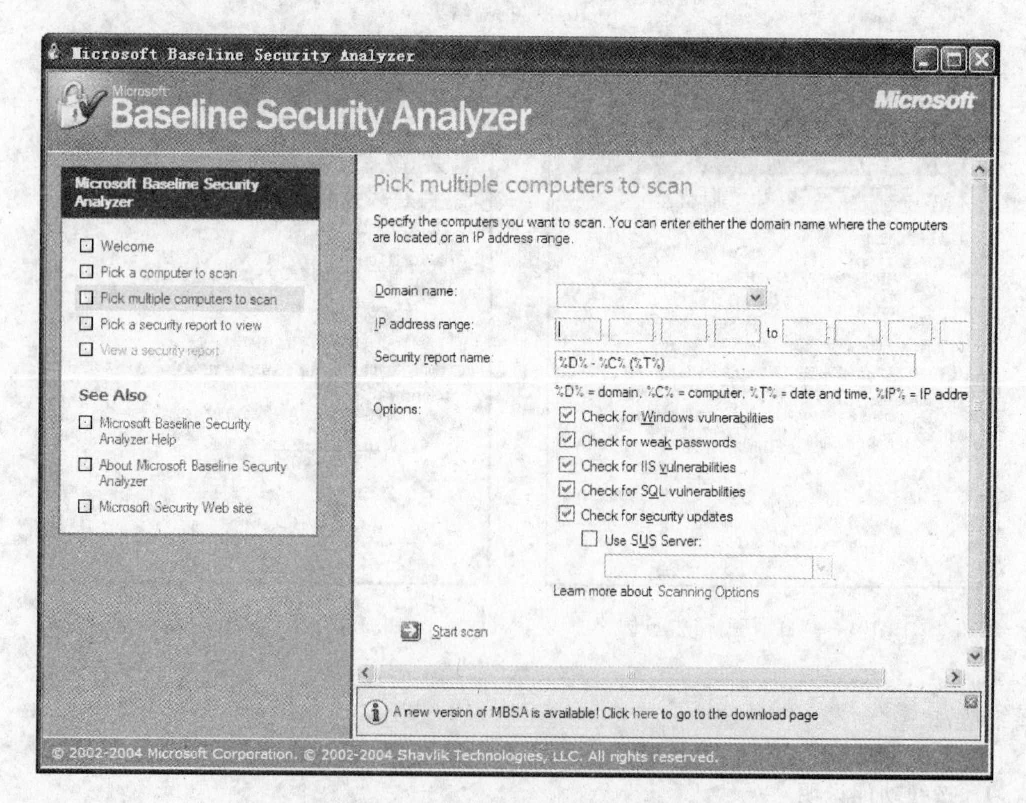

图 10.6 MBSA 网络扫描功能

自主创新

网络管理系统是保障网络安全、可靠、高效和稳定运行的必要手段，它已成为整个网络系统不可缺少的重要部分。网络管理是控制一个复杂的数据网络，以获得最大效益和生产率的过程。试调查身边的网络在网络功能上都实现了哪些。

评　估

活动任务一的具体评估内容如表 10.1 所示。

表 10.1　活动任务一评估表

活动任务一评估细则		自　评	教 师 评
1	会用 MBSA 查找漏洞		
2	会用 MBSA 给系统安装补丁		
3	会用 MBSA 的其他功能		
4	会用使用 Update 自动更新		
任务综合评估			

活动任务二　保护隐私文件及文件夹

任务背景

随着大众生活水平的提高，个人隐私越来越受到每个人的重视。但是，如何在计算机、互联网日益普及的今天，保护个人隐私呢？如果几个人共用一台计算机，如何让别人不看自己的文件呢？如果别人要用自己的计算机，如何保护自己的隐私文件不被别人看到？这就要用到文件加密技术。

任务分析

对文件及文件夹的加密一般有两种方法：一种是利用 Windows 系统对 NTFS 文件及文件夹进行加密；另一种是利用第三方软件进行加密。

任务实施

1. 利用系统加密和解密文件(夹)

Windows 中的文件加密功能只对 NTFS 文件系统卷上的文件和文件夹有效。

1) 加密文件(夹)

(1) 打开 Windows XP 的资源管理器，右击目标文件夹(练习加密文件夹)，在弹出的快捷菜单中选择“属性”命令，打开“属性”对话框，如图 10.7 所示。

(2) 在“常规”选项卡上单击“高级”按钮，打开“高级属性”对话框，如图 10.8 所示。

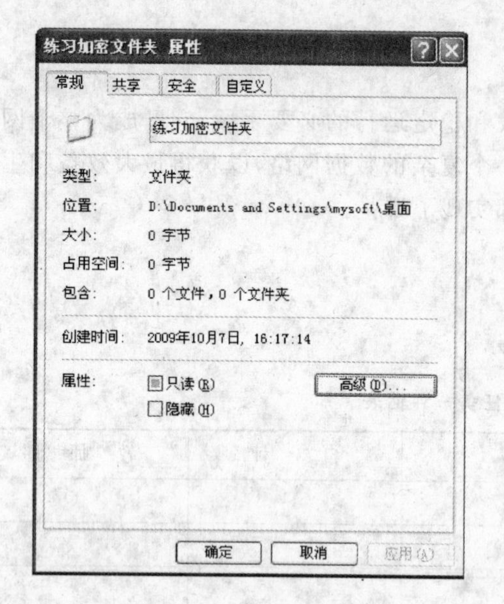

图 10.7 “属性”对话框

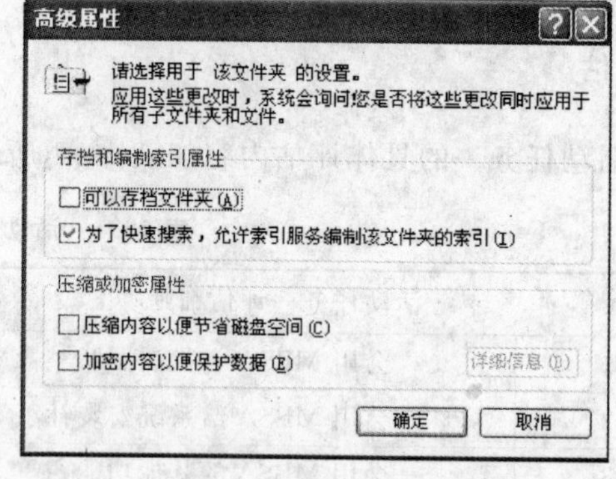

图 10.8 “高级属性”对话框

(3) 选中“加密内容以便保护数据”复选框，如图 10.9 所示。单击“确定”按钮后，目标文件(夹)被加密。加密后的文件(夹)，只能由当前用户打开，其他用户是无法打开的。

2) 解密文件(夹)

(1) 打开 Windows 资源管理器，右击已加密的目标文件(夹)，在弹出的快捷菜单中选择“属性”命令，打开“属性”对话框。

(2) 在“常规”选项卡上单击“高级”按钮，打开“高级属性”对话框。

(3) 取消“加密内容以便保护数据”复选框的勾选，单击“确定”按钮即可。

2. 软件加密

(1) 还可以利用第三方软件“文件保护专家”进行加密与解密。运行“文件保护专家”，在弹出的如图 10.10 所示的“加密与解密”对话框中输入运行密码，单击“登录”按钮，进入软件主界面，如图 10.11 所示。

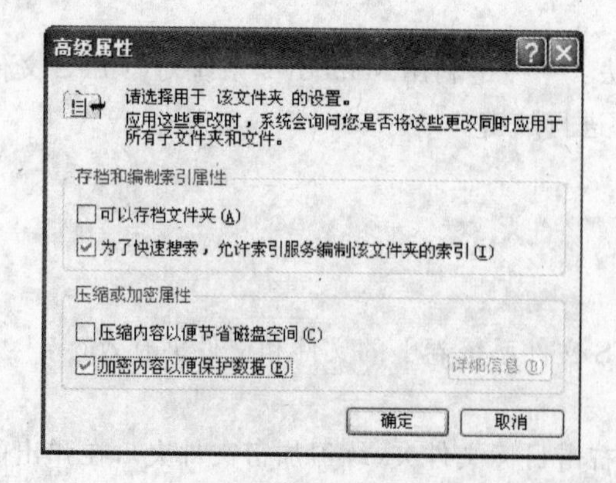

图 10.9 选中“加密内容以便保护数据”复选框

图 10.10 “加密与解密”对话框

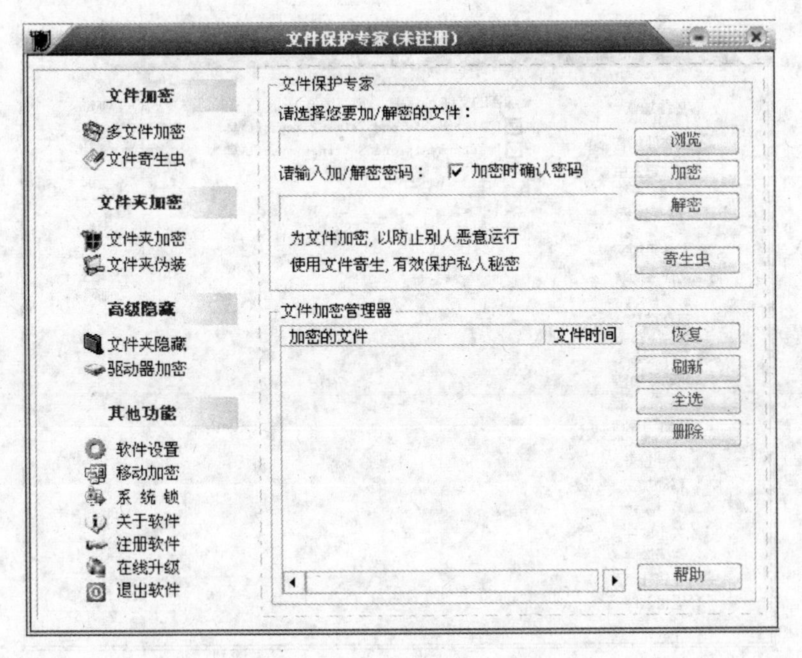

图 10.11　软件主界面

(2) 选择"文件夹加密"选项，然后单击"浏览"按钮选择一个需要加密的文件夹，文件保护专家将自动完成文件夹加密，并记录在案，供解密时使用，如图 10.12 所示。

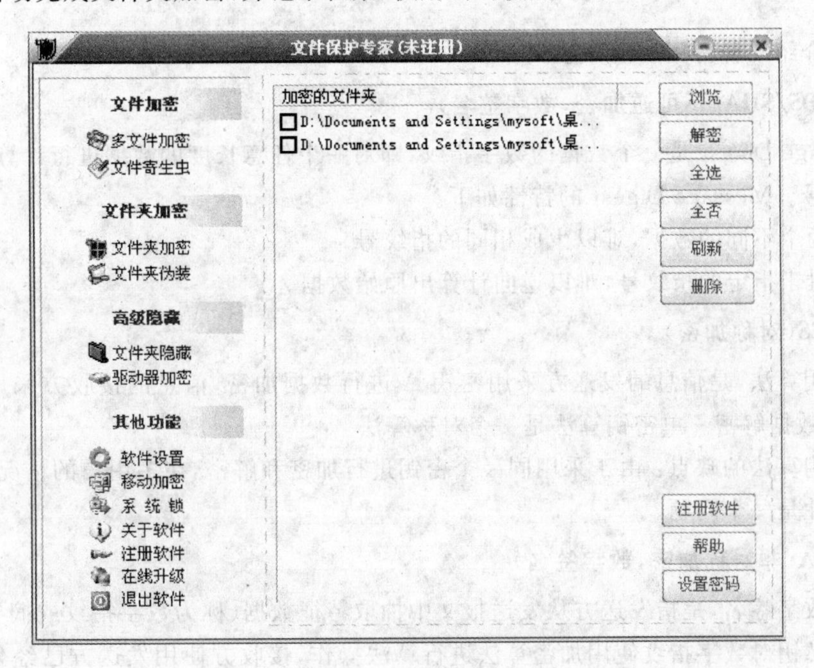

图 10.12　加密文件夹

(3) 如果要解密文件夹，只需选中目标复选框，然后单击"解密"按钮即可，如图 10.13 所示。如果想解密全部的文件夹，可以先单击"全选"按钮将所有记录选中，然后再单击"解密"按钮。

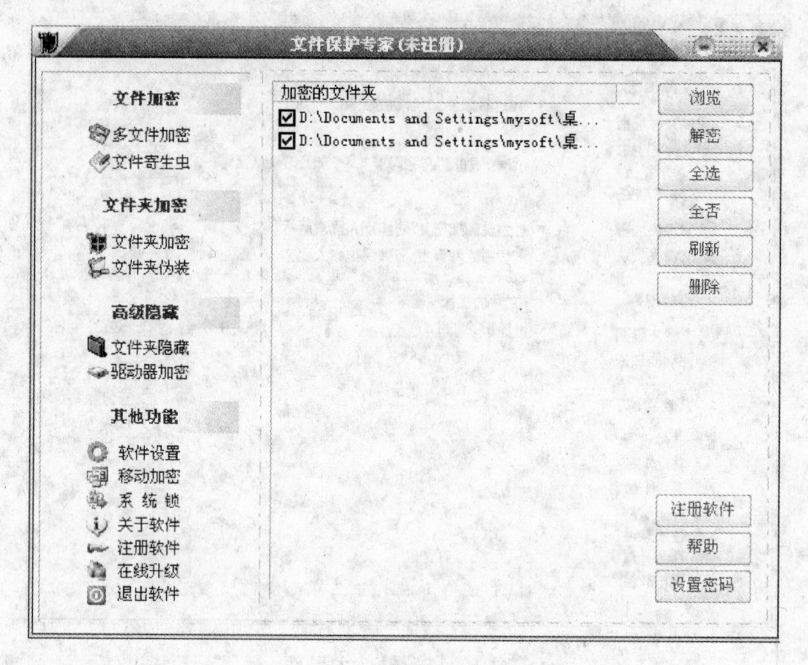

图 10.13 解密文件夹

归纳提高

下面介绍几种常用加密算法。

1. MD5/SHA(不可逆加密,数字签名)

Message Digest 是一个数据的数字指纹,即对一个任意长度的数据进行计算,产生一个唯一指纹号。Message Digest 的特性如下。

(1) 两个不同的数据,难以生成相同的指纹号。

(2) 对于指定的指纹号,难以逆向计算出原始数据。

2. DES(对称加密)

单密钥算法,是信息的发送方采用密钥 A 进行数据加密,信息的接收方采用同一个密钥 A 进行数据解密。单密钥算法是一个对称算法。

单密钥算法的缺点:由于采用同一个密钥进行加密和解密,在多用户的情况下,密钥保管的安全性是一个问题。

3. DSA(非对称加密,数字签名)

所谓数字签名,是指发送方从发送报文中抽取特征数据(称为数字指纹或摘要),然后用发送方的私钥对数字指纹使用加密算法进行算法操作,接收方使用发送方已经公开的公钥解密并验证报文。

数字签名用户验证发送方身份或者发送方信息的完整性。

4. RSA(非对称加密)

公钥密码体制:为了解决单密钥保管安全性的问题,提出了公钥密码体制的概念。在公钥体制中，加密密钥不同于解密密钥，加密密钥公之于众，谁都可以使用；解密密钥只有解密人自己知道。它们分别称为公开密钥(Public key)和秘密密钥(Private key)。

自主创新

为了保护自身重要文件的安全，试着用一种文件夹加密方法完成对重要文件的加密。

评　估

活动任务二的具体评估内容如表10.2所示。

表10.2　活动任务二评估表

活动任务二评估细则		自　评	教　师　评
1	了解常用的加密算法		
2	会用系统自带的程序对文件及文件夹加密		
3	会用第三方软件进行加密和解密		
任务综合评估			

活动任务三　利用数字证书发送邮件

任务背景

数字证书又称为数字标识，是标志网络用户身份信息的一系列数据。它提供了一种在互联网上进行身份验证的方式，是用来标志和证明网络通信双方身份的数字信息文件。通俗地讲，数字证书就是个人或单位在互联网的身份证。

数字证书是由作为第三方的法定数字认证中心(CA)签发。以数字证书为核心的加密技术可以对网络上传输的信息进行加密和解密、数字签名和签名验证，确保网上传递信息的机密性、完整性，以及交易实体身份的真实性、签名信息的不可否认性，从而保障网络应用的安全性。

任务分析

通过本次任务主要使学生掌握以下内容。

(1) 掌握免费个人数字证书申请的业务流程。

(2) 掌握证书的下载、安装环节。

(3) 掌握数字证书在Outlook Express中的使用。

任务实施

1. 数字证书的安装

免费个人数字证书的安装步骤如下。

(1) 访问中国数字认证网(http://www.CA365.com)主页,选择“免费证书”区域的“根CA证书”选项。如果是第一次使用他们的个人证书,需要先下载并安装根CA证书,如图10.14所示。

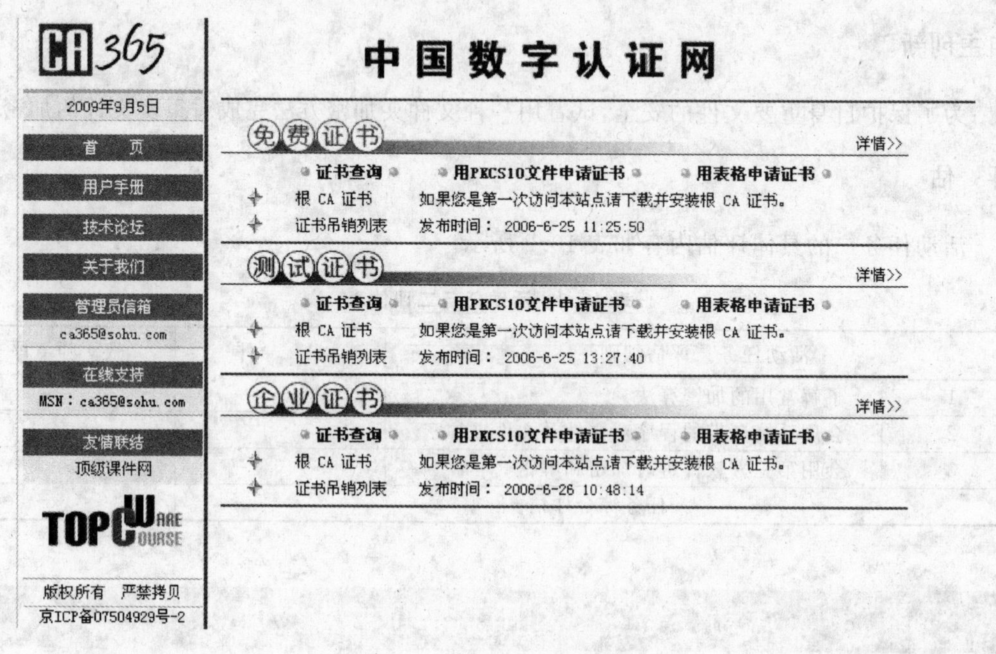

图10.14　中国数字认证网

(2) 下载并安装根CA证书。只有安装了根证书的计算机,才能完成网上申请的步骤和证书的正常使用。此时出现“下载文件-安全警告”对话框,单击“打开”按钮,打开rootFree.cer文件,出现如图10.15所示的对话框。单击“安装证书”按钮,根据证书导入向导提示,完成导入操作。

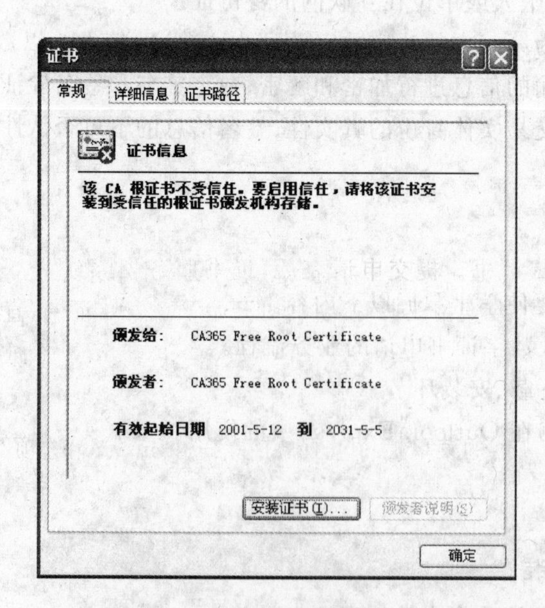

图10.15　下载并安装根CA证书

(3) 在线填写并提交申请表。在图 10.14 中，选择“免费证书”区域的“用表格申请证书”选项，填写申请表，如图 10.16 所示。用户填写的基本信息包括名称(要求使用用户真实姓名)、公司、部门、城市、省、国家(地区)、电子邮件(要求邮件系统能够支持邮件客户端工具，不能填写错误，否则会影响安全电子邮件的使用)、网址、证书期限、证书用途(可以选择“电子邮件保护证书”选项)、加密服务提供(可以选择 Microsoft Base Cryptgraphic Provider v1.0 选项)、密钥用法(可以选择“两者”选项)、密钥大小(填写 512)等，其他选项保持默认。注意选中“标记密钥为可导出”、“启用严格密钥保护”复选框和“创建新密钥对”单选按钮，Hash 算法可以选择 SHA-1 选项。提交申请表后，出现“正在创建新的 RSA 交换密钥”的提示框，确认将私钥的安全级别设为中级。

图 10.16　填写个人数字证书申请表

(4) 下载安装数字证书。提交申请表后，证书服务器系统将立即自动签发证书。如图 10.17 所示。单击“直接安装证书”按钮即可开始下载安装证书，直到出现“安装成功!”的提示，如图 10.18 所示。

2. 数字证书的查看

在微软 IE 6.0 浏览器的菜单栏中选择“工具”→“Internet 选项”→“内容”→“证书”命令，可以看到证书已经安装成功，如图 10.19 所示。双击证书查看证书内容，如图 10.20 所示。

3. 用 OutLook Express 发送签名邮件

发送签名邮件前必须正确安装电子邮件保护证书(要使用的电子邮件必须与申请证书

图 10.17　下载安装数字证书

图 10.18　安装成功

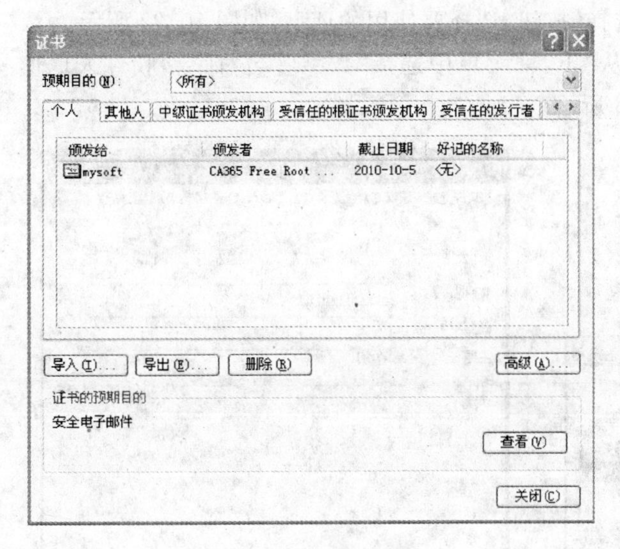

图 10.19　成功安装证书

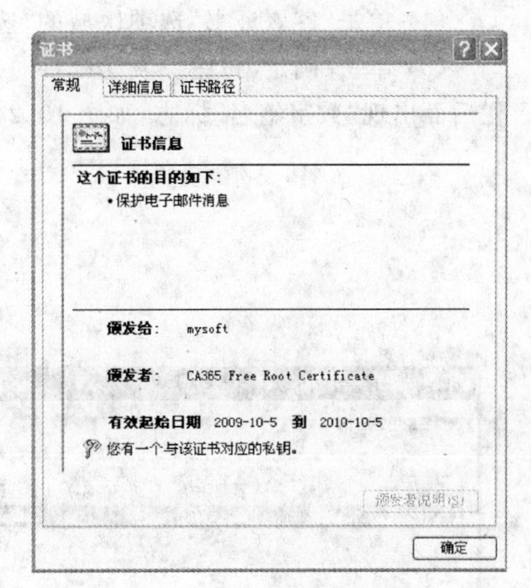

图 10.20　查看证书内容

时填写的电子邮件一致)。如果要导入证书,可参阅中国数字认证网“用户手册”板块中的文章“如何从数字证书文件中导入数字证书?”或“如何用 OutLook Express 发送加密邮件?”

发送签名邮件的步骤如下。

(1) 从 Outlook Express“工具”菜单中选择“账号”选项。

(2) 选中账户,单击“属性”按钮。

(3) 选择“安全”选项卡,如图 10.21 所示。

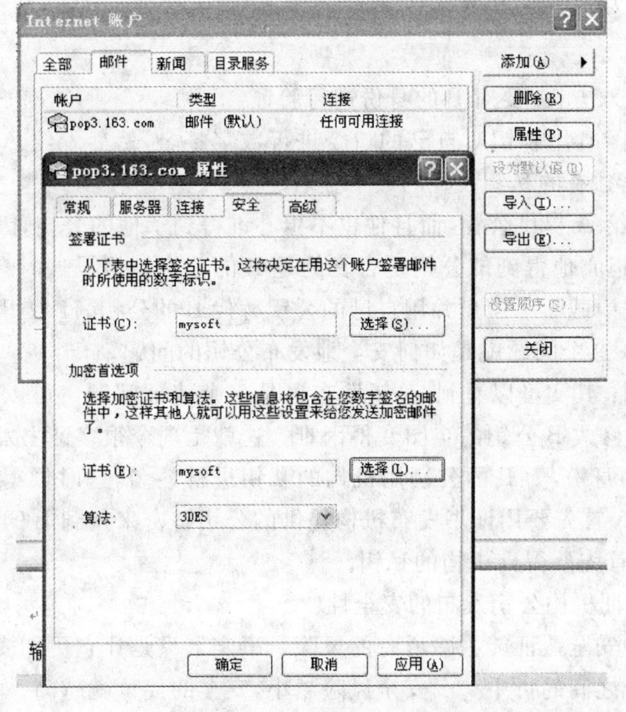

图 10.21　“安全”选项卡

(4) 单击“签署证书”选项区域的“选择”按钮，选择要使用的证书，如图 10.22 所示。

(5) 单击“确定”按钮。发送邮件时从“工具”菜单中选择“数字签名”命令，收件人地址栏后面出现“数字签名”标志，如图 10.23 所示。

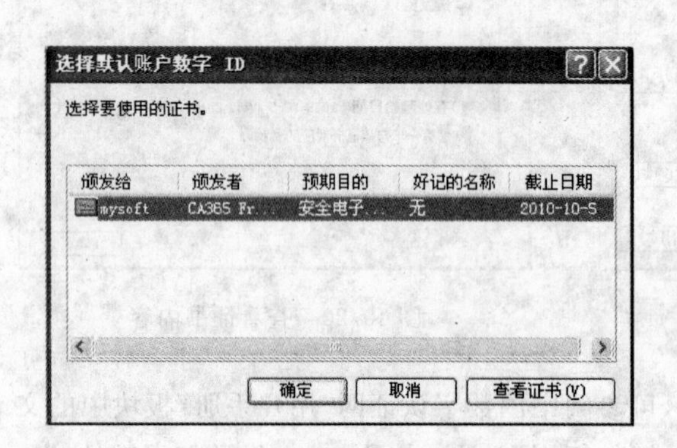

图 10.22 选择要使用的证书

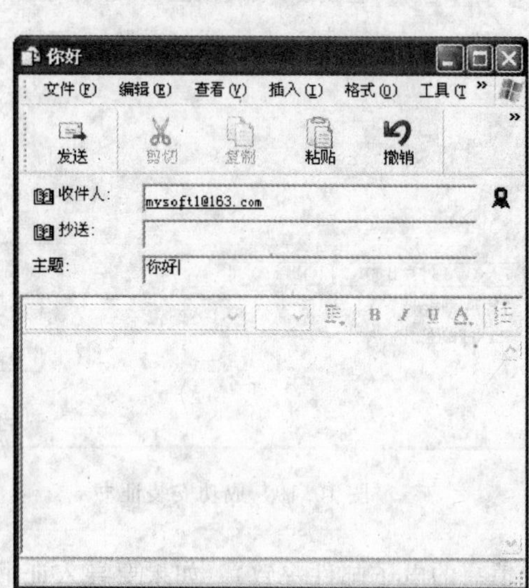

图 10.23 “数字签名”标志

(6) 输入对方邮件地址及主题，发送邮件。

归纳提高

数字证书的作用有以下几种。

1. 身份认证

情景：A 和 B 双方，A 要对 B 的身份进行验证。

初步实施机制：B 用私钥对自己的口令进行数字签名，然后发给 A。A 用 B 提供的公钥来验证 B 用自己独有的私钥设置的数字签名。

问题：B 乐于给 A 提供公钥，而且他也不担心谁得到了他的公钥，因为本身公钥就是公开的。但是，A 却担心他得到的公钥是否真的是 B 的公钥。假设这时有个黑客 H，在 B 给 A 传输公钥的过程中截断了信息并用自己的公钥替代 B 的公钥，H 取得了 A 的信任后就可以侵入 A 的系统。这个问题就是如何安全地发布公钥的问题。

进阶实施机制：其实可以看到，公钥发布也是一个认证问题。可以通过为 B 的公钥进行签名，而使 H 想修改 B 公钥的企图变得困难。这就是现今很多证书发布机构的作用。他们首先认证了 B 的身份，为 B 的公钥用机构的私钥进行签名，这时候得到的数字序列即称为证书。这时候，A 首先要用证书发布机构提供的公钥解密来得到 B 的公钥。而如果 H 想篡改 B 的公钥，他首先要得到机构的私钥。

问题：如何保证机构公钥发布的安全性？

其实没有一种安全认证能去除所有的风险。事实上只是让它更加安全而已。而安全性是一种代价和安全之间的折中——安全风险越小，安全的代价就越高。

2. 保证数据完整性

情景：A 给 B 传输数据。

问题：B 要知道 A 传送给他的数据是否完整。

初步实施机制：A 通过哈希算法生成一个数值，与数据一起传送给 B。因为哈希算法的特点是，输入数据的任何变化都会引起输出数据不可预测的极大变化。B 接收到数据和哈希数值后，再次对数据进行哈希求值来验证。

问题：如何保证哈希数值是正确的，或者说在传输过程中没有被修改？

进阶实施方案：A 用自己的私钥为哈希数值加密，谁都可以利用 A 的公钥来查看哈希数值，但是因为没有 A 的私钥，所以无法篡改哈希数值。B 在接收到 A 的数据之后，即可验证数据的完整性。

3. 保证数据保密性

情景：同样是 A 给 B 传送数据。可以通过哈希算法和私钥来保证数据完整性，但是如果传输的是一些敏感数据，用户不想在传输过程中被其他人"窃看"传输数据。

实施机制：采用"数字信封"机制来实施保密性服务。A 先产生一个对称性密钥，然后对敏感数据进行加密。同时，A 用 B 的公钥对对称密钥进行加密，像装入一个数字信封中，然后将数字信封和被加密的敏感数据一起发送给 B。B 用自己的私钥拆开数字信封，得到对称密钥，然后用对称密钥对敏感数据进行解密。

问题：为什么不直接用 B 的公钥对数据进行加密？

原因：原因在于加密速度。对称加密是一种速度极快的加密方法，在数据量较大的时候，优势很明显。

4. 保证不可否认性

情景：A 传送数据给 B。B 不想 A 在某一天否认他曾经给 B 传送过数据。

实施机制：即在上面很多场景中应用的数字签名。因为 A 传送的数据用 A 的密钥加密，此数据只能用 A 的公钥解密，所以同时也验证了数据确实来源于 A。

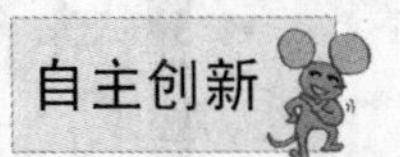

试安装并利用数字证书给朋友发一封邮件。

活动任务三的具体评估内容如表 10.3 所示。

表 10.3　活动任务三评估表

活动任务三评估细则		自　评	教　师　评
1	熟悉数字证书的相关理论知识		
2	熟悉数字证书的申请流程		
3	熟悉数字证书在电子邮件中的使用方法		
4	了解数字证书的作用		
任务综合评估			

综合活动任务　加入网络论坛不断学习交流新技术

任务背景

论坛是网络提供给人们的一个新的工具，这个工具对研究工作有很大的助益。这种助益主要表现在，突破了人们在信息交流方面的时空障碍，使大量信息在很小的空间中聚集，使信息的处理变得迅速和容易，使研究者可以在更大范围内直接互动、讨论和交流。而目的只有一个：解决问题。论坛的出现使研究者在解决问题时能与别人交流而得到启发，少走弯路，解决方法见效快。

任务分析

加入网络论坛的过程很简单，总体来说就是一个注册用户的过程，但是真正加入讨论是很不容易的，因为在希望自己的问题能够得到广大网络好友及时准确解答的同时，也需要对别人提出的问题认真地去回答，集聚大家的力量去解决一个问题。

任务实施

选择加入一个网络论坛，例如 http://happyman.5d6d.com。操作步骤如下。

(1) 登录网站 http://happyman.5d6d.com，在界面右上角单击"注册"按钮。

(2) 输入注册信息，如图 10.24 所示。

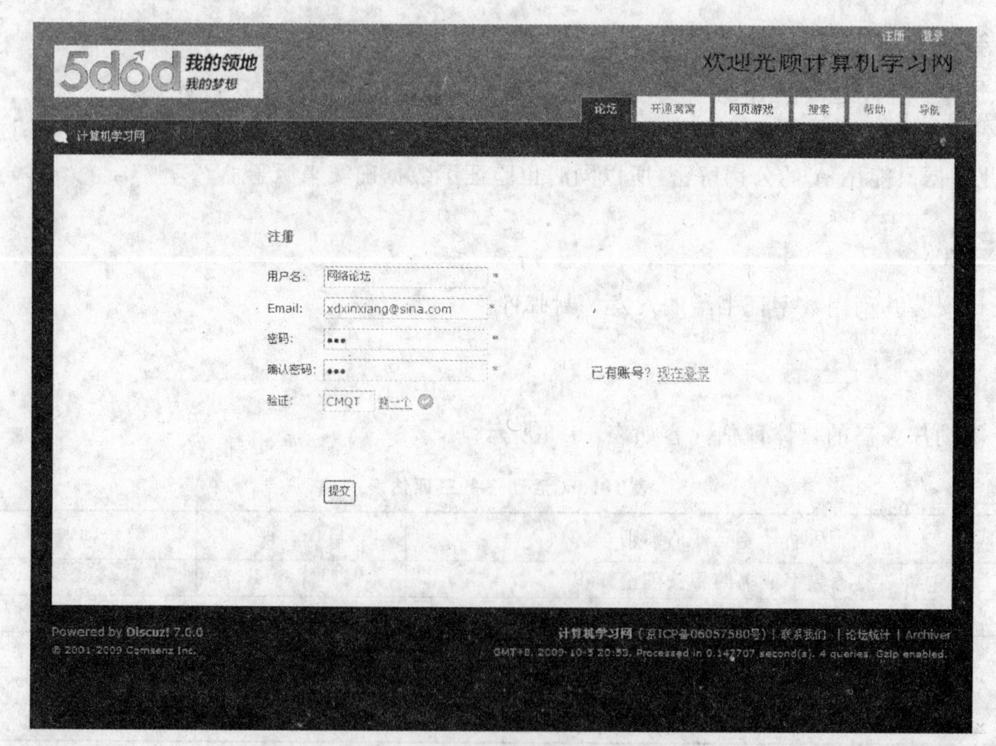

图 10.24　输入注册信息

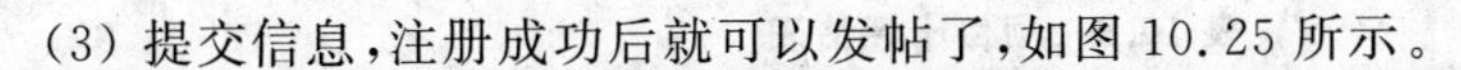
(3) 提交信息，注册成功后就可以发帖了，如图 10.25 所示。

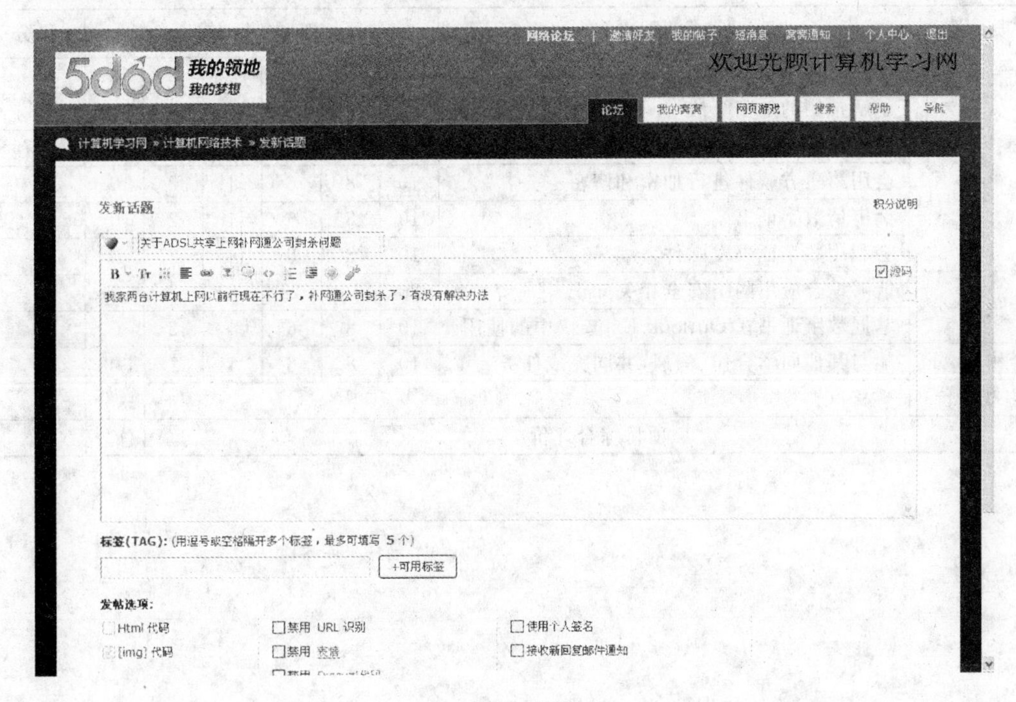

图 10.25　发帖界面

评　估

根据学习的网络安全防护具体情况完成如表 10.4 所示的评估表。

表 10.4　综合任务评估表

项　目	标准描述	评定分值						得分
基本要求 60 分	能找到网络管理的论坛	10	8	6	4	2	0	
	会注册	10	8	6	4	2	0	
	会使用并设置管理论坛	10	8	6	4	2	0	
	会发帖子	10	8	6	4	2	0	
	能通过网络论坛解决问题	10	8	6	4	2	0	
	有自己多个专业论坛	10	8	6	4	2	0	
特色 30 分	除了专业论坛还有自己的专业博客	20	16	12	8	2	0	
	运用论坛能灵活处理各种问题	10	8	6	4	2	0	
合作 10 分	能与其他同学合作、沟通，共同完成任务	10	8	6	4	2	0	
主观评价							总分	
项目综合评价							总分	

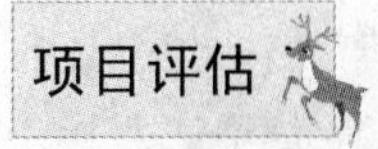
项目评估

项目十的具体评估内容如表 10.5 所示。

表 10.5 项目十评估表

项 目	标准描述	评定分值						得分
基本要求 60 分	会对系统漏洞进行扫描并修复	10	8	6	4	2	0	
	了解常用的加密算法	10	8	6	4	2	0	
	会用系统自带的程序对文件及文件夹加密	10	8	6	4	2	0	
	会用第三方软件进行加密和解密	10	8	6	4	2	0	
	会申请数字证书	10	8	6	4	2	0	
	会利用数字证书发邮件	10	8	6	4	2	0	
特色 30 分	能够综合应用网络安全相关知识	20	16	12	8	2	0	
	掌握数字证书在 Outlook Express 中的使用	10	8	6	4	2	0	
合作 10 分	能与其他同学合作、沟通，共同完成任务	10	8	6	4	2	0	
主观评价							总分	
项目综合评价							总分	